# 小波理论
# 在时变结构参数识别与
# 损伤诊断中的应用

刘景良　著

中国建筑工业出版社

图书在版编目（CIP）数据

小波理论在时变结构参数识别与损伤诊断中的应用/
刘景良著. —北京：中国建筑工业出版社，2021.9（2022.10重印）
ISBN 978-7-112-26455-1

Ⅰ.①小… Ⅱ.①刘… Ⅲ.①小波理论-应用-时变
参数-结构参数-识别-研究②小波理论-应用-损伤（
力学)-诊断-研究 Ⅳ.①O76②O346.5

中国版本图书馆 CIP 数据核字（2021）第 159162 号

截至目前，时变结构参数识别与损伤诊断已经成为国内外研究的热点。本书对时变结构参
数识别与损伤诊断研究成果进行了系统的归纳与总结，主要内容包括绪论、小波分析理论、基
于同步挤压小波变换及其改进算法的时变结构参数识别、新型组合人行桥时变参数识别、结构
损伤位置及程度识别、结构时变损伤诊断、钢管混凝土构件脱空缺陷诊断、基桩桩长估计与损
伤诊断。本书可应用于高层建筑、桥梁等土木工程结构的健康监测，以及机械故障诊断、电力
监测、地震工程等相关领域。本书在时变结构参数识别和损伤诊断技术上取得了一定的进展，
为更好地研究重大结构灾变机理、健康监测和安全评估提供了基础和依据，具有一定的理论指
导意义和工程实用价值。

本书可供从事结构健康监测的工程技术人员和管理人员参考使用，也可供高等院校结构工
程、桥梁与隧道工程、防灾减灾及防护工程等相关专业的研究生以及教师学习研究使用。

责任编辑：辛海丽
责任校对：李美娜

# 小波理论在时变结构参数识别与损伤诊断中的应用

刘景良　著

＊

中国建筑工业出版社出版、发行（北京海淀三里河路9号）
各地新华书店、建筑书店经销
北京科地亚盟排版公司制版
北京建筑工业印刷厂印刷

＊

开本：787毫米×1092毫米　1/16　印张：11½　字数：282千字
2021年9月第一版　　2022年10月第二次印刷
定价：**50.00**元
ISBN 978-7-112-26455-1
（37931）

# 前 言

　　由于疲劳荷载、环境腐蚀、材料老化、构件缺陷等因素的影响，服役期间的土木工程结构将产生损伤并逐渐积累，从而影响到结构的安全性、适用性和耐久性，极端情况下甚至有可能引发灾难性事故。因此，为保障结构的安全并减少人员伤亡和经济损失，有必要对在役土木工程结构采取有效的手段进行健康监测和安全评估，这在很大程度上促进了参数识别和损伤诊断方法的发展。

　　作为结构健康监测和安全评估领域的一项核心技术，参数识别属于系统识别范畴，一般包括以质量、刚度和阻尼为特征参数的物理参数识别和以模态频率、模态振型和模态阻尼为特征参数的模态参数识别。然而，现有模态参数识别方法主要集中在时不变结构系统，针对环境激励下的时变结构开展瞬时特征参数识别研究尚不多见。环境激励下的在役土木工程结构本质上属于时变和非线性结构系统，其响应信号是非平稳的。显然，从非平稳信号处理的角度识别时变结构的模态参数不但符合实际情况，而且对于深入理解结构损伤诊断、有限元模型修正、振动控制和安全评估具有重要的理论意义和工程应用价值。小波变换作为一种较新的多分辨分析方法，其独特的变焦特性使得该方法在近些年获得了越来越多的关注和重视，特别是在信号分析、图像处理、模式识别、故障诊断等领域得到了十分广泛的应用。虽然小波理论的广度和深度使得任何人都不可能完全了解小波的数学本质，但是将其应用于时变结构参数识别和损伤诊断领域是十分可行的。

　　损伤诊断是参数识别工作的一个主要应用研究方向。实际土木工程结构的损伤均会造成系统刚度、质量等物理参数的改变，从而引起结构动力特性的变化，因此可根据结构的振动特性来评估结构的损伤状况。基于振动的损伤诊断方法正是根据这一思路首先探测出结构损伤过程中动力特征参数的变化，进而根据这些变化的特征参数构造出可靠的损伤指标并对工程结构进行损伤位置判别、损伤程度评估以及时变损伤追踪。小波变换克服了傅里叶变换不具有局部分析能力的缺陷，能够自适应地调整时窗和频窗大小，因而十分适合结构损伤位置和程度识别。虽然判别结构损伤位置具有重要的工程意义，但是追踪结构时变损伤趋势的重要性也不容忽视。实际土木工程结构在服役期限内经常会受到地震、风荷载、环境振动、温度和湿度等多重因素影响，其损伤是一个由轻微损伤到严重损伤的渐变过程。渐变的损伤过程需要瞬时特征参数作为表征支撑，因此提出一个时变的损伤指标来描述结构的损伤演化过程是十分必要的。

　　基于此，本书从小波理论及其改进算法出发，开展了时变结构参数识别与损伤诊断研究。本书共分8章，具体内容如下。第1章为绪论，着重介绍了若干种参数识别与损伤诊断方法及其在土木工程领域中的应用；第2章为小波分析理论，详细介绍了傅里叶变换、短时傅里叶变换、小波变换以及同步挤压小波变换的基本理论；第3章为基于同步挤压小波变换及其改进算法的时变结构参数识别，即针对同步挤压小波变换存在的问题提出了改进算法并将其应用于时变结构瞬时频率识别；第4章为新型组合人行桥时变参数识别。该章以新型组合人行桥为研究对象，借助有限元和试验两种手段重点识别了人行桥结构的瞬时频率和瞬时阻尼；第5章为结构损伤位置及程度识别，即在小波变换的基础上选取一些对结构损伤敏感而对噪声不敏感的特征参数，然后构建了若干个指标来识别结构的损伤位置和程度；第6章为结构时变损伤诊断。与第5章不同的是，该章是通过小波变换构造了两个时变损伤指标来有效追踪结构的损伤演化过程；第7章为钢管混凝土构件脱空缺陷诊断，即以结构的振动响应信号为出发点，然后借助小波分析等信号处理手段从有限元和试验两个层次开展钢管混凝土构件脱空缺陷诊断研究；第8章为基桩桩长估计与损伤诊断。该章以复连续小波变换及其改进算法为研究手段进行了包括桩长估计与损伤位置判断在内的基桩完整性评估研究。

本书是根据作者近年来从事土木工程结构参数识别与损伤诊断相关工作所获得的研究成果撰写而成。本书的研究工作得到国家自然科学基金项目（51608122）、福建省自然科学基金项目（2016J05111、2020J01581）、中国博士后科学基金项目（2018M632561）、福建农林大学杰出青年基金项目（XJQ201728）和福建农林大学科技创新基金项目（CXZX2020112A）的资助，在此表示衷心的感谢。作者还要特别感谢博士生导师任伟新教授，是他将我领进了结构健康监测的大门并得以在知识的海洋徜徉。同时，也要感谢我指导的郑锦仰、高源、俞安华、王思帆、王新宇、林城旭、陈飞宇、蔡宏爽、沈国利、郑佳鹏、丘福连、马砚秋、丁俊宇、李宇祖、彭佳敏、包义环等硕士研究生们。正是他们卓有成效的研究成果，为本书注入了精彩的内容和新鲜的活力。最后，特别感谢李宇祖、彭佳敏、包义环三位同学为本书的前期编辑和校对工作付出了大量精力和汗水。

鉴于专业知识和业务水平有限，书中难免会存在一些谬误和不妥当之处，希望专家同行在阅读过程中提出宝贵意见并予以指正，作者将不胜感激。

# 目　录

# 第1章

## 绪论

### 1.1 土木工程结构健康监测

土木工程结构的服役期限通常长达几十年甚至上百年。在服役期间，由于疲劳荷载、环境腐蚀、材料老化、构件缺陷等因素的作用，结构将产生损伤并逐渐积累，使得承载能力降低，从而影响到结构的安全性、适用性和耐久性。若不能及时地发现在役结构的损伤问题并对这些问题采取切实有效的应对措施，将有可能引发结构失效乃至倒塌等灾难性事故，进而带来不可估量的生命财产损失[1~5]。因此，为保障结构的安全性、适用性和耐久性，减少人员伤亡和经济损失，有必要对在役和新建的土木工程结构采取有效的手段进行健康监测和安全评估，这在很大程度上促进了参数识别和损伤诊断方法的发展。

土木工程结构的当前健康状态可通过结构的模态参数和物理参数进行描述。刚度、质量、阻尼构成了结构的物理参数，决定了结构的动力学特性。频率、振型、阻尼比等构成了结构的模态参数，属于结构固有的振动特性，同时也是物理参数的函数[6]。结构的损伤必然引起结构物理参数的改变，而模态参数也会随之发生变化。因此，对结构进行健康监测和损伤诊断研究都离不开参数识别工作。如何准确识别出这些参数，在结构健康监测和损伤评估中至关重要。

### 1.2 结构参数识别

结构动力学参数识别研究经历了一个较长的发展历程。早在 20 世纪 40 年代，工程师们就发现了飞机在飞行过程中出现的颤振问题，于是开始着手解决模态参数识别问题。模态参数识别就是通过现场振动试验获得结构的输入与输出数据，然后对测得的输入与输出数据进行分析并寻求结构模态参数的过程[7~9]。模态分析本质上是一种坐标转换，其目的在于把原来物理坐标系统中描述的响应向量转换到模态坐标系统中来描述。也就是说，将线性定常系统振动微分方程组中的物理坐标变换为模态坐标，使方程组解耦成一组以模态坐标及模态参数描述的独立方程，从而最终求出系统的模态参数。根据外加激励信号的不同，模态参数识别可分为传统的模态参数识别方法和基于环境激励的模态参数识别方法。传统的模态参数识别方法是在结构振动试验的基础上，通过激振设备和信号采集仪来获得结构的振动响应。该方法需要投入大量人力物力，激励成本高，因而难度很大。对于大型桥梁等工程结构系统，一方面由于现场试验条件的限制，很难有符合要求的激振设备，因此实测响应数据的质量无法得到有效保证；另一方面，测试过程还需要中断桥梁的正常使用，从而影响到道路交通。相比传统的模态参数识别方法，基于环境激励的模态参数识别方法无需贵重的激励设备，且不影响结构的正常使用，因而更加符合土木工程结构的使用特点，因而在实际工程中获得了更为广泛的应用[10]。

经过几十年的发展，参数识别技术目前已经基本成熟。然而，现有的参数识别方法主要集中在时不变结构模态参数研究，且以理论研究为主，针对环境激励下的时变结构开展模态参数识别的研究尚不多见[11]。时不变结构和时变结构的参数识别方法不尽相同，下面将分别进行介绍。

### 1.2.1 时不变结构的模态参数识别

一般来说，结构参数不随时间改变的结构称为时不变结构，反之则称为时变结构。时不变结构系统的模态参数识别方法按照信号的分析域不同可分为时域法和频域法。时域方法是一种直接利用时域数据识别结构参数的方法。其最大的优点是不需要对数据进行傅里叶变换，不存在频率分辨率的问题，但是该方法存在低频密集耦合模态识别精度不高的问题。由于时域方法不使用平均技术，在分析过程中容易受到噪声的干扰，因此识别结果中可能存在虚假模态[12]。频域识别方法以傅里叶变换为基础，将时域内的响应数据转换到频域内来识别结构的模态参数。这一类识别技术提出较早且原理非常成熟，在模态不密集的情况下的识别精度较高，其不足之处在于频率分辨率十分有限，一般只能提取有限的低阶模态信息。

1. 时域法

时域法的输入数据来源都是结构振动响应的时间历程，主要分为以下几种方法：

（1）随机减量技术

随机减量技术（Random Decrement Technique，RDT）假定系统在平稳随机激励作用下的响应是由确定性响应和随机响应二者叠加而成。因此，在相同的初始条件下对响应的时间历程进行多段截取并对截取的多段信号计算总体平均，从而得到自由衰减振动响应，然后采用其他方法从自由衰减信号中识别出结构的参数。RDT 最先由 Cole[13] 于 20 世纪 60 年代提出，之后 Ibrahim 对其进行了改进[14]。自 RDT 提出以来，许多学者在这方面做了大量卓有成效的研究工作。如黄方林等[15]将 RDT 应用于岳阳洞庭湖大桥斜拉索的模态参数识别。高敏等[16]采用 RDT 识别了苏通大桥超高索塔结构的阻尼比。Kordestani 等[17]将 RDT 与 Savitzky-Golay 过滤器相结合成功识别了移动荷载下简支梁的损伤位置以及损伤程度。赵斌[18]等将极点对称模态分解、RDT 与最小二乘拟合法相结合，成功识别了三层剪切框架模型的频率、阻尼比以及振型。从理论上讲，随机减量技术仅仅适用于平稳白噪声激励，而实际的环境激励在大多数情况下是不能近似为白噪声激励的，因此随机减量技术的应用范围大受限制。由于随机减量技术需要结合其他时域方法才能进行模态参数识别，因此时域法的一些缺点也在随机减量技术中得到体现，如低阶模态参数识别精度较低和模型阶数确定困难等。

（2）ITD 法和 STD 法

Ibrahim 于 20 世纪 70 年代[19]首次提出了 Ibrahim 时域法（Ibrahim Time Domain，

ITD）。ITD 法的基本思想是通过对各测点的自由响应信号进行三次不同延时的采样构造出自由衰减响应信号的增广矩阵，然后根据响应与特征值之间的复指数关系建立数学模型并求解数学模型的特征值和特征向量，最后利用模态频率和模态阻尼与特征值之间的关系识别出结构的模态参数[20]。李国强等[21]通过 ITD 与随机减量技术相结合的方法识别了一建筑结构的模态参数。陈燕虹等[22]将 ITD 法运用于露天煤矿斗轮挖掘机斗臂的模态参数识别研究。虽然 ITD 法能较为准确地识别系统的模态频率，但是当噪声存在时，该方法由于难以去除虚假模态从而导致其识别精度大大降低。为节省计算时间，Ibrahim 在 ITD 法的基础上提出了 STD 法（Spare Time Domain，STD）[23]。STD 法的主要思想是在算法中构造 Heisenberg 矩阵以避免对特征矩阵进行正交三角/QR 分解。相比 ITD 法，STD 法需要选择的参数更少，因而大大节省了计算时间，同时也大幅提高了模态参数识别精度。

（3）自然激励技术

自然激励技术（Natural Excitation Technique，NExT）是由 James 等人提出的[24,25]。在白噪声激励下，如果系统结构两点之间的互相关函数与脉冲响应函数表达式相似，那么这两点之间的互相关函数可代替脉冲响应函数并作为输入数据，然后利用传统的时域法来识别结构的模态参数。目前，NExT 技术在机械、航空、土木等领域中获得了广泛的应用。纪红刚[26]对 NExT 技术的适用范围进行了探究和拓展。李扬等[27]采用 NExT 技术从机翼紊流激励响应中提取出了振动衰减信号，然后引入矩阵束方法准确识别了机翼结构的频率和阻尼比。王祥超等[28]将 NExT 技术应用于电力系统并与总体最小二乘-旋转不变技术相结合，从而成功识别了低频振荡模式下结构的频率和阻尼比。谯雯[29]和韩建平等[30]将 NExT 技术和希尔伯特-黄变换相结合，分别识别了混凝土大坝和一个 12 层钢混框架结构模型的模态频率。自然激励技术的提出为大型复杂工程结构在环境激励下的模态参数提取提供了一条新的途径，但是没有解决互相关函数公式中的相位角和幅值缺乏解析表达式的问题。为此，钟军军等[31]发展了单输入自然激励技术，推导了白噪声激励下结构位移响应的互相关函数，给出了相位角和幅值的解析表达式。与随机减量法一样，自然激励技术是一种衰减转换方法，本身并不具备独立识别参数的功能。

（4）特征系统实现算法

美国国家航空航天局的 Langley 研究中心于 1984 年首次提出了特征系统实现算法（Eigensystem Realization Algorithm，ERA)[32]。ERA 是在获得结构的脉冲响应或者自由响应数据的基础上构造 Hankel 矩阵并对其进行奇异值分解（Singular Value Decomposition，SVD）的一种方法。自 ERA 法被提出以来，Pappa 等[33]进一步研究了 ERA 算法并将之应用航天器实验模态分析。蒲黔辉[34]等在传统 ERA 的基础上提出了适用于任何动力响应的快速特征系统实现算法（Fast Eigensystem Realization Algorithm，FERA）。然而，在信噪比较低的情况下 ERA 算法无法对非零奇异值界限进行有效的判断。为克服这一问题，王卫东[35]首先引入滤波方法对振动响应进行降噪处理，然后再通过 ERA 算法对处理后的信号进行参数识别，从而最终得到了更为精确的识别结果。聂天智[36]详细介绍了 ERA 及其扩展算法，然后将自然激励技术与 ERA 算法相结合以应对不同激励工况下的参数辨识研究。总的来说，ERA 算法十分适合简单结构系统的参数识别，但是对于复杂的实际工程，ERA 法存在模型定阶主观、虚假模态难以去除等问题。

（5）随机子空间方法

子空间方法最早由 Kung[37]于 1978 年提出，随后 Moonen 等[38]和 Arun 等[39]分别研究了纯确定型系统和纯随机型系统的参数识别方案。随机子空间（Stochastic Subspace Identification，SSI）方法主要包含基于协方差驱动和基于数据驱动两种形式。Van Gesteld 等[40]最早总结出了基于数据驱动子空间方法的全套概念及思路。此后，Van Overschee 等[41]提出基于离散状态空间方程的 SSI 方法。由于 SSI 的识别精度高且无须像传统时域方法那样通过前处理得到自由衰减曲线，其越来越受到国内外工程界的青睐。Peeters 等[42]针对 SSI 方法进行扩展，提出了基于参照点的 SSI 方法并通过稳定图来确定系统阶次。Ren 等[43,44]深入研究了 SSI 方法并将该方法成功地运用于桥梁和建筑结构的模态参数识别。常军等[45]采用 SSI 方法对施工中的南京长江三桥的南塔进行了模态参数识别。张笑华等[46]根据加权矩阵的不同不但提出了三种不同的 SSI 具体识别算法，而且通过实桥动载模态参数识别试验验证了这三种算法。然而，保证 SSI 方法有效和准确的关键是剔除虚假模态。为此，汤宝平等[47]提出了一种基于模态能量的剔除 SSI 算法中虚假模态的方法。需要指出的是，随机子空间法将输入假定为白噪声随机输入，而这种假定是与实际的环境激励有一定出入的。由于随机子空间识别方法的理论基础是建立在时域的状态空间方程之上，而状态空间方程仅适用于线性系统，因此随机子空间识别方法的应用范围也仅限于线性系统。此外，噪声干扰也是随机子空间识别方法无法回避的一个问题。

（6）最小二乘复指数法

最小二乘复指数（Least Square Comple Exponent，LSCE）[48]法是先以待识别的复频率来构造 Prony 多项式，然后通过 Prony 多项式的零点等于 $Z$ 变换因子值来求解多项式的系数。通过对 Prony 多项式的系数不同开始点进行采样可得出有关多项式系数的方程组，然后只需求得该多项式系数方程组的最小二乘解即可识别各阶模态参数。刘征宇等[49]将模态自由振动隔离技术应用于 LSCE 中，最终得到了更高精度的参数识别结果。为解决附加质量对结构参数的影响，冉恩全[50]将 LSCE 应用于结构的局部模态参数识别，从而有效解决了附加质量的影响，同时也获得了较为精确的识别结果。郑锦涛[51]将 LSCE 应用于机车车身频率和阻尼识别并将识别结果与其他方法进行了对比分析。Fan 等[52]将 LSCE 应用于某重型货车驾驶室模态参数识别，其结果为车身的模态测试提供了参考。从本质上来讲，最小二乘复指数法将一个非线性拟合问题转化为线性问题，因此它不依赖于参数的初始估计值且所需原始数据较少。然而，最小二乘复指数法的最大问题是不容易确定模态阶数。在现实中，只能通过多次尝试来选择正确的模态阶数，因此其识别效率较低。

2. 频域法

频域法是在结构系统的传递函数或频响函数的基础上，将测得的输入与输出时域信号转换到频域的结构参数识别方法。截至目前，频域法主要包含以下几种方法：

（1）峰值法

作为最简单的频域模态参数识别方法，峰值法根据频响函数的峰值出现在结构固有频率附近的特性，将结构的频响函数用功率谱函数代替，因此结构的频率就可以由功率谱函数的峰值来表达[53]。峰值法十分简单，能较快地识别模态容易分离且阻尼较小的结构的模态参数，因此在实际工程中应用最为广泛。陈常松等[54]综合运用峰值法和互功率谱法识别了斜拉桥的模态参数。王睿等[55]提出了一种基于峰值法和稳定图原理的钢塔模态参数识别方法。张毅刚等[56]根据空间网格结构模态密集的特点对峰值法进行了改进，从而避免了模态遗漏及叠混现象。孙倩等[57]利用比例函数的极限定理揭示了功率谱传递比在系统极点处的重要特性，然后根据这一特性建立了基于功率谱传递比驱动的峰值法，并由此识别了湖南省常德市白马湖公园虹桥的模态频率。虽然峰值法是一种快速、简洁的模态参数识别方法，但是它也存在一些明显的缺陷。由于峰值法要求结构模态频率均匀分布，它对于高耸结构、模态密集的工程结构并不适用。当采用峰值法对这一类结构进行模态参数识别时，容易出现模态缺失、可信度不高等问题。此外，峰值法中的峰值选取存在相当大的主观性，因而有可能出现虚假模态和功率谱泄漏等现象。

（2）频域分解法

频域分解法（Frequency Domain Decomposition，FDD）首先通过 SVD 将响应信号分解成多个自由度系统响应的集合，其中每个奇异值对应一个独立的模态，然后对每一个独立模态进行分析从而获得模态参数。FDD 计算简单且具备较强的密集模态分辨能力，因而在许多领域得到了广泛应用。如李火坤等[58]应用 FDD 识别了典型水流脉动荷载和白噪声荷载作用下悬臂梁数值模型的模态参数。在经典 FDD 的基础上，王彤等[59]提出了一种基于频域和空间域分解（Frequency and Spatial Domain Decomposition，FSDD）的运行模态分析方法。与峰值法相比，频域分解法的参数识别精度有所提高，能够较好地识别密集模态，同时也具有一定的抗噪声干扰能力，但是频域分解法需要通过傅里叶逆变换来识别结构的阻尼，容易造成截断误差，这影响了它的识别精度。

（3）分量分析法

分量分析法将频响函数分成实部和虚部两个部分，因此结构的固有频率既可以通过实频曲线和剩余柔度线的交点来确定，也可以通过虚频曲线的峰值估计。相对应的是，结构的阻尼比则由半功率带宽确定。韩国有等[60]利用分量分析法成功识别了螺杆泵驱动头的模态参数。李臣等[61]运用分量分析法识别了一悬臂梁结构的模态参数，然后将其与理论解进行比较，从而验证了分量分析法的参数识别精度较高。然而，分量分析法识别精度较高的前提条件是模态不密集。当结构的模态密集甚至叠混时，分量分析法识别的模态参数特别是阻尼比的误差会比较大。

（4）导纳圆法

导纳圆法是模态参数识别的一种经典方法[62]。当单自由度系统的阻尼为结构阻尼时，其位移导纳在复平面的轨迹为一个圆。当单自由度系统的阻尼为黏滞阻尼且阻尼系数较小时，其频响函数矢端轨迹亦近似为一个圆。然而，在实际模态测试时轨迹会产生一定的误差，即频响函数的矢端轨迹不一定会全部落在理论圆上，因此需要采用理想的圆去拟合实测得到的导纳圆并使两者之间的误差最小。对于多自由度系统，可截取某阶模态为单模态系统，即在某阶模态频响函数共振峰值附近选取若干个频率点，然后应用导纳圆理论求解。导纳圆方法利用了固有频率附近很多点的信息，因此即使没有峰值信息，也能够顺利求解结构的固有频率，同时也避免了峰值信息误差所造成的影响。然而，当模态比较密集时导纳圆法的参数识别误差较大。此外，导纳圆图的图解精度也在一定程度上限制了导纳圆法的应用。

（5）正交多项式法

正交多项式法是一种采用正交多项式代替有理多项式中的分子和分母来表示结构频响

函数并使得频响函数的实测值和理论值之间的误差最少的方法。胡彦超等[63]针对传统的正交多项式频域模态参数识别方法作了改进，从而避免了复杂的计算过程并提高了识别精度。为降低识别参数的误差，Richardson 和 Formenti[64,65]提出了能够综合多个测点频响函数数据信息的整体正交多项式算法。由于正交多项式法采用正交多项式来代替有理多项式进行求解，该方法的复杂性得以降低，而且也节省了不少计算时间，但是当测点位置不理想、模态耦合严重时，这种方法的识别精度将受到很大的影响，有时识别出来的参数结果甚至是错误的[66]。在正交多项式拟合效果不是很好的情况下，需通过增加模态阶数来解决这一问题。整体正交多项式法的参数识别精度虽然较高，但是当分子分母拟合取不同的系数时，其参数识别效率并不高。

### 1.2.2 时变结构的模态参数识别

截至目前，针对线性时不变结构系统的模态参数识别方法已经十分成熟，然而时变结构的模态参数研究由于其本身的复杂性仍处于起步阶段。时变和非线性结构系统的数学模型不但含有时变参数，同时也包括非线性项，从理论上讲可以描述所有的动力学系统，是最广泛的动力学系统模型。然而，在对结构系统进行参数识别时，同时考虑时变性和非线性是相当困难的。因此，实际上一般都通过将时变和非线性结构近似为时变结构系统，特别是线性时变结构系统来解决。

随着振动理论、信号分析与处理技术的不断发展以及实际工程的迫切需求，时变结构系统的模态参数识别已逐渐成为学术界的一个研究热点。例如，当列车高速过桥时，列车与桥梁组成了一个新的系统，由于列车是移动的且本身带有质量，因此车桥耦合系统是一个快速时变系统；大型运载火箭系统的质量因燃料消耗而发生改变，形成了一个时变质量系统；非线性相互作用是波浪的一个重要特征，大部分波浪运动以及由它引起的动力问题都是非线性、非平稳和时变过程；土木工程结构在出现损伤后可能引发非线性行为，其征兆为结构系统的动力特性随时间变化[67~69]。类似的实际工程问题还有很多，在此不再一一列举。截至目前，根据不同的模型和信号处理技术，时变结构参数识别方法大致可以分为分段预测法、递推预测法以及信号时频分析方法等。

（1）分段预测法

分段预测法的主要理论基础来源于"冻结时间"思想[70~72]。该方法先将响应信号分解成若干个很短的时间段且认为在每个短时间段内系统的动力学参数是时不变的，即分段短时时不变假定，然后按照时不变系统的参数识别方法识别该时间段的参数，最后将每个时间段内识别的参数值按照一定的顺序依次排列并通过曲线拟合得到参数随时间变化的关系。Lin 等[73]在分段短时时不变假设的基础上提出了一种多自由度时变结构系统参数识别算法，然后通过一个刚度时变的三自由度系统数值算例讨论了算法中存在的识别区间长度选取问题。尚久铨[74,75]在将结构系统运动方程离散成非线性状态方程的基础上，利用分段时不变结构系统的模态分析理论和扩展卡尔曼滤波方法来估计时变结构的模态参数。张志谊等[76]根据线性时变系统输出信号具有短时平稳性的假定对系统响应信号在局部时间段上进行建模并得到结构的时变特征。Liu 和 Deng[77~79]在子空间识别方法的基础上建立结构的时变离散状态空间模型并将离散状态空间时变传递矩阵的特征值定义为时变结构的伪模态参数。由上可知，分段预测参数识别方法的显著特点是在识别下一时间段的参数时没有使用前面各时间段的信号数据，即各时间段的识别过程相互独立。这种做法没有考虑结构系统参数随时间发生的变化，因此仅适用于慢变结构系统。对于参数变化较快的结构系统，若要得到较高精度的识别结果就必须将时间段划分得很细，但是为了提高算法的抗噪能力，又需要选取较长的时间段。因此，最佳选择是折中处理，即选取一个时间段的平衡点。

（2）递推预测法

在递推预测法中，任一时刻的信号数据都是被考虑的，而且参数的估计值在每个时刻都是被修正的。在线递推预测法最先都是以自回归滑动平均模型（Auto Regressive and Moving Average，ARMA）为基本模型并结合时域识别算法而进行的。Cooper[80]研究了多种时域算法跟踪识别时变模态参数的能力，这些方法包括 LS（Least Squares），DLS（Double Least Squares），CF（Correlation Fit），IV（Instrumental Variables），IMDO（Instrumental Matrixwith Delayed Observations），ELS（Extended Least Squares），ML（Maximum Likelihood）等。续秀忠等[81]应用时变自回归建模方法研究了刚度时变的三自由度系统的模态参数识别问题。Yang 等[82]基于最小二乘估计算法提出了一种通过在线自适应追踪技术识别时变结构参数的方法并将之应用于结构损伤识别。此外，Cooper 和 Worden[83]也提出了自适应遗忘因子在线识别算法。李书进等[84]探讨了带遗忘因子的自适应卡尔曼滤波算法在时变结构参数识别中的应用并对其跟踪性能进行了分析与讨论。丁锋等[85]针对遗忘漂移时变系统提出了遗忘梯度算法、遗忘漂移多信息和递阶识别算法，大大减轻了计算量。Tasker 等[86,87]综合遗忘因子和改进的 SVD 方法提出了一种新的在线模态参数识别方法。马骏等[88]在分析研究了各种时变参数识别方法特点的基础上，引入统一结构模型和随机逼近原理提出了在线递推识别算法的一般形式。

在线递推法在频域内的研究主要是通过脉冲响应函数进行的。Longman 等[89]提出的在线 ERA 算法对系统脉冲响应函数进行 SVD 分解，从而求得系统的特征值和特征向量并成功识别出模态参数。Cooper[90]发展了针对时变结构的在线型 ERA 算法，随后又基于 QR 分解提出了离线的 QR 型 ERA 算法[91]，并由此引入自适应遗忘因子对最新的数据点进行加权，从而避免了基于 SVD 分解的在线型 ERA 算法的不足。由于在线最小二乘时域识别算法不能有效剔除结构系统的虚假模态，Cremona 等[92]提出了在线最小二乘复指数法。为识别时变多自由度振动系统的模态参数，刘丽兰等[93]提出了可以同时处理多维非平稳信号的时变多变量 Prony 法。吴日强等[94]在随机子空间方法的基础上提出了一种可用于时变结构参数识别的子空间跟踪方法。庞世伟等[95]将最小二乘法问题中求矩阵伪逆的过程简化为求转置矩阵，从而改进了基于整体数据子空间方法的识别算法并降低了计算量。张家滨等[96]提出了基于随机子空间的递推在线模态参数识别方法。该方法首先通过子空间跟踪算法不断计算投影的左奇异值向量，然后再运用最小二乘原理求解结构系统的模态参数。目前绝大部分的基于子空间的识别方法都只能适用于简单的物理模型，针对大型的复杂时变结构开展参数识别研究相对比较少见。Goursat 等[97]运用基于子空间的方法识别了质量随时间快速变化的 Ariane 5 火箭结构的模态参数。Marchesiello 等[98]运用改进的随机子空间方法研究分析了桥梁结构的模态参数。由于大型实际工程结构的外加激励通常无法测量，因此结果中往往仅有输出数据而无输入数据，这就需要研究发展基于输出数据的子空间方法。然而，子空间方法离不开特征值或 SVD 技术的运用，这必然会产生数值运算量大、计算缓慢的问题。因此，如何在线快速识别大型工程结构的模态参数值得进一步关注和深入研究。

（3）信号时频分析方法

信号时频分析方法既有时域法的优点又有频域法的优点，是当前模态参数识别方法的研究热点。时变结构的动力学参数随时间变化，其响应信号往往呈现非平稳性，而传统的傅里叶变换对非平稳信号无能为力，因此只能借助于那些具有局部分析能力的信号处理工具来捕捉信号的时频特性。时频分析将一维的时域信号映射到二维的时频面上，能够清晰地刻画信号及其能量随时间和频率的变化规律，因而在时变结构系统参数识别领域中得到了广泛的关注。目前主要的代表性方法包括短时傅里叶变换、Wigner-Ville 分布、希尔伯特-黄变换、小波变换等，而其中又以希尔伯特-黄变换和小波变换方法研究最为深入。下面分别对这几种方法进行简要介绍。

① 短时傅里叶变换

Gabor[99]率先提出了加窗的傅里叶变换方法，即短时傅里叶变换（Short Time Fourier Transform，STFT）。STFT 的基本原理是假定窗函数在一个很短时间间隔内是近似平稳的，然后在时间轴上不断移动窗函数，可以计算出各个时间段的功率谱值。需要注意的是，STFT 的窗函数是固定的[100]。一旦窗函数确定，其形状和分辨率也就确定了。如需改变分辨率，则需重新选择窗函数。

② Wigner-Ville 分布

作为众多二次型时频分布中最为典型的一种分布，Wigner-Ville 分布拥有时移不变性、频移不变性、时频边沿特性等优良性质，能够很好地表征信号的瞬时特征。王忠仁等[101]通过多种调频信号的 Wigner-Ville 分布算例探讨了信号项与交叉项之间的差异性特征。为研究各种心律的特征，谢斌等[102]对心电信号进行 Wigner-Ville 分布时频分析。沈向存等[103]提出了基于经验模态分解的 Wigner-Ville 时频分布方法用以降低交叉项干扰。赵淑红[104]将 Wigner-Ville 分布与短时傅里叶变换相结合并对地震信号进行时频分析，其瞬时频率识别结果与理论值吻合较好。虽然 Wigner-Ville 分布拥有很好的时频聚焦特性，但是交叉项的出现在一定程度上影响了其应用效果。截至目前，虽然各国学者在交叉项抑制方面做了不少工作，但仍然没有很好地解决这一问题。

③ 希尔伯特-黄变换

希尔伯特-黄变换（Hilbert-Huang Transform，HHT）包括经验模态分解（Empirical Mode Decomposition，EMD）和希尔伯特变换（Hilbert Transform，HT）两部分。首先，通过 EMD 将原始信号分解成一系列本征函数（Intrinsic Mode Function，IMF），然后对求得的每一个本征函数进行希尔伯特变换，得到包含瞬时频率和瞬时幅值的希尔伯特谱，最后汇总所有希尔伯特谱并获得原始信号的谱值，从而最终实现结构的参数识别。应用 HHT 开展时变结构参数识别研究的相关文献比较多，如程远胜等[105]结合 HHT 与数学规划方法对时变多自由度系统的瞬时频率、质量和刚度值进行了识别。张郁山等[106,107]运用 HHT 分析了刚度随时间线性降低和突降两种情况下单自由度结构的强迫动力响应。Shi 和 Law[108]采用 EMD 和希尔伯特变换研究了刚度和阻尼线性变化、周期变化及突变三种工况下多自由度系统的参数识别。杨秋芬[109]采用 EMD 分解实测探地雷达信号，然后通过计算得到了 IMF 的瞬时频率并由此识别埋地目标。侯斌等[110]将 HHT 与 S 变换进行比较，结果表明 HHT 的时频域刻画能力更好一些。黄天立等[111]针对 HHT 方法存在模态分解能力不足以及 IMF 分量之间不正交的问题，提出了正交化经验模态分解方法并给出了这一方法的基本步骤。曹思远等[112]先对信号进行小波包变换，然后对得到的窄带信号进行 EMD 分解并根据相关系数法去除了虚假 IMF 分量，最后对保留下来的 IMF 分量进行希尔伯特变换并提取瞬时频率。总的来说，以 EMD 为基础的 HHT 虽然能够有效地处理非平稳信号和非线性问题，但是该方法本身也存在一定的问题，如 IMF 定义的模糊性、EMD 算法不收敛性和经验性以及希尔伯特变换过程中出现的端点效应等[113,114]。

④ 小波变换

小波变换是一种具有良好局部分析能力的自适应时频分析方法。由于小波变换在低频部分具有较高的频率分辨率和较低的时间分辨率，而在高频部分具有较高的时间分辨率和较低的频率分辨率，目前它已经成为结构参数识别领域中的一种重要方法。如张拥军等[115]基于小波分解提出了一种适合参数变化较快的线性时变系统的识别模型和算法。徐亚兰等[116]构造了一个 Morlet 小波族对多自由度时变系统进行模态解耦并成功识别了该时变系统的模态参数。邹甲军等[117]将时变系统的微分方程投影到由尺度函数张成的子空间中，然后通过求解各个微小时间段上对应的微分方程系数来实现整个时间段上的时变参数识别。任宜春等[118]利用小波尺度函数的线性组合来表示地震作用下剪切型结构的时变阻尼和刚度，从而把时变参数识别问题转化为时不变系数识别问题。Tsatsanis[119]采用小波基函数对时变结构的时变系数进行展开，最终将时变问题转化为时不变问题。在对结构响应进行连续小波变换的基础上，Hou 等[120,121]通过提取小波脊线识别了时变结构模型的瞬时频率和瞬时振型。王正林[122]分别运用小波变换和短时傅里叶变换方法对非平稳信号的瞬时频率进行了分析，研究结果表明小波变换的分辨率更高。于德介等[123]通过引入希尔伯特变换的定义提出了基于复解析小波变换的瞬时频率识别新方法。为提高瞬时频率的识别精度，汪赵华等[124]分析改进了小波脊线提取算法中存在的初始值设定、解析小波参数设置和精度估计等关键问题。许鑫等[125]结合小波变换和状态空间理论提出了新的时变系统参数识别方法。Wang 等[126]在提取小波脊线时采用罚函数来消除噪声影响，同时引入动态规划理论来提高小波脊线的提取精度。

通过上述研究发现，采用小波变换方法识别信号瞬时频率的关键是小波脊线的提取。如何得到清晰精确的小波脊线，目前仍是时频信号分析中没有妥善解决的问题之一。最近，Daubechies[127]提出了一种改进的小波变换方法，即同步挤压小波变换。该方法通过重组小波变换后的时频图获得了较高频率精度的时频曲线，即使函数波形为非谐波形式，同步挤压小波变换算法也能够准确提取信号的瞬时频率。Li 等[128,129]针对同步挤压算法中存在小波系数发散的问题，提出了广义的同步挤压小波变换算法并通过变速箱故障诊断实例验证了该方法的有效性。Wu 等[130]运用同步挤压小波变换对具有密集模态的信号的瞬时频率进行了识别。Thakur 等[131]分析了同步挤压小波变换的稳定性并指出：同步挤压算法对信号中的有界扰动和高斯白噪声具有鲁棒性。截至目前，同步挤压小波变换作为一种以小波变换为基础的全新的时频分析方法，虽然获得了一定的成功，但是相关算法的改进以及在实际工程的应用还十分缺乏。

## 1.3　结构损伤识别

结构损伤识别就是对结构性能指标进行分析以确定结构是否发生损伤，进而判断结构的损伤位置和损伤程度并评估当前的健康状况[132]。上述损伤识别的定义表明损伤是结构系统受损状态与未损伤状态之间的比较。研究工程结构损伤识别理论与方法可以确保工程结构的使用安全性和耐久性是否达到预期的标准，从而对结构的健康状况和承载能力给出合理的评估并为结构的及时维修和使用寿命的延长提供有力的支撑，同时也大大减少了灾害事故的发生。

工程结构中主要存在突然损伤和累积损伤两种损伤[133]。突然损伤是由于地震、海啸、爆炸、洪水等外界因素突然变化导致的，不具备前期预兆性；而累积损伤通常是在结构长期服役过程中逐渐产生的，整个损伤周期较长且不易被察觉，当损伤积累到一定程度的时候就会突然爆发，从而损害结构的使用功能。无论是突然损伤还是累积损伤，均会造成系统刚度、质量、能量等物理特性的改变，从而引起结构的动静力特性变化，因此可以根据结构的动静力特性进行损伤诊断。现有的结构损伤识别方法主要有三类：传统的无损检测方法、静力试验损伤识别方法和动力试验损伤识别方法[134]。

传统的结构无损检测方法主要是利用超声波法、发射光谱法、涡流法、回弹法等探测技术对结构构件进行检测。该方法属于局部损伤识别技术，无法预测结构整体工作性能，同时也无法对结构进行实时健康监控。整体损伤识别技术是从全局角度上观察和掌握结构每一个时期的健康状态，通常分为两类：静力试验损伤识别方法和动力试验损伤识别方法。静力试验损伤识别方法是最直观和精确的损伤检测方法。它通过结构静载试验测量并分析与结构性能相关的静力参数，如变形、挠度、应变、裂缝等，然后判定结构的强度、刚度、承载能力以及抗裂性能。然而，静力试验耗资、费时，无法实现对结构的实时监控，因此研究人员转而借助动力试验方法间接确定结构的损伤状况。动力试验损伤识别法是通过传感器的合理布置对结构进行一系列的振动测试，然后利用傅里叶变换、小波分析等信号处理技术对通过传感器获得的测试数据进行分析并反算正常情况下结构应有的物理特性和健康状况。由于动力试验法采用了振动试验，也被称为基于振动的损伤识别方法[135,136]。

### 1.3.1 基于振动的损伤识别方法

最近十几年，基于振动的损伤识别方法获得了广泛关注，其核心思想就是模态参数是物理参数的函数[137,138]。结构发生损伤必然引起结构物理参数的改变，而物理参数的变化意味着结构振动特性的改变。识别结构损伤的前提就是如何准确有效地探测出这些模态参数和物理参数的变化。基于振动的结构损伤识别方法种类纷繁复杂，而且各类方法之间也相互联系，因此很难将其严格分类。根据振动响应数据所在区域的不同，基于振动的损伤识别方法大致分为以下三类：基于模态域数据的损伤识别方法、基于时间域数据的损伤识别方法和基于时频域数据的损伤识别方法[139]。

首先，介绍基于模态域数据的损伤识别方法。基于模态域数据的方法是在识别结构模态参数的基础上，通过灵敏度分析、比较损伤前后的模态参数变化或模型修正等方法来识别损伤。Doebling 等[140]对基于模态域数据的损伤识别方法及应用情况进行了总结并做了详细的评述。根据所采用的模态参数不同，这类方法可作进一步的细分。

（1）固有频率

基于固有频率变化的损伤识别方法的指标主要有固有频率差和固有频率变化比。结构固有频率的获取比较简单且测试精度比较高，因此以固有频率作为结构损伤识别指标在理论上是可行的[141]。Cawley 等[142]研究了损伤与频率之间的关系。在单点损伤情况下，损伤前后结构的任意两阶固有频率改变量之间的比值仅仅是损伤位置的函数，而与损伤程度无关。Gardner-Morse 等[143]采用斜拉桥索固有频率的变化作为损伤指标来估计索的张力损失。Zhu 等[144]讨论了单纯采用固有频率变化作为损伤指标的可能性，然后在此基础上采用敏感性分析和神经网络方法识别了结构的损伤位置和损伤程度。田玉滨等[145]采用一阶频率改变量与其他阶频率改变量的比值作为损伤定位指标。然而，仅仅通过固有频率诊断损伤具有一定的局限性。固有频率本质上是一个全局量，它对全局损伤敏感而对局部损伤不敏感。不同的损伤形式或者对称位置上的损伤均有可能产生相同的固有频率变化，因此该方法只能用来探测损伤的存在，但是却无法确定损伤的具体位置[146]。除此以外，结构的局部损伤对结构基频的影响很小而对高频影响较大，但是在实际振动测试中想要得到精确的高频信息是比较困难的，因此固有频率指标在实际工程中的应用受到了一定的限制。

（2）模态振型

模态振型的测试精度虽然低于固有频率，但是它是一个对损伤更为敏感的指标。由于振型包含了位置信息，振型的变化不但能够探测损伤而且可以定位损伤。常用的基于振型的损伤识别方法包括模态保证准则、振型曲率法、模态正交法和振型变化图形法等。West[147]首次系统地利用模态振型信息对结构进行了损伤定位。Salawu 等[148]分别采用模态保证准则和坐标模态保证准则判别了一实际桥梁结构修复前后的动态特性变化和修复位置。Lam 等[149]在利用振型变化等参数初步判别结构损伤的基础上构造了与损伤程度无关的识别量，然后运用损伤特征匹配技术进一步确定了结构的损伤位置。Pandey 等[150]采用损伤前后的振型曲率变化来判断损伤位置，并且指出曲率变化最大的地方为损伤位置。

在这里需要指出的是，高阶振型比低阶振型更容易识别出结构的损伤。然而，由于噪声的影响模态振型特别是高阶振型可能存在较大的误差。此外，由于测试仪器和测试现场条件的限制，实际工程中测得的模态信息有可能是不完备的。上述这些不利因素均会给模态振型指标的应用带来实际困难。

（3）柔度

根据柔度的定义可知：在模态归一化的条件下柔度与频率的平方成反比。因此，越是低阶的模态信息对柔度的影响越大，而高阶模态的影响基本可以忽略不计。基于此，我们只需选取前几阶模态振型和固有频率即可计算出高精度的结构柔度矩阵，然后再根据损伤前后的柔度矩阵变化来识别结构的损伤。Pandey 等[151]证实了结构损伤前后柔度的差值可用于确定梁式结构的损伤位置。Duan 等[152]提出了弦转角柔度的新概念，同时也发展了一种适用于梁式和板式结构的损伤识别方法。慕宝晖等[153]通过试验获得了一阶模态参数，然后据此提出了一种识别桁架结构损伤的柔度矩阵法。李永梅等[154]对损伤前后柔度矩阵差的行和列进行两次差分，然后求得结构的柔度差曲率矩阵并以该矩阵对角线上的元素作为结构的损伤指标。目前，基于柔度矩阵的结构损伤识别方法已经获得广泛应用，但是如何充分利用柔度矩阵的低阶模态敏感特性值得进一步研究。

（4）刚度

结构发生损伤时，其刚度将发生明显的变化，因此可根据刚度变化的大小直接识别结构损伤。与总体柔度矩阵不同，总体刚度矩阵是一个叠加量，因此从理论上讲总体刚度矩阵比总体柔度矩阵更适合定位损伤。然而，当结构发生微小损伤时，刚度指标的损伤识别效果非常有限[155]。与柔度矩阵相反，结构的高阶振型对结构刚度矩阵的贡献较大，因此总体刚度矩阵的计算应该采用较完整的模态数据，即不能忽略高阶振型。然而，获取准确的高阶振型难度较大，因此直接以刚度作为损伤指标在实际工程中比较少见。

（5）模态应变能

当结构发生损伤时，损伤位置处的刚度下降且变形增大，但是应变能却明显增加，因此可以通过模态应变能来判定结构的损伤位置。Shi 等[156,157]验证了单元模态应变能是一个对损伤敏感的定位指标。Yan 等[158]基于单元模态应变能灵敏度和概率统计方法提出了一种同时考虑测试噪声影响和模型不确定性的损伤识别方法。基于模态应变能的损伤识别方法的优点是：只需知道前几阶模态的振型即可进行损伤识别，同时它也解决了振型无法归一化的问题。

除了上述五种指标，目前发展起来的基于模态域数据的损伤指标还有很多，如 Ritz 向量、频响函数、能量传递比、动态残余向量等多个损伤指标均能够对结构进行损伤识别，本书暂不作一一介绍。

其次，对基于时间域数据的损伤识别方法进行介绍。基于时间域数据的损伤识别方法通常是利用结构振动响应在局部时间域上的特性或统计特性来进行结构的损伤识别。其中，大多数方法均是基于时间序列模型提出来的，当然也有一部分方法是先利用卡尔曼滤波这一类方法识别结构的物理参数，然后通过对结构损伤状态下的物理参数与完好状态下的物理参数进行比较来识别结构损伤[159]。Garcia 等[160]提出了一个基于 ARMA 模型系数和贝叶斯分类技术的损伤定位方法。Wei 等[161]利用非线性自回归滑动平均模型在结构损伤前后外部系数的变化来识别多层复合材料的损伤位置和程度。Nair 等[162]根据响应的AR 或 ARX 模型系数提取损伤敏感特征，然后采用模式分类的方法来识别损伤。Mattson 等[163]提出采用自回归向量模型残差的统计矩来定位结构的损伤。张效忠等[164]提出了一种基于时变自回归滑动平均模型和支持向量机的桁架结构损伤识别方法，从而有效解决了环境激励下结构检测信号呈现非平稳性和损伤样本极其有限的问题。周丽等[165]通过自适应卡尔曼滤波方法来追踪结构参数的变化，从而识别出结构的损伤位置、损伤程度和损伤发生时刻。雷鹰等[166]结合静力凝聚法和扩展卡尔曼滤波算法识别出地震作用下梁柱节点的损伤位置和损伤程度。杜飞平等[167]提出了基于衰减记忆的广义卡尔曼滤波算法公式并通过该算法识别了结构损伤的发生时刻、位置及程度。基于时间域数据的损伤识别方法由于直接使用时域数据，避免了响应信号中与损伤有关的特征量在转换过程中的丢失，但是该方法也存在一些固有的缺点。特别是在外界激励环境发生变化时，采用该方法进行损伤识别存在一定的困难。

最后，对基于时频域数据的损伤识别方法进行介绍。基于时频域数据的损伤识别方法是指通过结构振动响应在时频域的特征参数来构建损伤指标并进行识别。基于小波分析的损伤识别方法是其中最主要的方法之一。闫桂荣[168]总结归纳了基于小波分析的损伤识别方法，并根据是否对结构响应信号的高频信息进行细分将基于小波分析的损伤识别方法细分为基于小波变换的方法和基于小波包变换的方法。

在基于小波变换的损伤识别方法中，研究人员可以根据小波奇异性、损伤前后小波变换系数变化等指标来识别结构的损伤。Hou 等[169]采用小波变换识别出信号的奇异性并确定了结构的损伤发生时刻和损伤位置。Liew 等[170]通过小波变换来探测梁结构构件的裂纹位置。Surace 等[171]则通过比较结构损伤前后小波系数值来验证结构损伤发生与否。针对非均匀密度弹簧，Lu 等[172]通过建立小波系数和密度变化之间的关系来识别损伤。Kim 等[173]在对梁的应变响应进行 Gabor 连续小波变换的基础上结合波动理论和梁的挠度转角方程识别了梁的裂纹损伤。楼文娟等[174]通过对环境激励下的结构振动曲线进行小波变换从而识别了结构的损伤位置。Ovanesova 等[175]虽然通过小波变换识别了框架结构的裂缝，但是由于小波变换在高频区域内的分辨率较低，因而在识别含有高频部分的响应信号时遇到了困难。

与小波变换不同，小波包变换在对信号的低频部分继续分解的同时，也对信号的高频部分进行了分解。因此，小波包变换对高频成分和低频成分均具有较高的分辨率，其在结构损伤识别领域的应用前景良好。在采用小波包变换进行损伤诊断的研究中，节点小波包能量的定义和提取为基于小波包变换的损伤识别方法的发展奠定了坚实的基础[176,177]。韩建刚等[178]基于小波包变换提出采用能量变化率指标进行损伤定位。Sun 等[179]计算了小波包分量能量并将其应用于神经网络模型进行损伤评估。瞿伟廉等[180]在提取损伤信号的小波包分量能量之后，采用支持向量机算法建立模型来估计结构的损伤位置。Peng 等[181]根据输出响应的协方差构造了小波包能量变化率指标来评估海底管道的损伤。

相比基于模态域和时域数据的损伤识别方法，基于小波和小波包变换的损伤识别方法具有以下几个优势。首先，小波分析是时频域的二维变换，因而可从频率维度上看出信号特征的变化及变化程度，同时也可从时间维度（空间维度）上看出信号特征发生变化的时刻（或位置）；其次，由于小波分析将信号分解到不同的时间-尺度空间内，一方面实现了振动信号和噪声的分离，另一方面亦可对感兴趣的频段上的信息进行重构以突出损伤信息；再次，某些基于小波分析的损伤识别方法如小波奇异性检测无须结构完好时的基准模型，这对于实际工程中的结构损伤诊断尤为重要。

除此之外，还有一些人工智能算法也能够识别结构的损伤，但是并未归纳到上述三类方法中。人工智能算法主要包括神经网络、遗传算法、深度学习等。神经网络用于损伤识别的基本思路是：通过特征提取选择比较敏感的损伤指标作为神经网络的输入向量，与此同时选择结构的损伤状态作为输出，然后建立训练样本集并进行网络训练，最后将结构损伤状态的实测信息输入神经网络，即可迅速确定结构的损伤[182,183]。结构损伤识别问题有时也可以转化为数学优化问题进行求解，而遗传算法具有良好的并行搜索和全局搜索能力，因而能够很好地应用于结构损伤识别领域[184,185]。最近，深度学习等人工智能算法[186]逐渐兴起，其在结构损伤诊断的应用必将成为研究热点而且大有可为。

### 1.3.2　时变损伤识别方法

结构损伤识别工作大致可以分为以下四个水平的工作[187]：水平 1(Level 1)：确定结构损伤的存在；水平 2(Level 2)：确定结构的损伤位置；水平 3(Level 3)：确定结构的损伤程度；水平 4(Level 4)：预测结构的剩余寿命。若不使用结构模型，基于振动的损伤识别方法目前只能做到水平 1 和水平 2。当结构模型与基于振动的损伤识别方法相结合时，在某些情况下可以达到水平 3。水平 4 的损伤识别工作则需要与断裂力学、疲劳寿命分析、结构设计评估等领域知识相结合才有可能实现[188]。截至目前，大部分损伤识别方法都停留在水平1的层次上，即能够探测到结构损伤的存在，而另外一部分损伤识别方法在一定程度上达到了水平2或者水平3的层次。

虽然判别工程结构的损伤位置和程度具有重要的工程意义，但是追踪结构时变损伤趋势的重要性也不容忽视。实际上，土木工程结构在承受极限荷载或长期工作荷载时将产生不同程度的损伤，这些损伤在整个服役期限内不可避免且不断累积，从而导致结构的最终破坏。也就是说，服役期限内结构所遭受的损伤是一个从轻微损伤到严重损伤的渐变过程。在此过程中，结构的动力特性随时间变化，其响应信号呈现非平稳性。因此，提出一个时变的损伤指数来追踪结构的损伤演化过程并对结构的健康状况做出准确的评估是十分有意义的。

目前，关于时变损伤识别方法的研究工作十分少见。Soyoz 等[189]采用扩展卡尔曼滤波方法识别了地震作用下三跨钢筋混凝土连续梁模型的瞬时单元刚度并以此作为损伤评价指标，但是实际工程结构的瞬时单元刚度通常难以识别，而且扩展卡尔曼滤波估计瞬时单元刚度的过程也十分复杂。程远胜等[105]将 HHT 识别的结构瞬时频率作为损伤判定指标，然而瞬时频率本质上是一个对全局损伤十分敏感而对局部损伤不敏感的全局量，其有效性十分依赖于高精度的瞬时频率提取算法。能量富含结构的损伤信息，而且结构损伤位置附近的响应信号能量在损伤前后通常会发生比较大的变化，因此可以用来表征结构的损伤情况。如任宜春等[190]采用集合经验模态分解理论对响应信号进行分解，然后提出利用损伤前后结构响应的本征函数特征能量比和瞬时频率的变化来分别判断强震作用下结构的损伤位置和损伤时间。刘景良等[191]运用同步挤压和时间窗思想提出一个基于能量的时变损伤指标来识别刚度突变和线性变化简支梁模型的损伤发生时间。除能量指标之外，Hou 等[120]通过小波包筛选算法从地震响应数据中提取了瞬时模态振型指标并用于结构的时变损伤识别，然而瞬时模态振型的抗噪性较差，其在实际工程中的应用受到了较大限制。与此相对应的是，模态柔度指标不但能够清晰地反映结构的损伤状态，而且收敛效果较好，是一种十分优越的损伤指标[192,193]。模态柔度公式中包含的模态振型和模态频率参数也能够轻易地从响应信号中提取，因此采用模态柔度作为损伤指标是切实可行的。虽然能量和模态柔度均是比较可靠的损伤指标，但大都是作为固定值来诊断结构的损伤位置，并不能直接应用于时变损伤识别。此外，研究人员提出的损伤指标虽然十分繁多，但缺乏一个有效的损伤指标系统评价方法。孙晓丹和欧进萍[194]建议采用损伤指标对刚度变化的灵敏度、对噪声的适应性、不完备信息条件下行正确识别损伤的能力、精确定位损伤的能力四个指数，对损伤指标进行系统评价并给出了这四个指标的量化公式。上述四个评价指标比较全面地反映了损伤识别工作在实际应用过程中遇到的各种问题，同时也为如何正确选择损伤指标提供了指导意见。

截至目前，时频分析方法已开始应用于时变结构系统的模态参数识别，而小波理论作为时频分析方法的一种自然也不例外。然而，结构的时变损伤本质上是一个由轻微损伤到严重损伤的渐变过程，将小波分析方法用于时变结构参数识别仍然十分少见。因此，如何结合参数识别结果、时频分析方法以及其他人工智能算法提出一个合适的损伤指标以追踪结构的损伤演化过程，仍然是一个非常值得探索的研究方向。

# 参 考 文 献

［1］ 刘效尧，蔡健，刘晖. 桥梁损伤诊断［M］. 北京：人民交通出版社，2002.

［2］ 周修南，刘圣根. 圣水大桥倒塌的教训［J］. 钢结构，1997，12（1）：21-26.

［3］ 荆龙江. 预应力混凝土斜拉桥损伤识别理论及应用研究［D］. 杭州：浙江大学，2007.

［4］ 熊红霞. 桥梁结构模态参数辨识与损伤识别方法研究［D］. 武汉：武汉理工大学，2009.

［5］ 韩亮，樊健生. 近年国内桥梁垮塌事故分析及思考［J］. 公路，2013，3：124-127.

［6］ 李帅. 工程结构模态参数辨识与损伤识别方法研究［D］. 重庆：重庆大学，2013.

［7］ 张令弥. 振动测试与动态分析［M］. 北京：航空工业出版社，1992.

［8］ 傅志方，华宏星. 模态分析理论与应用［M］. 上海：上海交通大学出版社，2002.

［9］ 管迪华. 模态分析技术［M］. 北京：清华大学出版社，1996.

［10］ 李惠彬. 大型工程结构模态参数识别技术［M］. 北京：北京理工大学出版社，2007.

［11］ 陈隽. 高层建筑损伤检测中的复合反演理论与试验研究［D］. 上海：同济大学，1999.

［12］ 裴强，王丽. 结构参数识别方法研究［J］. 大连大学学报，2013，34（3）：36-44.

［13］ Cole H A. On line failure detection and damping measurement of aerospace structure by random decrement signature［J］. AIAA Journal，1968，68：288-319.

［14］ Ibrahim S R. Efficient random decrement computation for identification of ambient responses［C］. In：Proceeding of SPIE，the International Society for Optical Engineering，2001，4359（1）：1-6.

［15］ 黄方林. 随机减量法在斜拉桥拉索模态参数识别中的应用［J］. 机械强度，2002，24（3）：331-334.

［16］ 高敏，刘剑锋，张启伟. 超高索塔自立状态下环境振动试验与分析［J］. 结构工程师，2008，24（3）：129-134.

［17］ Kordestani H，Zhang C，Shadabfar M. Beam damage detection under a moving load using random decrement technique and savitzky golay filter［J］. Sensors，2019，20（1）：243.

［18］ 赵斌，封周权，陈政清. 环境激励下基于 ESMD 的结构模态参数识别方法［J］. 噪声与振动控制，2019，39（5）：173-178.

［19］ Ibrahim S R，Mikulcik E C. A time domain model vibration test technique［J］. Shock and Vibration Bulletin，43，1973，21-37.

［20］ Ibrahim S R，Mikulcik E C. A method for the direct identification of vibration parameters from the free response［J］. Shock and Vibration Bulletin，1977，47：183-198.

［21］ 李国强，陆烨，陈素文. 量测噪声对输入未知条件下结构频率及振型识别的影响［J］. 振动、测试与诊断，2000，20（1）：34-40.

［22］ 陈燕虹，王勋龙，孙巍. 应用时域 ITD 法分析大型露天煤矿斗轮挖掘机斗臂的动态特性［J］. 振动与冲击，1990，18（1）：53-56.

［23］ Ibrahim S R. An approach for reducing computational requirement in modal identification［J］. AIAA Journal，1986，24（10）：1725-1727.

［24］ James G H，Carne T G，Lauffer J P. The natural excitation technique（NEXT）for modal parameter extraction from operating structures［J］. International Journal of Analytical and Experimental Modal Analysis，1995，10（4）：260-277.

［25］ Farrar C R，James G H. System identification from ambient vibration measurements on a bridge［J］. Journal of Sound and Vibration，1997，205（1）：1-18.

［26］ 纪红刚，宋汉文. 自然激励技术在时延相关白噪声激励系统中的应用［J］. 噪声与振动控制，2017，37（6）：211-215.

[27] 李扬，周丽，杨秉才. 基于自然激励技术的颤振边界预测 [J]. 航空动力学报，2016，31 (11)：2744-2749.

[28] 王祥超，张鹏，甄威，王晓茹. 基于自然激励技术和 TLS-ESPRIT 方法的低频振荡模式辨识 [J]. 电力系统自动化，2015，39 (10)：75-80.

[29] 谯雯，罗佩，刘国明. 基于自然激励技术和 HHT 变换的重力坝模态分析 [J]. 水利学报，2014，45 (8)：958-966.

[30] 韩建平，李达文. 基于 Hilbert-Huang 变换和自然激励技术的模态参数识别 [J]. 工程力学，2010，27 (8)：54-59.

[31] 钟军军，董聪. 单输入多自由度系统自然激励技术的解析格式 [J]. 振动、测试与诊断，2013，33 (4)：547-549.

[32] Juang J N, Pappa R S. An Eigensystem Realization Algorithm (ERA) for modal parameter identification and model reduction [J]. Journal of Guidance, Control, and Dynamics，1985，8 (5)：620-627.

[33] Pappa R S, James G H, Zimmerman D C. Autonomous modal identification of the space shuttle tail rudder [J]. Journal of Spacecraft and Rockets，1998，35 (2)：163-169.

[34] 蒲黔辉，洪彧，王高新，李晓斌. 快速特征系统实现算法用于环境激励下的结构模态参数识别 [J]. 振动与冲击，2018，37 (6)：55-60.

[35] 王卫东，张世基，诸德超. 时域模态参数辨识的状态滤波算法 [J]. 振动工程学报，1993 (2)：99-106.

[36] 聂天智. 基于摄影测量的大型空间结构参数辨识与实验 [D]. 大连：大连理工大学，2019.

[37] Kung S Y. A new identification method and reduction algorithm via singular value decomposition [C]. In：Proceedings of 12th Asilomar Conference on Circuits, Systems and Computers, Carifornia, 1978.

[38] Moonen M, De Moor B, Vandenberghe L, Vandevlle J. On and off line identification of linear state space models [J]. International Journal of Control，1989，49 (1)：219-232.

[39] Arun K S, Kung S Y. Balance approximation of stochastic system [J]. SIAM Journal on Matrix Analysis and Application，1990，11：42-68.

[40] Van Gestel T, Suykens J, Van Dooren P, De Moor B. Identification of stable models insubspace identification by using regularization [J]. IEEE Transactions on Automatic Control，2001，46 (9)：1416-1420.

[41] Van Overschee P, De Moor B, Subspace Algorithms for the Stochastic Identification Problem [J]. Automatica，1993，29 (3)：649-660.

[42] Peeters B, De Roeck G, Hermans L, et al. Comparison of system identification methods using operational data of a bridge test [C]. In：Proceedings of ISMA 23, the International Conference on Noise and Vibration Engineering, K. U. Leuven, Belgium, 1998，923-930.

[43] Ren W X, Zhao T, Harik I E. Experimental and analytical modal analysis of a steel arch bridge [J]. Journal of Structural Engineering，2004，120 (7)：1022-1031.

[44] Ren W X, Zong Z H. Output-only modal parameter identification of civil engineering structures [J]. Structural Engineering and Mechanics，2004，17：429-444.

[45] 常军，张启伟，孙利民. 随机子空间方法在桥塔模态参数识别中的应用 [J]. 地震工程与工程振动，2006，26 (10)：183-187.

[46] 张笑华，任伟新，禹丹江. 结构模态参数识别的随机子空间法 [J]. 福州大学学报，2005，30 (增刊)：46-49.

[47] 汤宝平，章国稳，孟利波. 基于模态能量的随机子空间虚假模态剔除 [J]. 华中科技大学学报（自然科学版），2012，40 (3)：94-98.

［48］ Merseay M. Least squares complex exponential method and global system parameter estimation used by modal analysis ［C］. In: proceeding of the 5$^{th}$ International seminar on Modal Analysis, Florida, 1983.

［49］ 刘征宇，陈心昭，李登啸. 关于最小二乘复指数法的频域-时域模态参数识别技术 ［J］. 合肥工业大学学报（自然科学版），1989（3）：10-16.

［50］ 冉恩全. 基于最小二乘复指数法的局部模态参数识别及应用 ［D］. 重庆：重庆大学，2015.

［51］ 郑锦涛. 车身试验模态分析方法对比研究 ［D］. 广州：华南理工大学，2012.

［52］ Fan P，Wang Y，Zhao L. Modal analysis of a truck cab using the least squares complex exponent test method ［J］. Advances in Mechanical Engineering，2015，7（2）：1859-1863.

［53］ Ren W X，Makoto O. Elastic-plastic seismic behavior of long span cable-stayed bridges ［J］. Journal of Bridge Engineering，1999，4（3）：194-203.

［54］ 陈常松，田仲初，郑万泮，等. 大跨度混凝土斜拉桥模态试验技术研究 ［J］. 土木工程学报，2005，38（10）：72-75.

［55］ 王睿，刘晓平，张鹏. 一种基于峰值法及稳定图原理的钢结构塔模态参数识别方法 ［J］. 信息通信，2012，5：77-78.

［56］ 张毅刚，刘才玮，吴金志，等. 适用空间网格结构模态识别的改进功率谱峰值法 ［J］. 振动与冲击，2013，32（9）：10-15.

［57］ 孙倩，颜王吉，任伟新. 基于响应功率谱传递比的桥梁结构工作模态参数识别方法 ［J］. 中国公路学报，2019，32（11）：83-90.

［58］ 李火坤，练继建. 高拱坝泄流激励下基于频域法的工作模态参数识别 ［J］. 振动与冲击，2008，27（7）：149-153.

［59］ 王彤，张令弥. 运行模态分析的频域空间域分解法及其应用 ［J］. 航空学报，2006，27（1）：62-66.

［60］ 韩国有，彭慧芬，杨超. 基于实测传递函数的螺杆泵驱动头模态参数识别 ［J］. 大庆石油学院学报，2001，25（3）：99-101.

［61］ 李臣，马爱军，冯雪梅. 一种高效的频域模态参数识别法 ［J］. 振动与冲击，2004，23（3）：128-131.

［62］ 傅志方. 振动模态分析与参数识别 ［M］. 北京：机械工业出版社，1990.

［63］ 胡彦超，陈章位. 应用实正交多项式的多模态辨识迭代算法 ［J］. 浙江大学学报（工学版），2008，42（9）：1563-1567.

［64］ Richardson M I，Formenti D L. Parameter estimation from frequency response measurements using rational fraction polynomials ［C］. In: Proceedings of 1$^{st}$ International Modal Analysis Conference，Orlando，Florida，USA，1982，161-187.

［65］ Richardson M I，Formenti D L. Global curve fitting of frequency response measurements using rational fraction polynomials ［C］. In: Proceedings of 3$^{rd}$ International Modal Analysis Conference，Orlando，Florida，USA，1985，390-397.

［66］ 吕中亮，杨昌棋，安培文，等. 多点激励模态参数识别方法研究进展 ［J］. 振动与冲击，2011，30（1）：197-203.

［67］ 于开平，庞世伟，赵婕. 时变线性/非线性结构参数识别及系统辨识方法研究进展 ［J］. 科学通报，2009，54（20）：3147-3156.

［68］ 马玉祥. 基于连续小波变换的波浪非线性研究 ［D］. 大连：大连理工大学，2010.

［69］ 刘建军. Hilbert-Huang 变换及其在线性时变结构模态参数识别中的应用 ［D］. 长沙：中南大学，2007.

[70] 于开平. 时变结构动力学数值方法及其模态参数识别方法研究 [D]. 哈尔滨：哈尔滨工业大学，2000.

[71] 邹经湘，于开平，杨炳渊. 时变结构的参数识别方法 [J]. 力学进展，2000，30（3）：370-377.

[72] 续秀忠. 时变线性结构模态参数辨识的理论及实验研究 [D]. 上海：上海交通大学，2003.

[73] Lin C C，Soong T T，Natke H G. Real-time system identification of degrading structures [J]. Journal of Engineering Mechanics，1990，116（10）：2258-2274.

[74] 尚久铨. 结构模态参数的识别特性识别 [C]. 全国第六届模态分析与试验学术交流会，福建崇安，1991，8-14.

[75] 尚久铨. 卡尔曼滤波法在结构动态参数估计中的应用 [J]. 地震工程与工程振动，1991，11（2）：62-72.

[76] 张志谊，胡芳，樊江玲，等. 基于系统输出的时变特征参数辨识 [J]. 振动工程学报，2004，17（2）：214-218.

[77] Liu K. Identification of linear time-varying systems [J]. Journal of Sound and Vibration，1997，206（4）：487-505.

[78] Liu K，Deng L. Experimental linear time-varying systems [J]. Journal of Sound and Vibration，2005，279：1170-1180.

[79] Liu K，Deng L. Identification of pseudo-natural frequencies of an axially moving cantilever beam using a subspace-based algorithm [J]. Mechanical Systems and Signal Processing，2006，20：94-113.

[80] Cooper J E. Identification of time varying modal parameters [J]. Aeronautical Journal，1990，10：271-278.

[81] 续秀忠，张志谊，华宏星. 应用时变参数建模方法辨识时变模态参数 [J]. 航空学报，2003，24（3）：230-233.

[82] Yang J N，Lin S. Identification of parametric variations of structures based on least squares estimation and adaptive tracking technique [J]. Journal of Engineering Mechanics，2005，131（3）：290-298.

[83] Cooper J E，Worden K. Adaptive forgetting factors for on-line identification [C]. In：Proceeding of 11st IMAC，USA，1993，132-137.

[84] 李书进，李文化. 基于自适应卡尔曼滤波的时变结构参数估计 [J]. 广西大学学报（自然科学版），2004，29（2）：146-149.

[85] 丁锋，丁韬，杨家本. 遗忘漂移时变系统的辨识 [J]. 清华大学学报（自然科学版），2002，42（3）：365-368.

[86] Tasker F，Bosse A，Fisher S. Real-time modal parameter estimation using subspace methods：theory [J]. Mechanical Systems and Signal Processing，1998，12（6）：797-808.

[87] Bosse A，Tasker F，Fisher S. Real-time modal parameter estimation using subspace methods：Applications [J]. Mechanical Systems and Signal Processing，1998，12（6）：809-823.

[88] 马骏，曾庆华，张令弥. 时变参数识别方法研究 [J]. 振动与冲击，1997，16（1）：6-10.

[89] Longman R W，Junag J N. Recursive forms eigensystem realization algorithm for system identification [J]. Journal of Guidance，Control and Dynamics，1989，12（5），647-652.

[90] Cooper J E. On-line eigensystem realization methods [C]. In：Proeeedings of the 19th International Seminar on Modal Analysis，Leuven，Belgium，1994，1253-1258.

[91] Cooper J E. On-line version of the eigensystem realization algorithm using data correlations [J]. Journal of Guidance，Control and Dynamics，1997，20（1）：137-142.

[92] Cremona C F, Brandon J A. On recursive forms of damped complex exponential method [J]. Mechanical Systems and Signal Processing, 1992, 6 (3): 261-274.

[93] 刘丽兰，刘宏昭，吴子英，等. 基于时变多变量 Prony 法的时变振动系统模态参数辨识 [J]. 机械工程学报，2006，42 (1)：134-137.

[94] 吴日强，于开平，邹经湘. 改进的子空间方法及其在时变结构参数辨识中的应用 [J]. 工程力学，2002，19 (4)：67-70.

[95] 庞世伟，于开平，邹经湘. 识别时变结构模态参数的改进改进子空间 [J]. 应用力学学报，2005，22 (2)：184-188.

[96] 张家滨，陈国平. 基于随机子空间的递推在线模态识别算法 [J]. 振动与冲击，2009，28 (8)：42-45.

[97] Goursat M, Basseville M, Benveniste A, et al. Output-only modal analysis of Ariane 5 launcher [C]. In: Proceedings of the 19th International Modal Analysis Conference, Kissimmee, Florida, USA, 2001, 1483-1490.

[98] Marchesiello S, Bedaoui S, Garibaldi L, et al. Time-dependent identification of a bridge-like structure with crossing loads [J]. Mechanical Systems and Signal Processing, 2009, 23: 2019-2028.

[99] Gabor D. Communication theory and physics [J]. IEEE Transactions on Information Theory, 1953, 1 (1): 48-59.

[100] 包文杰，涂晓彤，李富才，等. 参数化的短时傅里叶变换及齿轮箱故障诊断 [J]. 振动、测试与诊断，2020，40 (2)：272-277.

[101] 王忠仁，林君，李文伟. 基于 Wigner-Ville 分布的复杂时变信号的时频分析 [J]. 电子学报，2005，33 (12)：2239-2241.

[102] 谢斌，严碧歌. 基于 Wigner-Ville 分布的心电信号时频分析 [J]. 陕西师范大学学报（自然科学版），2012，40 (2)：41-45.

[103] 沈向存，刘文奎，陈杰. 基于经验模态分解的 Wigner-Ville 时频分布 [J]. 勘探地球物理进展，2009，32 (5)：321-325.

[104] 赵淑红. 短时傅里叶变换与 Wigner-Ville 分布联合确定地震信号瞬时频率 [J]. 西安科技大学学报，2010，30 (4)：447-450.

[105] 程远胜，熊飞，刘均. 基于 HHT 方法的时变多自由度系统的参数识别 [J]. 华中科技大学学报（自然科学版），2007，35 (5)：41-43.

[106] 张郁山，梁建文，胡聿贤. 应用 HHT 方法识别刚度渐变的线性 SDOF 体的动力特性 [J]. 自然科学进展，2005，15 (5)：597-603.

[107] 张郁山，梁建文，胡聿贤，等. 应用 HHT 方法识别刚度突降线性 SDOF 系的动力特性 [J]. 天津大学学报，2006，39 (S1)：203-208.

[108] Shi Z Y, Law S S. Identification of linear time-varying dynamical systems using hilbert transform and empirical mode decomposition method [J]. Journal of Applied Mechanics, 2007, 74: 223-230.

[109] 杨秋芬. 基于 EMD 分解的探地雷达信号瞬时频率分析 [J]. 煤田地质与勘探，2009，37 (4)：64-67.

[110] 侯斌，桂志先，胡敏，等. 基于希尔伯特-黄变换的地震信号时频谱分析 [J]. 勘探地球物理进展，2009，32 (4)：248-251.

[111] 黄天立，邱发强，楼梦麟. 基于改进 HHT 方法的密集模态结构参数识别 [J]. 中南大学学报（自然科学版），2011，42 (7)：2054-2062.

[112] 曹思远，邴萍萍，路交通，等. 利用改进希尔伯特-黄变换进行地震资料时频分析 [J]. 石油地球物理勘探，2013，48 (2)：246-253.

[113]　Wu Z H，Huang N E. Ensemble empirical mode decomposition：a noise-assisted data analysis method [J]. Advances in Adaptive Data Analysis，2009，1（1）：1-41.

[114]　Huang N E，Shen S S P. Hilbert-Huang transform and its application [M]. London：World Scientific Publishing Company，2005.

[115]　张拥军，赵光宙. 基于小波分解的时变系统辨识方法研究 [J]. 浙江大学学报（工学版），2000，34（5）：541-543.

[116]　徐亚兰，陈建军，胡太彬. 系统模态参数辨识的小波变换方法 [J]. 西安电子科技大学学报（自然科学版），2004，31（2）：281-285.

[117]　邹甲军，冯志华，陆维生. 基于小波的 LTV 系统的参数识别 [J]. 苏州大学学报（工学版），2005，25（1）：41-46.

[118]　任宜春，易伟建，谢献忠. 地震作用下结构时变物理参数识别 [J]. 地震工程与工程振动，2007，27（4）：98-102.

[119]　Tsatsanis M K，Giannakis G B. Time-varying system identification and model validation using wavelets [J]. IEEE Transactions on Signal Processing，1993，41（12）：3512-3522.

[120]　Hou Z K，Hera A，Shinde A. Wavelet-based structural health monitoring of earthquake excited structures [J]. Computer-Aided Civil and Infrastructure Engineering，2006，21（4）：268-279.

[121]　Hou Z K，Hera A，Liu W. Identification of instantaneous modal parameters of time-varying systems using wavelet approach [C]. In：the 4th International Workshop on Structural Health Monitoring，Stanford，Carifornia，2003.

[122]　王正林. 基于小波变换的非平稳信号瞬时频率分析方法 [J]. 舰船电子对抗，2007，30（5）：110-112.

[123]　于德介，成琼，程军圣. 基于复解析小波变换的瞬时频率分析方法 [J]. 振动与冲击，2004，23（1）：110-112.

[124]　汪赵华，郭立，李辉. 基于改进小波脊提取算法的数字信号瞬时频率估计方法 [J]. 中国科学院研究生院学报，2009，26（4）：108-109.

[125]　Xu X，Shi Z Y，You Q. Identification of linear time-varying systems using a wavelet-based state-space method [J]. Mechanical Systems and Signal Processing，2012，26：91-103.

[126]　Wang C，Ren W X，Wang Z C，et al. Instantaneous frequency identification of time-varying structures by continuous wavelet transform [J]. Engineering Structures，2013，52：17-25.

[127]　Daubechies I，Lu J，Wu H T. Synchrosqueezed wavelet transforms：an empirical mode decomposition-like tool [J]. Applied and Computational Harmonic Analysis，2011，2（30）：243-261.

[128]　Li C，Liang M. A generalized synchrosqueezing transform for enhancing signal time-frequency representation [J]. Mechanical Systems and Signal Processing，2012，92（9），2264-2274.

[129]　Li C，Liang M. Time-frequency signal analysis for gearbox fault diagnosis using a generalized synchrosqueezing transform [J]. Mechanical Systems and Signal Processing，2012，26：205-217.

[130]　Wu H T，Flandrin P，Daubechies I. One or two frequencies? The synchrosqueezing answers [J]. Advances in Adaptive Data Analysis，2011，3（1-2），29-39.

[131]　Thakur G，Brevdo E，Fučkar N S，et al. The synchrosqueezing algorithm for time-varying spectral analysis：Robustness properties and new paleoclimate applications [J]. Signal Processing，2013，93：1079-1094.

[132]　Chopra A K. 结构动力学理论及其在地震工程中的应用 [M]. 谢礼立，吕大刚，等译. 北京：高等教育出版社，2005.

[133]　秦权. 桥梁结构的健康监测 [J]. 中国公路学报，2000，13（12）：37-42.

［134］　林友勤. 基于随机状态空间模型的结构损伤识别方法研究［D］. 福州：福州大学，2007.

［135］　韩大建，王文东. 基于振动的结构损伤识别方法的近期研究进展［J］. 华南理工大学学报（自然科学版），2003，31（1）：91-95.

［136］　宗周红，任伟新，阮毅. 土木工程结构损伤诊断研究进展［J］. 土木工程学报，2003，36（5）：105-110.

［137］　Kopsaftopoulos F P, Fassois S D. A functional model based statistical time series method for vibration based damage detection, localization, and magnitude estimation［J］. Mechanical Systems and Signal Processing，2013，39，143-161.

［138］　杨秋伟. 基于振动的结构损伤识别方法研究进展［J］. 振动与冲击，2007，26（10），86-91.

［139］　闫桂荣，段忠东，欧进萍. 基于结构振动信息的损伤识别研究综述［J］. 地震工程与工程振动，2007，27（3）：95-102.

［140］　Doebling S W, Farrar C R, Prime M B. A summary review of vibration-based damage identification methods［J］. The Shock and Vibration Digest，1998，30（2）：91-105.

［141］　董聪，范立础，陈肇元. 结构智能健康诊断的理论与方法［J］. 中国铁道科学，2002，23（1）：11-22.

［142］　Cawley P, Adams R D. The locations of defects in structures from measurements of natural frequencies［J］. Journal of Strain Analysis，1979，14（2）：49-57.

［143］　Gardner-Morse M G, Huston D R. Modal identification of cable-stayed pedestrian bridge［J］. Journal of Structural Engineering，1993，119（11）：3384-3404.

［144］　Zhu H, He B, Chen X. Detection of structural damage through changes in frequency［J］. Wuhan University Journal of Natural Sciences，2005，10（6）：1069-1073.

［145］　田玉滨，闫维明，高振闯，等. 基于自振频率的悬臂梁损伤识别方法［J］. 结构工程师，2011，27（S1）：300-305.

［146］　Yang Z, Wang L. Structural damage detection by changes in natural frequencies［J］. Journal of Intelligent Material Systems and Structures，2010，21，309-319.

［147］　West W M. Illustration of the use of modal assurance criterion to detect structural changes in an orbiter test specimen［C］. In：Proceedings of Air Force Conference on Aircraft Structural Integrity，USA，1984.

［148］　Salawu O S, Williams C. Bridge assessment using forced-vibration testing［J］. Journal of Structural Engineering，1995，121（2）：161-173.

［149］　Lam H F, Ko J M, Wong C W. Location of damaged structural connections based on experimental modal and sensitivity analysis［J］. Journal of Sound and Vibration，1998，210（1）：91-115.

［150］　Pandey A K, Biswas M, Samman M M. Damage detection from changes in curvature mode shapes［J］. Journal of Sound and Vibration，1991，145（2）：321-332.

［151］　Pandey A K, Biswas M. Damage detection in structures using changes in flexibility［J］. Journal of Sound and Vibration，1994，169：3-17.

［152］　Duan Z D, Yan G R, Ou J P. Structural damage detection using the angle-between-string-and-horizon flexibility［C］. In：Proceeding of the 2$^{nd}$ International Conference on Structural Health Monitoring and Intelligent Infrastructure，2005.

［153］　慕宝晖，邬瑞锋，蔡贤辉，等. 一种桁架结构损伤识别的柔度阵法［J］. 计算力学学报，2001，18（1）：42-47.

［154］　李永梅，周锡元，高向宇. 基于柔度差曲率矩阵的结构损伤识别方法［J］. 工程力学，2009，26（2）：188-195.

[155] 郑栋梁，李中付，华宏星. 结构早期损伤识别技术的现状和发展趋势 [J]. 振动与冲击，2002，21（2）：1-6.

[156] Shi Z Y，Law S S. Structural damage localization from modal strain energy change [J]. Journal of Sound and Vibration，1998，218（5）：825-844.

[157] Shi Z Y，Law S S，Zhang L M. Structural damage detection from modal strain energy change [J]. Journal of Engineering Mechanics，2000，126（12）：1216-1223.

[158] Yan W J，Huang T L，Ren W X. Damage detection method based on element modal strain energy sensitivity [J]. Advances in Structural Engineering，2010，13（6）：1075-1088.

[159] 段忠东，闫桂荣，欧进萍. 土木工程结构振动损伤识别面临的挑战 [J]. 哈尔滨工业大学学报，2008，40（4）：505-512.

[160] Garcia G V，Osegueda R. Damage detection using ARMA model coefficients [C] In：Proceedings of the SPIE Conference on Smart Systems for Bridges，Structures，and Highways，Newport Beach，California，USA，1999.

[161] Wei Z，Yam L H，Cheng L. NARMAX model representation and its application to damage detection formulti-layer composites [J]. Composite Structures，2005，68（1）：109-117.

[162] Nair K K，Kiremidjian A S，Lei Y，et al. Application of time series analysis in structural damage evaluation [C] In：Proceedings of the International Conference on Structural Health Monitoring，Tokyo，Japan，2003.

[163] Mattson S G，Pandit S M. Statistical moments of auto-regressive model residuals for damage localization [J]. Mechanical Systems and Signal Processing，2006，20：627-645.

[164] 张效忠，姚文娟，田芳. 基于时变 ARMA 模型与支持向量机的结构损伤识别 [J]. 应用基础与工程科学学报，2013，21（6）：1094-1011.

[165] 周丽，吴新亚，尹强，等. 基于自适应卡尔曼滤波方法的结构损伤识别实验研究 [J]. 振动工程学报，2008，21（2）：197-202.

[166] 雷鹰，李青. 基于扩展卡尔曼滤波的框架梁柱节点地震损伤识别 [J]. 土木工程学报，2013，46（S1）：251-255.

[167] 杜飞平，谭永华，陈建华. 基于改进广义卡尔曼滤波的结构损伤识别方法 [J]. 地震工程与工程振动，2010，30（4）：109-114.

[168] 闫桂荣. 基于广义柔度矩阵和小波分析的结构损伤识别方法 [D]. 哈尔滨：哈尔滨工业大学，2006.

[169] Hou Z，Noori M，St. Amand R. Wavelet-based approach for structural damage detection [J]. Journal of Engineering Mechanics，2000，126（7）：677-683.

[170] Liew K M，Wang Q. Application of wavelet theory for crack identification in structures [J]. Journal of Engineering Mechanics，1998，124（2）：152-157.

[171] Surace C，Ruotolo R. Crack detection of a beam using the wavelet transform [C]. In：Proceedings of the 12th International Modal Analysis Conference，Honolulu，Hawaii，USA，1994，1141-1147.

[172] Lu C J，Hsu Y T. Vibration analysis of an inhomogeneous string for damage detection by wavelet transform [J]. International Journal of Mechanical Sciences，2002，44：745-754.

[173] Kim Y Y，Kim E H. A new damage deflection method based on a wavelet transform [C]. In：Proceedings of the International Modal Analysis Conference，2000，1207-1212.

[174] 楼文娟，林宝龙. 基于小波变换的大型输电铁塔损伤位置识别 [J]. 工程力学，2006，23（S1）：157-162.

[175] Ovanesova A V，Suarez L E. Application of wavelet transforms to damage detection in frame structures [J]. Engineering Structure，2003，26：39-49.

[176] Wu Y J，Du R. Feature extraction and assessment using wavelet packets for monitoring of machining processes [J]. Mechanical Systems and Signal Processing，1996，10 (1)：29-53.

[177] Yen G G，Lin K C. Wavelet packet feature extraction for vibration monitoring [J]. IEEE Transactions on Industrial Electronics. 2000，47 (3)：650-667.

[178] 韩建刚，任伟新，孙增寿. 基于小波包变换的梁体损伤识别 [J]. 振动、测试与诊断，2006，26 (1)：5-10.

[179] Sun Z，Chang C C. Structural damage assessment based on wavelet packet transform [J]. Journal of Structural Engineering，2002，128 (10)：1354-1361.

[180] 瞿伟廉，谭冬梅. 基于小波分析和支持向量机的结构损伤识别 [J]. 武汉理工大学学报，2008，30 (2)：80-86.

[181] Peng X L，Hao H，Li Z X. Application of wavelet packet transform in subsea pipeline bedding condition assessment [J]. Engineering Structures，2012，39：50-65.

[182] Elkordy M F，Chang K C，Lee G C. Neural networks trained by analytically simulated damage states [J]. Journal of Computing in Civil Engineering，1993，7 (2)：130-145.

[183] 姜绍飞，刘明，倪一清，等. 大跨悬索桥损伤定位的自适应概率神经网络研究 [J]. 土木工程学报，2003，36 (8)：74-78.

[184] Holland J H. Outline for a logical theory of adaptive systems [J]. Journal of the Association for Computing Machinery，1962，9 (3)：297-314.

[185] Mares C，Surace C. An application of genetic algorithms to identify damage in elastic structures [J]. Journal of Sound and Vibration，1996，195 (2)：195-215.

[186] Ye X W，Jin T，Yun C B. A review on deep learning-based structural health monitoring of civil infrastructures [J]. Smart Structures and Systems，2019，24 (5)：567-585.

[187] Rytter A. Vibration based inspection of civil engineering structures [D]. Department of Building Technology and Structural Engineering，Aalborg University，Denmark，1993.

[188] 朱宏平，余璟，张俊兵. 结构损伤动力检测与健康监测研究现状与展望 [J]. 工程力学，2011，28 (2)：1-11.

[189] Soyoz S，Feng M Q. Instantaneous damage detection of bridge structures and experimental verification. [J]. Structural Control and Heath Monitoring，2008，15：958-973.

[190] 任宜春，翁璞. 基于改进 Hilbert-Huang 变换的结构损伤识别方法研究 [J]. 振动与冲击，2015，34 (18)：195-199.

[191] 刘景良，任伟新，王佐才. 基于同步挤压和时间窗的时变结构损伤识别 [J]. 振动工程学报，2014，27 (6)：835-841.

[192] Pandey A K，Biswas M，Samman M M. Damage detection from changes in curvature mode shapes [J]. Journal of Sound and Vibration，1991，145 (2)：321-332.

[193] 赵玲，李爱群. 基于模态柔度矩阵变化指标的结构损伤预警方法 [J]. 东南大学学报（自然科学版），2009，39 (4)：1049-1053.

[194] 孙晓丹，欧进萍. 基于动力检测的损伤指标评价方法 [J]. 振动与冲击，2009，28 (1)：9-14.

# 第 2 章
# 小波分析理论

## 2.1 概述

自从 1822 年傅里叶发表"热传导解析理论"以来，傅里叶变换一直是信号处理领域中应用最广泛且效果较好的一种方法。然而，傅里叶变换仅仅是一种频域分析方法，它所反映的是信号的整体频域特征，而不能提供任何局部时间段上的频域信息。实际工程中常见的一些非平稳信号，如音乐信号、地震波、雷达信号、非线性结构振动信号等的频域特性都随时间而变化，因此它们被称为时变信号。对这一类时变信号进行分析时，通常需要提取某一局部时间段的频域信息或某一频率段所对应的时间信息，然而傅里叶变换对此无能为力，因此催生了信号时频分析方法的诞生。

为研究信号在局部时间范围的频域特征，Gabor 变换于 1946 年被提出，之后进一步发展为短时傅里叶变换（Short Time Fourier Transform，简称 STFT）。截至目前，STFT已在许多领域获得了广泛应用，但是由于 STFT 的窗函数大小和形状均与时间和频率无关且保持不变，这对于分析时变信号是十分不利的。通常来说，高频信号一般持续时间很短而低频信号持续时间较长，因此人们期望对于高频信号采用窄时间窗而对于低频信号则采用宽时间窗进行分析。受 Heisenberg 测不准原理限制，STFT 的时域分辨率和频域分辨率的乘积存在一个上限，即二者不可能同时达到最高。由此可见，STFT 的窗口没有自适应性，不适于分析多尺度信号。此外，在进行数值计算时，人们希望将基函数离散化以节约计算时间及存储量，然而 Gabor 基无论如何离散化均不能构成一组正交基，因而给数值计算带来了不便。上述 STFT 的不足之处限制了其在工程领域的应用和发展，而小波变换则很好地解决了 STFT 目前存在的一些问题。

小波变换[1~5]这一概念是由法国地球物理学家 Morlet 于 1984 年在分析地球物理勘探资料时提出来的。随后，理论物理学家 Grossman 采用平移和伸缩不变性建立小波变换的理论体系。1985 年，法国数学家 Meyer 首次构造了具有一定衰减性的光滑小波。1988 年，Daubechies 证明了紧支撑正交标准小波基的存在性，使得离散小波分析成为可能。在这之后，Mallat[6] 提出了多分辨分析概念，从而成功地统一了此前提出的各种小波构造方法。特别地，他提出的二进制小波变换快速算法为小波变换完全走向实用性提供了依据和技术支撑。与此同时，Daubiechies 将小波变换的内积运算转换为卷积运算，这为小波分析的具体运用提供了理论基础。总之，小波理论是近些年形成和发展迅速的一种数学工具，它是泛函分析、傅里叶变换、样条分析、调和分析、数值分析等半个世纪以来理论发展的完美结晶，同时也是目前正在蓬勃发展的一个新的数学分支。自从小波理论提出以来，它在信号处理、语音分析、模式识别、数据压缩、图像处理、地震勘探等领域获得了广泛的应用。即使时至今日，小波分析的应用范围还在不断地扩大。鉴于小波理论的广度和深度，任何人都不可能完全了解小波的数学本质，但是选择其中与自己领域相关的内容进行跟踪、消化和深入研究是十分可行的。

## 2.2　傅里叶变换

小波变换的数学基础是傅里叶变换。因此，在阐述小波理论前有必要率先介绍傅里叶变换。实际上，傅里叶变换架起了时间域和频率域之间的桥梁，据此人们在考虑问题时可以从时域和频域两个角度出发并来回切换，从而使得处理问题的过程变得更加简单和有效。一般情况下，傅里叶变换指的是连续傅里叶变换，然而连续傅里叶变换不宜在计算机上实现，因此研究人员对连续傅里叶变换进行离散从而提出了离散傅里叶变换。在此基础上，为减少离散傅里叶变换的计算时间，学者们又提出了快速傅里叶变换算法并将其应用于数值分析、信号处理等多个领域。

### 2.2.1　连续傅里叶变换

从数学分析角度看，时域信号的傅里叶变换存在的前提是满足狄利克雷条件。从物理直观上看，一个振动周期可以看成是若干个简谐振动的叠加，而傅里叶级数展开即是对这一物理过程的数学描述。设定时域信号 $x(t)$，其连续傅里叶变换及逆变换分别如式(2-1)和式(2-2)所示。

$$\dot{x}(\omega) = \int_{-\infty}^{\infty} x(t) \mathrm{e}^{-\mathrm{i}\omega t} \mathrm{d}t \tag{2-1}$$

$$x(t) = \frac{1}{2\pi} \int_{-\infty}^{\infty} \dot{x}(\omega) \mathrm{e}^{\mathrm{i}\omega t} \mathrm{d}\omega \tag{2-2}$$

式中，$t$ 为时间，$\omega$ 为频率，$i$ 为虚数单位。

### 2.2.2　离散傅里叶变换

为计算时域信号的傅里叶变换，通常需要进行数值积分运算，即取 $x(t)$ 在实数集 $R$ 上离散点的值来计算，然而式(2-1)及式(2-2)均不宜直接应用于计算机运算。因此，有必要对连续信号进行离散化和截断，这就是离散傅里叶变换的由来。对于周期函数而言，其频谱也是周期变化，因此取时域周期信号的其中一个周期来分析即可。设定周期长度为 $T$，一个周期内的采样点数为 $N$，采样间隔为 $\Delta t$，采样频率 $f_s = 1/\Delta t$，则其离散傅里叶变换（Discrete Fourier Transform，DFT）形式为

$$x_j = \frac{a_0}{2} + \sum_{k=1}^{m} \left[ a_k \cos\left(\frac{2\pi kj}{N}\right) + b_k \sin\left(\frac{2\pi kj}{N}\right) \right] \tag{2-3}$$

式中，$k=0, 1, 2, \cdots, m$，$j=0, 1, 2, \cdots, N-1$，而 $a_0$、$a_k$ 和 $b_k$ 分别如式(2-4)、式(2-5)和式(2-6)所示。

$$a_0 = \frac{1}{\frac{N\Delta t}{2}} \sum_{j=0}^{N-1} x_j \Delta t = \frac{2}{N} \sum_{j=0}^{N-1} x_j \qquad (2\text{-}4)$$

$$a_k = \frac{1}{\frac{N\Delta t}{2}} \sum_{j=0}^{N-1} x_j \cos\left(\frac{2\pi kj}{N}\right) \Delta t = \frac{2}{N} \sum_{i=0}^{N-1} x_j \cos\left(\frac{2\pi kj}{N}\right) \qquad (2\text{-}5)$$

$$b_k = \frac{1}{\frac{N\Delta t}{2}} \sum_{j=0}^{N-1} x_j \sin\left(\frac{2\pi kj}{N}\right) \Delta t = \frac{2}{N} \sum_{j=0}^{N-1} x_j \sin\left(\frac{2\pi kj}{N}\right) \qquad (2\text{-}6)$$

然而，上述 DFT 的计算过程过于复杂且难以实时处理问题，因此快速傅里叶变换 (Fast Fourier Transform，FFT) 算法应运而生。作为离散傅里叶变换的快速算法，FFT 的基本思想是把原始的 $N$ 点序列依次分解成一系列的短序列。虽然 FFT 没有对傅里叶变换理论进行革新，但是对于在计算机系统中应用离散傅里叶变换则迈进了一大步。由于 FFT 拥有计算量小等显著优点，其在信号处理技术领域获得了广泛应用。目前，MAT-LAB 等数值分析软件中均构建了 FFT 函数，研究人员可以根据需要直接调用。

## 2.3　短时傅里叶变换

短时傅里叶变换的基本思想是：将信号划分成许多小的时间间隔，然后采用傅里叶变换分析每一个时间间隔，以便确定每一时间间隔内信号的频率。针对任一实信号 $x(t)$，其短时傅里叶变换和逆变换表达式分别如式(2-7) 和式(2-8) 所示。

$$G(\omega, \tau) = \int_{-\infty}^{\infty} x(t)\, \bar{g}(t-\tau)\, \mathrm{e}^{-i\omega t}\, \mathrm{d}t \qquad (2\text{-}7)$$

$$x(t) = \frac{1}{2\pi} \int_{-\infty}^{\infty} \int_{-\infty}^{\infty} G(\omega, \tau) g(t-\tau) \mathrm{e}^{i\omega t}\, \mathrm{d}\tau \mathrm{d}\omega \qquad (2\text{-}8)$$

式中，$\bar{g}$ 代表函数 $g$ 的复数共轭，而窗函数 $g(t)$ 则表示有紧支撑的函数。在短时傅里叶变换中，$\mathrm{e}^{i\omega t}$ 起限频作用，而 $g(t)$ 则发挥时限的作用。随着 $t$ 的不断变化，$g(t)$ 所确定的"时间窗"在时间轴上移动，使得时域信号 $x(t)$ 逐渐被分析，因此 $g(t)$ 被称为窗函数。$G(\omega, \tau)$ 表征了信号 $x(t)$ 在 $[t-\delta, t+\delta]$、$[\omega-\varepsilon, \omega+\varepsilon]$ 这一区域内的状态，而 $\delta$ 和 $\varepsilon$ 则分别代表窗口的时宽和频宽。从理论上来说，窗宽越小则分辨率就越高。显然，人们总是希望 $\delta$ 和 $\varepsilon$ 都非常小，这样就同时拥有较高的时间和频率分辨率。然而，根据 Heisenberg 测不准原理，时宽和带宽乘积须满足 $\delta \cdot \varepsilon \geqslant 1/2$，这也就是说，同时拥有任意小的时宽和带宽的窗函数是不存在的。

短时傅里叶变换虽然在一定程度上克服了傅里叶变换不具备局部分析能力的缺陷，但其本身也存在不可调和的缺陷，即当窗函数确定后，矩形窗口的形状也就确定了。$T$、$\omega$ 只是改变窗口在相平面上的位置，而不能改变窗口的既定形状。因此，短时傅里叶变换具有恒定的分辨率，这无法满足当前信号时频分析对多分辨率的要求，即针对高频部分应拥有较高的时间分辨率，而针对低频部分应具有较高的频率分辨率。然而，小波变换由于窗口的灵活性具备了多分辨分析能力，这弥补了短时傅里叶变换的不足，因而也获得了更广泛的应用。

## 2.4　连续小波变换

### 2.4.1　连续小波变换定义

小波变换是一种窗口大小固定，但窗口形状可以改变的自适应时频分析方法。由于小波变换在低频部分具有较高的频率分辨率和较低的时间分辨率，在高频部分具有较高的时间分辨率和较低的频率分辨率，其被誉为数学的"显微镜"。截至目前，小波变换已经广泛应用于土木工程领域中的信号处理、数值计算、参数识别与损伤诊断等多个研究方向。

设定小波母函数 $\psi(t)$ 为平方可积函数，即 $\psi(t) \in L^2(R)$，若其傅里叶变换满足如式(2-9)所示的容许性条件，可将母函数 $\psi(t)$ 进行伸缩和平移从而得到小波基函数，如式(2-10)所示。

$$-\infty < C_\psi = \int_0^\infty \frac{|\hat{\psi}(\omega)|^2}{\omega} \mathrm{d}\omega < +\infty \tag{2-9}$$

$$\psi_{a,b}(t) = \frac{1}{\sqrt{a}}\ \psi\left(\frac{t-b}{a}\right) \tag{2-10}$$

在式(2-10)中，$a$ 为尺度因子，与频率成反比关系；$b$ 为平移因子，与时间相关。通过改变 $a$ 和 $b$ 的值可以实现小波的伸缩和平移，但是小波的大致形状却仍然保持不变。

若将任意实信号 $x(t)$ 在如式(2-10)所示的小波基下展开，则称这种展开为 $x(t)$ 的连续小波变换（Continue Wavelet Transform，CWT），其表达式为

$$W_x(a,b) = \int_{-\infty}^\infty x(t)\,\frac{1}{\sqrt{a}}\overline{\psi\left(\frac{t-b}{a}\right)}\mathrm{d}t \tag{2-11}$$

式中，$\overline{\psi\left(\frac{t-b}{a}\right)}$ 为 $\psi\left(\frac{t-b}{a}\right)$ 的共轭复数。

连续小波变换系数 $W_x(a, b)$ 揭示了信号 $x(t)$ 与小波基函数在尺度 $a$ 和时间点 $b$ 的相似程度。相应地，连续小波逆变换可表示为

$$x(t) = \frac{1}{C_\psi}\int_{-\infty}^\infty \int_{-\infty}^\infty \frac{1}{a^2}W_x(a,b)\psi\left(\frac{t-b}{a}\right)\mathrm{d}a\,\mathrm{d}b \tag{2-12}$$

由上可知：连续小波变换具有"变焦"的特征，这也正是其优于短时傅里叶变换的地方。总之，连续小波变换具有以下性质：

（1）线性叠加性：若 $x(t)$ 和 $y(t)$ 的小波变换系数分别为 $W_x(a, b)$ 和 $W_y(a, b)$，则 $z(t) = k_1 x(t) + k_2 y(t)$ 的小波变换系数为 $k_1 W_x(a, b) + k_2 W_y(a, b)$。

（2）平移不变性：若 $x(t)$ 的小波变换系数为 $W_x(a, b)$，则 $x(t+\tau)$ 的小波变换系数为 $W_x(a, b+\tau)$。

（3）伸缩共变性：若 $x(t)$ 的小波变换系数为 $W_x(a, b)$，则 $x(ct)$ 的小波变换系数为 $\frac{1}{\sqrt{c}}W_x(ca, cb)$，$c > 0$。

（4）冗余性：连续小波变换将一维信号变换到二维空间，因此存在信息表述的冗余，这也就是说，在时间尺度平面上各点的小波变换系数是相关而不是无关的。

（5）能量的比例性：小波变换系数幅值平方的积分和信号的能量成正比，即

$$\int_0^\infty \frac{\mathrm{d}a}{a^2}\int_{-\infty}^\infty |W_x(a,b)|^2\mathrm{d}a = C_\psi\int_{-\infty}^\infty |x(t)|^2\mathrm{d}t \tag{2-13}$$

### 2.4.2 常用的小波函数

与标准傅里叶变换相比，小波分析中所用到的小波母函数并不唯一，即小波母函数 $\psi(x)$ 具有多样性。因此，在实际工程应用中研究人员所要面对的一个主要问题就是如何选择最优小波基。截至目前，选择的主要标准有支撑长度、对称性、消失矩阶数和正则性等。在众多小波基函数的家族中，已经有一些小波函数被证明是有用的且适合某些特定问题。基于此，本小节主要介绍一些常用的小波函数。

（1）Haar 小波

数学家 Haar 于 1910 年提出了 Haar 函数，即 $h_{m,n}(t)=2^{-m/2}h(2^{-m}t-n)$ （$m$, $n\in Z$），$Z$ 为整数。Haar 函数是由如式（2-14）所示的尺度函数 $h(t)$ 生成的，其图形如图 2-1 所示。在同一尺度 $m$ 上，Haar 小波基函数相互正交，而且不同尺度之间的基函数也是正交的，因此 $h_{m,n}(t)$ 构成了 $L^2(R)$ 上的完备标准正交基。然而，Haar 小波函数是不连续的且在频域随 $\omega$ 的衰减速度仅为 $1/|\omega|$，因此它在频域中的局部性差，这也限制了其在实际工程中的应用。

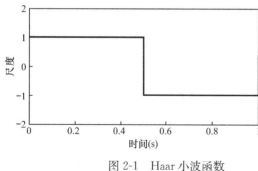

图 2-1 Haar 小波函数

$$h(t)=\begin{cases}1, & 0\leqslant t<1/2\\ -1, & 1/2<t\leqslant 1\\ 0, & 其他\end{cases} \tag{2-14}$$

（2）Meyer 小波

由于 Haar 小波的时域和频域的正则性很差，法国数学家 Meyer 于 1985 年通过紧框架理论构造出了一种新的 Meyer 小波，如图 2-2 所示。Meyer 小波在频域具有紧支撑集和任意阶正则性且 $k$ 阶连续可导，因此其在时频域都具有很好的局部性。Meyer 小波可以通过定义它的频域形式 $\Psi(\omega)$ 来确定它的时域形式 $\psi(t)$。

$$\Psi(\omega)=\begin{cases}\frac{1}{\sqrt{2\pi}}\sin\left[\frac{\pi}{2}\nu\left(\frac{3}{2\pi}|\omega|-1\right)\right]e^{i\frac{\omega}{2}}, & \frac{2\pi}{3}\leqslant|\omega|\leqslant\frac{4\pi}{3}\\ \frac{1}{\sqrt{2\pi}}\cos\left[\frac{\pi}{2}\nu\left(\frac{3}{4\pi}|\omega|-1\right)\right]e^{i\frac{\omega}{2}}, & \frac{4\pi}{3}\leqslant|\omega|\leqslant\frac{8\pi}{3}\\ 0 & 其他\end{cases} \tag{2-15}$$

式中，$\nu(t)$ 为任意阶连续可导的函数且满足式（2-16）和式（2-17）所示的条件。

$$\nu(t)=\begin{cases}0, & t\leqslant 0\\ 1, & t\geqslant 1\end{cases} \tag{2-16}$$

$$\nu(t)+\nu(1-t)=1 \quad 0<t<1 \tag{2-17}$$

（3）Morlet 小波

Morlet 小波是一种单频复正弦调制高斯波，也是最常用的一种复值小波，其图形如图

2-3 所示。它的时域和频域形式分别如式（2-18）和式（2-19）所示。由于 Morlet 小波是一种复数小波，其时域和频域均具有很好的局部性，常用于复数信号的分解及信号时频分析。此外，Morlet 小波在推广到 $n$ 维时亦具有很好的角度选择性。

$$\psi(t) = \mathrm{e}^{-\frac{t^2}{2}} \mathrm{e}^{\mathrm{i}\omega_0 t}, \omega_0 \geqslant 5 \tag{2-18}$$

$$\Psi(\omega) = \sqrt{2\pi} \mathrm{e}^{\frac{-(\omega-\omega_0)^2}{2}} \tag{2-19}$$

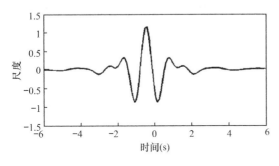

图 2-2　Meyer 小波函数

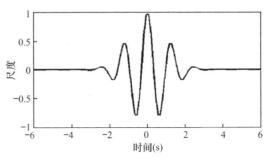

图 2-3　Morlet 小波函数

（4）Marr 小波

Marr 小波的形状类似墨西哥草帽，因此有时也被称为墨西哥草帽小波，如图 2-4 所示。Marr 小波为高斯函数的二阶导数，在 $\omega=0$ 处，$\psi(\omega)$ 有二阶零点，而且在时域和频域均具有很好的局部性。Marr 小波的时域和频域表达式如式（2-20）和式（2-21）所示。

$$\psi(t) = (1-t^2)\mathrm{e}^{-\frac{t^2}{2}} \tag{2-20}$$

$$\Psi(\omega) = \begin{cases} \sqrt{2\pi}\omega^2 \mathrm{e}^{-\frac{\omega^2}{2}}, & \omega \neq 0 \\ 0, & \omega = 0 \end{cases} \tag{2-21}$$

（5）Daubechies 小波

Daubechies 小波函数是由著名的小波分析学者 Daubechies 构造的，如图 2-5 所示。除了 db1（即 Haar 小波）外，其他 dbN 小波均没有明确的表达式，但是其转换函数的平方模是很明确的。本节仅给出 Daubechies 小波函数的一些基本性质，具体如下：

（a）小波函数 $\psi$ 和尺度函数 $\phi$ 的有效支撑长度为 $2N-1$，而小波函数 $\psi$ 的消失矩阶数为 $N$。

（b）大多数 dbN 不具有对称性，有时甚至是非常明显的。

（c）正则性随着序号 $N$ 的增加而增加。

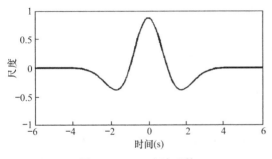

图 2-4　Marr 小波函数

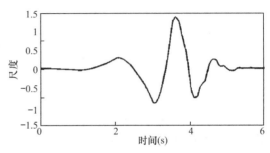

图 2-5　Daubechies 小波函数

## 2.5　离散小波变换

时域信号 $x(t)$ 经过连续小波变换后的小波系数信息是冗余的。从压缩数据及节约计算成本的角度，我们希望只在一些离散的尺度和位移值下进行小波变换，但是又不至于丢失信息。于是，将连续小波变换中的尺度参数 $a$ 和平移参数 $b$ 离散化，分别取为 $a=a_0^j$，$b=ka_0^j b_0$，这里 $j\in Z$，$k\in Z$，$a_0$ 是大于 1 的固定伸缩步长，$b_0>0$，此时对应的离散小波函数为

$$\psi_{j,k}(t) = a_0^{-\frac{j}{2}}\psi\left(\frac{t-ka_0^j b_0}{a_0^j}\right) = a_0^{-\frac{j}{2}}\psi(a_0^{-j}t - kb_0) \tag{2-22}$$

而离散小波变换系数则表示为

$$C_{j,k} = \int_{-\infty}^{+\infty} x(t)\psi_{j,k}^*(t)\mathrm{d}t = \langle x * \psi_{j,k}\rangle \tag{2-23}$$

其信号重构公式为

$$x(t) = C\sum_{-\infty}^{\infty}\sum_{-\infty}^{\infty} C_{j,k}\psi_{j,k}(t) \tag{2-24}$$

式中，$C$ 为一个常数。

在这里，网格点应尽可能密集，即 $a_0$ 和 $b_0$ 尽可能小才能够保证信号重构的精度。若网格越稀疏，小波函数 $\psi_{j,k}(t)$ 和离散小波系数 $C_{j,k}$ 就越小，因此信号重构的精度也就会越低。

## 2.6　小波包变换

小波包变换针对多分辨分析没有细分的高频部分进行进一步的分解，并且能够根据被分析信号的特征自适应地选择频带，使之与信号频谱相匹配，从而提高了时频分辨率。小波包变换克服了小波变换在高频段的频率分辨率较差的缺点，因而有其独特的应用价值。

小波包变换将尺度空间 $V_j$ 和小波子空间 $W_j$ 统一表示为 $U_j^n$ 的形式，即

$$\begin{cases} U_j^0 = V_j \\ U_j^1 = W_j \end{cases} \qquad j\in Z \tag{2-25}$$

此时，Hilbert 空间的正交分解 $V_j\oplus W_j=V_{j-1}$ 即可通过 $U_j^n$ 的分解统一为

$$U_{j-1}^0 = U_j^0 \oplus U_j^1 \qquad j\in Z \tag{2-26}$$

定义子空间 $U_j^n$ 是函数 $u_n(t)$ 的闭包空间，而 $U_j^{2n}$ 则是函数 $u_{2n}(t)$ 的闭包空间，然后令 $u_n(t)$ 满足式(2-27)所示的双尺度方程。

$$\begin{cases} u_{2n}(t) = \sqrt{2}\sum_{k\in Z} h_{0k}u_n(2t-k) \\ u_{2n+1}(t) = \sqrt{2}\sum_{k\in Z} h_{1k}u_n(2t-k) \end{cases} \tag{2-27}$$

式(2-27)所定义的函数集合 $\{u_n(t)\}$，$n=0$，1，$\cdots$ 为由 $u_0(t)=\varphi(t)$ 确定的小波包。由于 $\varphi(t)$ 由 $h_k$ 唯一确定，$\{u_n(t)\}$，$n=0$，1，$\cdots$ 又被称为关于序列 $\{h_k\}$ 的正交小波包[7,8]。

在这里，我们以一个三层小波包分解为例进行阐述，其分解树如图 2-6 所示。A 和 D 分别表示低频和高频，而末尾的序号数则表示小波包分解的层数或尺度数。小波包分解具有如下关系：S＝AAA3＋DAA3＋ADA3＋DDA3＋AAD3＋DAD3＋ADD3＋DDD。

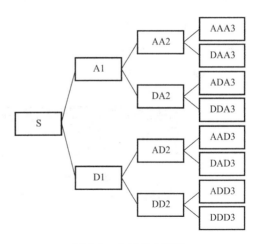

## 2.7　同步挤压小波变换

实际工程中的响应信号总是包含多个分量且每个分量都拥有各自的局部特征。一个时变多分量信号 $x(t)$ 一般可以表示为多个本征函数与一

图 2-6　小波包分解树

个余量之和，即 $x(t)=\sum_{i=1}^{N}A_i(t)\cos[\phi_i(t)]+r(t)$。同步挤压小波变换的目标就是通过细化小波变换的时频曲线，从而有效地提取每一分量的幅值因子 $A_i(t)$ 和瞬时频率 $\phi'_i(t)$（$i=1，2，\cdots，N$）。作为一种特殊的时频重组方法，同步挤压小波变换根据小波变换后的小波系数值 $W(t,\omega)$ 在 $(t,\omega)$ 附近的局部性质将 $W(t,\omega)$ 重新分配给时频面内的不同点 $(t'，\omega')$，最终达到提高时频曲线频率精度的目的。

同步挤压小波变换的基础是小波变换。首先，对信号 $x(t)$ 进行连续小波变换，得到其小波变换系数 $W_x(a,b)$。然后，基于小波尺度因子 $a$ 与信号频率 $\omega$ 之间的一一映射关系将小波系数在时频面上显示出来。假定小波函数 $\psi(t)$ 具有快速衰减性，则其频域表现形式 $\Psi(\xi)$ 在负频率域趋近于零，且在 $\xi=\omega_0$ 附近集中。以 $x(t)=A\cos(\omega t)$ 为例，根据 Plancherel 定理可以将 $x(t)$ 的小波系数改写为

$$
\begin{aligned}
W_x(a,b) &= \frac{1}{2\pi}\int X(\xi)\sqrt{a\Psi(a\xi)}\,\mathrm{e}^{ib\xi}\mathrm{d}\xi \\
&= \frac{A}{4\pi}\int[\delta(\xi-\omega)+\delta(\xi+\omega)]\sqrt{a\Psi(a\xi)}\,\mathrm{e}^{ib\xi}\mathrm{d}\xi \qquad (2\text{-}28)\\
&= \frac{A}{4\pi}\sqrt{a\psi(a\omega)}\,\mathrm{e}^{ib\omega}
\end{aligned}
$$

式中，$\Psi(\xi)=\dfrac{1}{\sqrt{2\pi}}\displaystyle\int_{-\infty}^{\infty}\psi(t)\mathrm{e}^{-i\xi}\mathrm{d}t$ 和 $X(\xi)$ 分别为小波母函数 $\psi$ 和信号 $x(t)$ 的傅里叶变换。若设定 $A=1$，$\omega=4\pi$，则简谐波信号 $x(t)=\cos(4\pi t)$ 的小波量图如图 2-7 所示。可以看出：小波系数在时频面内会在 $a=\omega_0/\omega$ 附近集中并在一定范围内沿尺度分布。然而，Daubechies[9] 指出：尽管小波系数 $W_x(a,b)$ 在各个尺度 $a$ 上均有分布，但是无论 $a$ 取何值，小波系数在 $b$ 上的振荡特性均指向初始频率 $\omega$。因此，可通过求导 $[W_x(a,b)]^{-1}\partial_b W_x(a,b)=i\omega$ 进行瞬时频率的初步估计，即

$$
\omega_x(a,b)=\begin{cases}\dfrac{-i\partial_b W_x(a,b)}{W_x(a,b)} & |W_x(a,b)|>0 \\[2mm] \infty & |W_x(a,b)|=0\end{cases} \qquad (2\text{-}29)
$$

在同步挤压阶段，能量通过映射 $(a,b)\to(\omega_x(a,b),b)$ 从时间-尺度平面传递到时

间-频率平面。由于频率变量 $\omega$ 和尺度因子 $a$ 均被离散化，仅在离散点 $a_i\{a_i-a_{i-1}=(\Delta a)_i\}$ 计算小波系数 $W_x(a,b)$。因此，小波系数的同步挤压值 $T_x(\omega_l,b)$ 可通过挤压任一中心频率 $\omega_l$ 附近区间 $\left[\omega_l-\dfrac{1}{2}\Delta\omega,\ \omega_l+\dfrac{1}{2}\Delta\omega\right]$ 的值来获得，如式（2-30）所示。

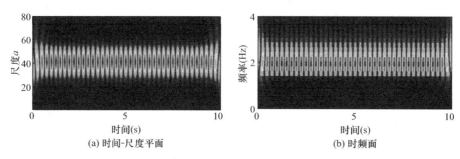

$$
\begin{array}{cc}
\text{(a) 时间-尺度平面} & \text{(b) 时频面}
\end{array}
$$

图 2-7　谐波 $x(t)=\cos(4\pi t)$ 小波量图

$$T_x(\omega_l,b)=\sum_{a_i:|\omega_x(a,b)-\omega_l|\leqslant\Delta\omega/2}W_x(a,b)a_i^{-3/2}(\Delta a)_i \tag{2-30}$$

若频率 $\omega$ 和尺度 $a$ 为连续变量，式（2-30）的相应表达式为

$$T_x(\omega_l,b)=\int_{A(b)}W_x(a,b)a_i^{-3/2}\mathrm{d}a \tag{2-31}$$

实际上，Thakur 等人[10]指出：离散小波变换仅在某些离散点 $(a_i,b)$ 计算连续小波变换系数 $W_x(a,b)$，其中 $a_i=2^{i/n_v}$，$i=1,2,\cdots,Ln_v$。$L$ 为正整数，决定了小波变换所需尺度的最大值。$n_v$ 为自定义的参数，决定了尺度的个数，其建议值为 32。由于尺度 $a$ 离散为 $n_a=Ln_v$ 个点，频率域将按对数尺度划分为 $n_a$ 个区间。此外，由于 $a(i)=2^{i/n_v}$ 和 $\mathrm{d}a(i)=a\log(2)/n_v\mathrm{d}i$，这将导致式（2-31）中的积分项修改为 $W_x(a,b)a^{-1/2}\log(2)/n_v\mathrm{d}i$。若 $\Delta i=1$，则式（2-30）中的同步挤压小波系数值将变为

$$T_x(\omega_l,b)=\sum_{a_i:\omega_x(a,b)\in\left[\omega_l-\frac{1}{2}\Delta\omega,\omega_l+\frac{1}{2}\Delta\omega\right]}W_x(a_i,b)a_i^{-1/2} \tag{2-32}$$

式中，$\omega_l=2^{l\Delta\omega}\dfrac{1}{n\Delta t}(l=0,1,2,\cdots,n_a-1)$ 的离散间隔长度为 $n\Delta t$，而 $\Delta t$ 表征离散周期，$\Delta\omega=\dfrac{1}{n_a-1}\log_2\left(\dfrac{n}{2}\right)$。$n$ 为离散点总数且其以 2 为底的对数值必须恒为正整数。

在对多分量时变信号 $x(t)$ 进行同步挤压小波变换之后，其时频面的图像 $|T_x(\omega_l,b)|$ 将由若干条曲线组成。通过计算这些曲线能量泛函的最大值，可成功地提取信号的瞬时频率曲线。与其他时频重组算法不同的是，同步挤压小波变换不但能够捕捉信号小范围内的特征，而且其变换是可逆的，即可通过 $T_x(\omega_l,b)$ 逆变换重构原信号 $x(t)$ 或 $x(b)$。

同步挤压小波逆变换重构原信号 $x(b)$ 的推导过程如式（2-33）所示。

$$
\begin{aligned}
\int_0^\infty W_x(a,b)a^{-3/2}\mathrm{d}a &=\frac{1}{2\pi}\int_{-\infty}^\infty\int_0^\infty X(\xi)\overline{\Psi(a\xi)}\mathrm{e}^{ib\xi}a^{-1}\mathrm{d}a\mathrm{d}\xi \\
&=\frac{1}{2\pi}\int_0^\infty\int_0^\infty X(\xi)\overline{\Psi(a\xi)}\mathrm{e}^{ib\xi}a^{-1}\mathrm{d}a\mathrm{d}\xi \\
&=\int_0^\infty\overline{\Psi(\zeta)}\frac{\mathrm{d}\zeta}{\zeta}\cdot\frac{1}{2\pi}\int_0^\infty X(\xi)\mathrm{e}^{ib\xi}\mathrm{d}\xi
\end{aligned} \tag{2-33}
$$

通过定义正则化常数 $C_\psi = \dfrac{1}{2}\displaystyle\int_0^\infty \overline{\hat{\psi}(\zeta)}\,\dfrac{\mathrm{d}\zeta}{\zeta}$，可重构如式（2-34）所示的原信号。

$$x(b) = \mathrm{Re}\left\{ C_\psi^{-1}\left[\int_0^\infty W_x(a,b)a^{-3/2}\mathrm{d}a\right]\right\} \tag{2-34}$$

相应地，$x(b)$ 的分段逼近形式为

$$x(b) \approx \mathrm{Re}\left[C_\psi^{-1}\sum_i W_x(a,b)a_i^{-3/2}(\Delta a)_i\right]$$
$$= \mathrm{Re}\left[C_\psi^{-1}\sum_l T_x(\omega_l,b)(\Delta\omega)\right] \tag{2-35}$$

总之，小波变换虽然对目标信号进行了详细刻画，但是由于能量的不集中导致所呈现出来的频带范围相对较宽。相对应的是，同步挤压小波变换不仅提高了能量的聚焦能力和细化了时频曲线，而且在一定程度上提高了模态参数的识别精度，因而在土木工程结构参数识别领域将会获得不错的应用前景。

# 参 考 文 献

［1］ 张拥军，赵光宙. 基于小波分解的时变系统辨识方法研究［J］. 浙江大学学报（工学版），2000，34（5）：541-543.

［2］ 刘贵忠，邸双亮. 小波分析及其应用［M］. 西安：西安电子科技大学出版社，1992.

［3］ 秦前清，杨宗凯. 实用小波分析［M］. 西安：西安电子科技大学出版社，1994.

［4］ 程正兴. 小波分析算法与应用［M］. 西安：西安交通大学出版社，1998.

［5］ 彭玉华. 小波变换与工程运用［M］. 北京：科学出版社，2002.

［6］ Stephane Mallat. 信号处理的小波导引［M］. 北京：机械工业出版社，2010.

［7］ 任宜春. 小波分析在土木工程结构损伤识别中的应用［M］. 长沙：湖南师范大学出版社，2010.

［8］ 任伟新，韩建刚，孙增寿. 小波分析在土木工程结构中的应用［M］. 北京：中国铁道出版社，1999.

［9］ Daubechies I, Lu J, Wu H T. Synchrosqueezed wavelet transforms: an empirical mode decomposition-like tool［J］. Applied and Computational Harmonic Analysis，2011，30（2）：243-261.

［10］ Thakur G, Brevdo E, Fučkar N S, et al. The synchrosqueezing algorithm for time-varying spectral analysis: robustness properties and new paleoclimate applications［J］. Signal Processing，2013，93：1079-1094.

# 第 3 章
# 基于同步挤压小波变换
# 及其改进算法的时变结构参数识别

## 3.1 概述

土木工程结构在承受工作荷载和极端荷载时，本质上属于时变和非线性结构系统。显然，从非平稳信号处理的角度识别时变结构的模态参数更符合实际情况，对于深入理解结构损伤诊断、有限元模型修正、振动控制和安全评估具有重要的理论意义和工程应用价值。

小波变换作为一种较新的信号时频分析方法，其独特的"变焦"特性使得该方法在近些年获得了快速的发展和应用。如 Ruzzene 等[1] 较早地采用复小波变换识别了线性系统的频率和阻尼。Lardies 等[2] 改进了传统的 Morlet 小波并将其成功运用于风荷载作用下南京电视塔的频率、阻尼和振型识别。Yan 等[3] 考虑了模态参数识别中出现的不确定性，将小波变换与 Bootstrap 理论结合，给出了模态参数在一定概率水平下的置信区间。王超等[4] 建立了具有一定自适应性和抗噪性的基于连续复小波变换的瞬时频率识别方法。虽然小波变换在信号瞬时频率识别中已经取得了一定的成功，但是在识别土木工程中常见的长周期信号分量时仍缺少足够的频域精度。如 Rioul 等[5] 提出对小波变换谱进行重排以取得更好的时频分辨率，然而经过重排后的小波系数无法进行信号重构，这使得该方法在实际应用中遇到了一定的困难。Daubechies 等[6] 提出的同步挤压小波变换则沿着频率轴对小波系数进行重组，既获得了较高的频域分辨率，同时又保证了变换的可逆性。因此，该方法一经提出便受到各领域研究人员的青睐。然而，同步挤压小波变换并不能有效分离模态频率相近的多分量信号，而且重构的分量与理论值相差较远。基于此，本章介绍了同步挤压小波变换及其改进算法，同时将其应用于时变结构参数识别并取得了较好的效果。

## 3.2 基于小波变换的时变结构参数识别

### 3.2.1 渐进单分量信号的连续小波变换

针对任意平方可积的实信号 $x(t) = A(t)\cos[\phi(t)]$，通过希尔伯特变换可得其信号解析形式为 $Z(t) = A(t)e^{-j\phi(t)}$，若其相位对时间的变化率 $\phi'(t)$ 比幅值的变化率 $A'(t)$ 快得多，可定义为渐进单分量信号。选择同样具有渐近形式的复小波函数 $\psi(t) = A_\psi(t)\exp[j\varphi_\psi(t)]$ 对渐进单分量信号 $x(t)$ 进行连续小波变换，可得

$$
\begin{aligned}
W_x(a,b) &= \int_{-\infty}^{\infty} x(t)\frac{1}{\sqrt{a}}\overline{\psi\left(\frac{t-b}{a}\right)}\mathrm{d}t\\
&= \frac{1}{2\sqrt{a}}\int_{-\infty}^{\infty} A(t)A_\psi\left(\frac{t-b}{a}\right)\exp\left\{j\left[\phi(t)-\varphi_\psi\left(\frac{t-b}{a}\right)\right]\right\}\mathrm{d}t
\end{aligned}
\tag{3-1}
$$

此时，小波系数的相位为 $\varphi_{a,b}(t)=\phi(t)-\varphi_\psi\left(\frac{t-b}{a}\right)$。在小波变换时间-尺度平面上定义相位对时间的一阶导数为零，二阶导数不为零的点为小波脊点，即

$$
\begin{cases}
\varphi'_{a,b}(t)=\phi'(t)-\frac{1}{a}\varphi'_\psi\left(\frac{t-b}{a}\right)=0\\
\varphi''_{a,b}(t)=\phi''(t)-\frac{1}{a^2}\varphi''_\psi\left(\frac{t-b}{a}\right)\neq 0
\end{cases}
\tag{3-2}
$$

根据式(3-2)，可得脊点上的小波尺度为

$$
a=\frac{\varphi'_\psi\left(\frac{t-b}{a}\right)}{\phi'(t)}
\tag{3-3}
$$

若存在平稳相位点[7,8] $t_s$，$(a,b)=b$，将其代入式(3-3) 可得

$$
a_r=\frac{\varphi'_\psi(0)}{\phi'(b)}
\tag{3-4}
$$

式中，$\phi$ 和 $\varphi_\psi$ 分别表示渐近单分量信号和小波函数的瞬时相位；$\varphi'_\psi(0)$ 表示小波中心圆频率，由渐进复小波母函数决定。

由式(3-4) 可知：该式的分母就是渐进单分量信号 $x(t)=A(t)\cos[\phi(t)]$ 的瞬时圆频率 $\omega(b)$。与此同时，小波脊点上的尺度函数 $a$ 是平移因子 $b$ 的函数，即 $a=a_r(b)$。然后，将整个时间-尺度平面上的小波脊点 $[a_r(b),b]$ 连成曲线，则称之为小波脊线。对于小波函数，由于其尺度与频率一一对应且成反比关系，因而小波脊线代表了待分析信号的瞬时频率[9]，其表达式为

$$
f(b)=\frac{\omega(b)}{2\pi}=\frac{\phi'(b)}{2\pi}=\frac{1}{2\pi}\cdot\frac{\varphi'_\psi(0)}{a_r}
\tag{3-5}
$$

若小波母函数及其参数预先给定，则小波中心频率 $\varphi'_\psi(0)$ 已知。因此，只需知道小波脊线上的小波尺度 $a_r$，即可根据式(3-5)求得信号的瞬时频率。至此，信号的瞬时频率识别问题完全转化为如何快速有效地提取小波脊线的问题。

然而，土木工程领域中常见的响应信号并不一定是单分量信号，实际上它们总是包含多个分量，而且每个分量都拥有各自的局部特征。对于一个时变多分量信号 $x(t)$ 一般可以表示为 $N$ 个本征函数和一个余量之和[10,11]。

$$
x(t)=\sum_{i=1}^{N}x_i(t)+r(t)
\tag{3-6}
$$

式中，$x_i(t)=A_i(t)\cos[\phi_i(t)]$ 为第 $i$ 个本征函数，其幅值 $A_i(t)$ 随时间的变化相对于频率 $\phi'_i(t)$ 随时间的变化要缓慢得多；$r(t)$ 为余量，代表噪声或测量误差。

相应地，若忽略余量，则时变多分量信号的解析信号为

$$Z(t) = \sum_{i=1}^{N} z_i(t) = \sum_{i=1}^{N} A_i(t) e^{-j\phi_i(t)} \tag{3-7}$$

根据连续小波变换的线性叠加性质，多分量信号的小波变换系数可以通过各分量的小波系数的叠加和来表示，即

$$W_x(a,b) = \sum_{i=1}^{N} \frac{1}{2\sqrt{a}} \int_{-\infty}^{\infty} A_i(t) A_\psi \left( \frac{t-b}{a} \right) e^{-\left\{ j\left[ \phi_i(t) - \varphi_\psi \left( \frac{t-b}{a} \right) \right] \right\}} dt \tag{3-8}$$

此时，通过选择合适的小波母函数及小波参数，在时间-尺度平面上将得到多条互不干扰的小波脊线，从而将多分量信号的瞬时频率识别出来。

### 3.2.2 小波脊线的提取

信号经连续小波变换后的时频平面上会呈现出类似山脊形状的曲线，称为小波脊线。小波脊线不但与原信号之间具有很强的关联性，而且直接对应原信号的瞬时频率和瞬时幅值。因此，小波脊线的提取好坏直接影响对信号的后续处理。目前，提取小波脊线的方法主要有两种[12,13]：一种是基于小波系数的相位信息，一种是基于小波系数的模信息。当前绝大部分的脊线提取算法都与小波系数模值有关，其提取算法具体如下所示。

对于任意渐进单分量信号 $x(t) = A(t)\cos[\phi(t)]$，通过希尔伯特变换可得到其信号解析形式为 $z(t) = A(t)e^{-j\theta(t)}$。由式(3-1)可得

$$\begin{aligned} W_x(a,b) &= \int_{-\infty}^{\infty} x(t) \frac{1}{\sqrt{a}} \overline{\psi\left(\frac{t-b}{a}\right)} dt = \frac{1}{2\pi} \int_{-\infty}^{\infty} X(\omega) \overline{\Psi(a\omega)} e^{j\omega b} d\omega \\ &= \frac{1}{2} \frac{1}{2\pi} \int_{-\infty}^{\infty} Z(\omega) \overline{\Psi(a\omega)} e^{j\omega b} d\omega = \frac{1}{2} \overline{\Psi[a\psi'(b)]} \frac{1}{2\pi} \int_{-\infty}^{\infty} Z(\omega) e^{j\omega b} d\omega \\ &= \frac{1}{2} \overline{\Psi[a\psi'(b)]} z(t) = \frac{1}{2} \overline{\Psi[a\psi'(b)]} A(b) e^{-j\theta(b)} \end{aligned} \tag{3-9}$$

式中，$\Psi(\omega)$ 和 $X(\omega)$ 分别为小波母函数和渐进单分量信号 $x(t)$ 的傅里叶变换。

由于 $\Psi(\omega)$ 的能量集中在小波中心频率 $\omega = \omega_0$ 附近，连续小波变换后的信号能量密度函数 $Z(\omega)\overline{\Psi(a\omega)}$ 将沿尺度 $a$ 集中在 $\omega = a\psi'(b) = \omega_0$ 附近，这与式(3-5)的定义是一致的。小波系数的大小大致反映了信号在这一频率中心周围的频率成分的多少，而且小波系数模值在小波脊线上取得局部极大值。对任一时刻 $b_n$，可以根据式(3-10)寻找不同尺度下小波系数模的局部极大值，从而得到对应的小波脊点 $(a_m, b_n)$[14]。然后，按照同样方法提取下一时刻 $b_{n+1}$ 对应的小波脊点 $(a_{m+}, b_{n+1})$，如此类推直至信号终点。最后，将提取到的局部极大值点连接起来作为信号的小波脊线并根据式(3-5)求解信号的瞬时频率。

$$|W_x(a_r,b)| = \max[|W_x(a_m,b_n)|] \tag{3-10}$$

一般来说，基于小波系数模局部极大值的小波脊线提取方法适用于噪声较弱的情况。当噪声较强时，时频面上极有可能产生一些虚假的局部极值点，从而使得提取的小波脊线停留在这些虚假极值点上而非真正的脊线上。为此，Hélène 等[15]采用 Butterworth 低通滤波器对小波脊线提取算法做了一些改进。改进后的方法虽然减少了噪声带来的影响，但是也把"脊"区域平滑了，这有可能导致脊线的失真。为更好地提取信号各分量的小波脊线，Carmona 等[16]提出了疯狂爬坡算法。该方法将一系列依照一定规则随机运动的点视为一种密度分布，然后所有的点均按照相同的简单规则在整个平面范围内移动并逐渐被时

频面上脊线所在位置吸引而聚集，就像在爬山一样。然而，疯狂爬坡算法与模拟退火算法[17,18]均存在计算比较耗时的问题。与模拟退火方法不同的是，在疯狂爬坡算法中，每个可以移动的点在平面上的某个方向上是可以自由移动的而并不是依附在某条脊线上以后就保持不变。Liebling 等[19]基于动态规划改进了脊线提取算法，但是该算法在动态规划过程中引入了罚函数，即每搜索一次脊点就需要计算一次罚函数的值，因此也存在计算效率问题。总之，上述算法均为小波脊线提取提供了途径，但也存在一些问题，研究人员可以根据需要选择合适的算法来提取小波脊线。

## 3.3　基于同步挤压小波变换识别信号瞬时频率

同步挤压小波变换（Synchrosqueezing Wavelet Transform，SWT）能够有效地重组小波变换后的时频图，从而获得较高频率精度的时频曲线，同时也很好地解决了基于连续小波变换直接提取小波脊线所存在的毛刺问题。同步挤压小波变换的相关理论和算法详见 2.7 节。本节通过一个线性调频信号数值算例对同步挤压小波变换识别瞬时频率的准确性进行了验证。

在非平稳信号中，有一类信号的频率随时间线性变化，在时频面中呈现为一条直线，因而被称为线性调频信号或 Chirp 信号。如果一种时频分析方法不能对线性调频信号提供良好的时频聚集性，那么它便不适合处理非平稳信号。因此人们常常将线性调频信号作为一类典型的非平稳信号用来评价时频分析方法的有效性。

本节考虑如下单分量线性调频信号

$$x(t) = \cos(4t + t^2) \tag{3-11}$$

信号采样频率为 20Hz，采样时间设为 12s。为考虑噪声的影响，对信号分别添加 10％和 20％水平的高斯白噪声，噪声强度由信噪比（Signal-to-Noise Ratio，SNR）定义。

$$\text{SNR} = 10\log_{10} \frac{A_{\text{signal}}^2}{A_{\text{noise}}^2} = 20\log_{10} \frac{A_{\text{signal}}}{A_{\text{noise}}} \text{（单位：dB）} \tag{3-12}$$

式中，$A_{\text{signal}}$ 和 $A_{\text{noise}}$ 分别代表信号和噪声的均方根值，噪声水平是指 $A_{\text{noise}}^2$ 与 $A_{\text{signal}}^2$ 之间的比值。

线性调频原信号和添加两种噪声水平后的含噪信号如图 3-1 所示。选取中心频率 $F_c$ 为 2Hz，带宽 $F_b$ 为 4，然后对上述线性调频信号进行复 Morlet 连续小波变换，得到的小波量图如图 3-2 所示。

由图 3-2 可知：无论是未经噪声污染的原信号，还是添加 10％和 20％水平高斯白噪声的含噪信号，其时频面中均存在一条线性变化的小波脊线。不同的是，噪声水平越高，小波脊线在时频面越分散，毛刺也越明显，这说明噪声对小波脊线存在一定的干扰。基于连续小波变换提取的瞬时频率曲线如图 3-3 所示。由式(3-11) 可知：该线性调频信号的理论频率 $f = \mathrm{d}\phi/\mathrm{d}t = (4+2t)/2\pi = 0.637 + 0.318t\,(\text{Hz})$。为验证同步挤压小波变换识别瞬时频率的准确性，在图 3-3 中给出了线性调频信号的瞬时频率理论值。根据图 3-3（b）和（c）可知：由于噪声的干扰，提取的小波脊线上出现了毛刺，从而导致线条并不平顺，而且噪声水平越高，其不光滑程度越显著。总的来说，基于连续小波变换方法识别的瞬时频率值与理论值基本保持一致，而不一致之处主要在端点处，其原因可归结为端点效应。

为消除小波脊线上的毛刺，对复 Morlet 小波变换后的小波系数进行同步挤压并提取线性调频信号的瞬时频率，结果如图 3-4 所示。为验证同步挤压小波变换识别瞬时频率的准确性，在图 3-4 中同时画出了线性调频信号的瞬时频率理论值。可以看出，同步挤压小波变换识别的瞬时频率值与理论值基本吻合。相比连续小波变换方法，同步挤压小波变换方法识别的瞬时频率曲线毛刺较少，显得更为光滑。由于同步挤压小波变换以连续小波变换为基础，它同样存在端点效应问题，但是它的端点效应没有小波变换明显，这一点可通过比较图 3-3 和图 3-4 得出。

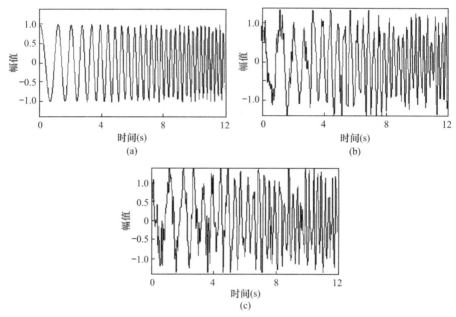

图 3-1 线性调频信号

（a）原信号；（b）10％噪声水平；（c）20％噪声水平

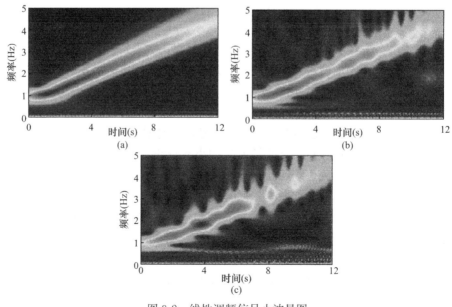

图 3-2 线性调频信号小波量图

（a）原信号；（b）10％噪声水平；（c）20％噪声水平

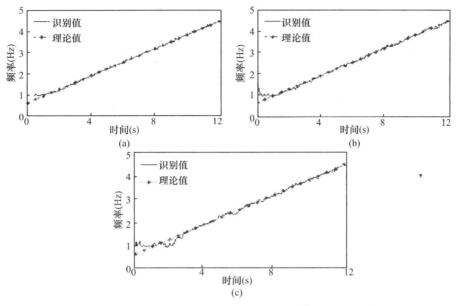

图 3-3　基于连续小波变换识别的线性调频信号瞬时频率
（a）原信号；（b）10%噪声水平；（c）20%噪声水平

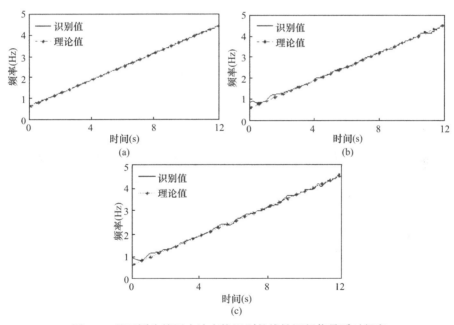

图 3-4　基于同步挤压小波变换识别的线性调频信号瞬时频率
（a）原信号；（b）10%噪声水平；（c）20%噪声水平

## 3.4　基于变分模态分解和同步挤压小波变换识别信号瞬时频率

### 3.4.1　变分模态分解定理

变分模态分解方法（Variational Mode Decomposition，VMD）作为一种新型自适应

模态分解方法，其主要目的是将输入信号分解成一系列具有稀疏特性的调幅调频信号 $u_k(t)$。该方法主要通过求解模态分量的变分问题来确定各分量信号的带宽和中心频率。在构造变分问题时，其基本原理是对响应信号使用希尔伯特变换、频率混合等信号处理手段，在各阶模态分量之和等于原信号的约束前提下，将有关模态分量的变分问题转化为寻求估计带宽之和最小的模态函数。有关变分问题的构造具体步骤如下所示。

首先，对分量信号 $u_k(t)$ 进行希尔伯特变换得到对应的单边频谱；其次，将得到的单边频谱与 $e^{-i\omega_k t}$ 相乘，从而使得每个分量信号的频谱调整至以预估中心频率 $\omega_k$ 为中心的频带；最后，计算频率混合后信号梯度范数的平方并估计移频后分量信号的带宽，得到如式(3-13)所示的约束优化问题。

$$\min_{\{u_k\},\{\omega_k\}}\left\{\sum_k\left\|\partial_t\left[\delta(t)+\frac{j}{\pi t}*u_k(t)\right]e^{-i\omega_k t}\right\|_2^2\right\}$$
$$\sum_k u_k(t)=f(t) \tag{3-13}$$

为求解式(3-13)中的约束优化问题，首先引入二次罚函数因子 $\alpha$ 以保证噪声干扰下的信号重构精度；其次，引入拉格朗日乘法算子 $\lambda$ 以保证约束条件的严格性。最后，采用拓展拉格朗日表达式 $\mathscr{L}$ 表示如式(3-14)所示的无约束优化问题。

$$\mathscr{L}(\{u_k\},\{\omega_k\},\lambda)=\alpha\sum_k\left\|\partial_t\left[\delta(t)+\frac{j}{\pi t}\cdot u_k(t)\right]e^{-i\omega_k t}\right\|_2^2+\left\|f(t)-\sum_k u_k(t)\right\|_2^2+$$
$$\left\langle\lambda(t),f(t)-\sum_k u_k(t)\right\rangle \tag{3-14}$$

随后，采用交替方向乘子算法（Alternating Direction Method of Multipliers，ADMM）求解上述优化问题，即通过式(3-15)~式(3-18)交替更新 $u_k^{n+1}$、$\omega_k^{n+1}$ 和 $\lambda^{n+1}$。变分问题的具体求解步骤如下：

① 初始化 $\{u_k^1\}$、$\{\omega_k^1\}$、$\lambda^1$、$n$ 并赋初始值为零。

② 根据式(3-15)迭代更新 $\hat{u}_k^{n+1}$，其傅里叶逆变换的实部即为要求的时域分量信号 $u_k^{n+1}$。

$$\hat{u}_k^{n+1}(\omega)=\frac{\hat{f}(\omega)-\sum_{i\neq k}\hat{u}_i(\omega)+\frac{\hat{\lambda}(\omega)}{2}}{1+2\alpha(\omega-\omega_k)^2} \tag{3-15}$$

③ 根据式(3-16)迭代更新 $\omega_k^{n+1}$。

$$\omega_k^{n+1}=\frac{\int_0^\infty\omega|\hat{u}_k(\omega)|^2 d\omega}{\int_0^\infty|\hat{u}_k(\omega)|^2 d\omega} \tag{3-16}$$

④ 根据式(3-17)迭代更新 $\lambda^{n+1}$。

$$\lambda^{n+1}=\lambda^n+\tau\left[f(t)-\sum_k u_k^{n+1}\right] \tag{3-17}$$

⑤ 循环②~④步骤直至满足式(3-18)所示的迭代收敛条件。

$$\sum_k\|u_k^{n+1}-u_k^n\|_2^2/\|u_k^n\|_2^2<\varepsilon \tag{3-18}$$

式中，$\varepsilon$ 为收敛容许值。

经过上述迭代步骤后，各分量信号 $\hat{u}_k^{n+1}$ 即可从原信号中分离出来。相比经验模态分解方法，VMD 不仅具有更强的抗噪性，而且能够对密集模态多分量信号进行分解且分解出的分量信号在各个尺度均包含更多细节[20]。自从 VMD 方法提出以来,其良好的分解效果已经获得众多研究人员的青睐。一些学者也针对各自领域的研究问题提出了一些基于 VMD 的改进方法,如 Choi 等[21]提出的迭代阈值变分模态分解方法使得 VMD 方法在丢失 70％原始时域数据的情况下仍然能够分解出对应的模态分量。Wang 等[22]提出了能够分析复数数据的复变分模态分解方法并将其应用于机械故障检测中。Chen 等[23]利用调制解调方法将 VMD 应用于宽频带非线性信号模态分解中,进一步拓展了 VMD 的使用范围。然而,VMD 方法本质上仍属于频域分割算法,其本身也存在一般频域分割算法无法避免的问题,即需要预先判断原信号中分量信号的个数。分量信号个数的判别可通过频率相近原则[24]、粒子群优化算法[25]或是本征信号的峭度值[26]等方法来实现,但是上述方法均是通过对分量个数进行试取从而得到最优值,降低了算法的整体计算效率。

### 3.4.2　变分模态分解和同步挤压小波变换识别时变结构瞬时频率

同步挤压小波变换虽然通过重组连续小波变换系数得到频率精度较高的时频曲线,但是却无法分离频率相近的多分量信号。为此,将同步挤压小波变换理论与变分模态分解方法结合,提出一种识别时变结构瞬时频率的新方法,其流程图如图 3-5 所示。该方法首先通过小波量图直接确定信号中的分量个数;其次,采用 VMD 将响应信号分解成一系列单分量信号,避免了模态叠混现象;最后,采用同步挤压小波变换识别单分量信号的瞬时频率。

### 3.4.3　多分量信号数值算例

为验证所提出方法的有效性,考虑如式(3-19)所示的多分量信号 $y(t)$。

$$y(t) = y_1(t) + y_2(t)$$
$$= \cos[2\pi t + \sin(0.5\pi t)]$$
$$+ [2 + \cos(2\pi t)]\cos[4\pi t + \sin(\pi t)] \quad (3-19)$$

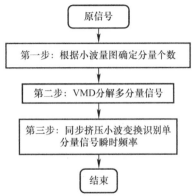

图 3-5　基于变分模态分解和同步挤压小波变换识别时变结构瞬时频率流程图

设定信号采样频率为 100Hz,采样时间为 10s。信号分量 $y_1(t)$ 和 $y_2(t)$ 对应的瞬时频率理论值分别为 $f_1 = 1 + 0.25\cos(0.5\pi t)$ Hz 和 $f_2 = 2 + 0.5\cos(\pi t)$ Hz。为考虑实际噪声影响,对信号 $y(t)$ 添加 20％水平的高斯白噪声,得到的含噪信号如图 3-6 所示。首先,对含噪信号进行连续小波变换,得到如图 3-7 所示的小波量图。可知:分量信号的瞬时频率主要集中在 [0.5Hz,1.5Hz] 和 [1.5Hz,4Hz] 两个频率区间内,因此可判断分量信号个数为 2。其次对含噪信号进行 VMD 分解,得到如图 3-8 所示的两个分量信号。为证明 VMD 方法的有效性,采用 EMD 对含噪多分量信号 $y(t)$ 进行分解,图 3-8 中同时给出了 EMD 方法分解的前 2 阶 IMF 分量。

由图 3-8 可知:由于噪声的影响,EMD 方法分解得出的分量信号与理论值有较大偏差,且端点效应明显大于 VMD 方法。VMD 分解得到的分量信号与理论值更加吻合且没有出现明显的端点效应。然后,采用同步挤压小波变换对 VMD 分解出的分量信号的瞬时频率进行识别,结果如图 3-9 所示。图 3-9 同时给出了基于变分模态分解和同步挤压小波变换方法(VMD+SWT)、希尔伯特-黄变换(HHT)和连续小波变换(CWT)三种方法的瞬时频率识别结果。可以看出，VMD＋SWT 识别的瞬时频率值与理论值更加吻合且识别效果明显优于 HHT 和 CWT。为量化瞬时频率的识别精度，采用瞬时频率在整个时间历程内的均方根值作为精度指标（Index of Accuracy，IA），即

$$IA = \frac{\sqrt{\int_0^T [f_d(t) - f_e(t)]^2}}{\sqrt{\int_0^T [f_e(t)]^2}} \tag{3-20}$$

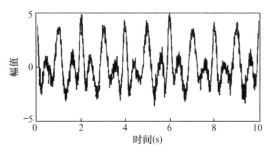

图 3-6　含噪多分量信号 $y(t)$ 时域波形

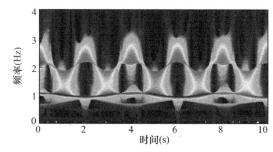

图 3-7　含噪多分量信号 $y(t)$ 的小波量图

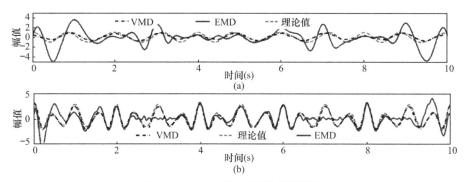

图 3-8　VMD 分解得到的分量信号

（a）分量信号 $y_1(t)$；（b）分量信号 $y_2(t)$

式中，$f_d(t)$ 为瞬时频率识别值；$f_e(t)$ 为瞬时频率理论值。精度指标 IA 值越小，说明识别值与理论值越接近，即精度越高。

表 3-1 给出了 VMD＋SWT、HHT 和 CWT 三种方法所对应的 IA 值。其中，$IA_1$ 和 $IA_2$ 分别表示分量信号 $y_1(t)$ 与 $y_2(t)$ 的瞬时频率识别精度指标。由表 3-1 可知：对于多分量信号 $y(t)$，VMD＋SWT 的瞬时频率识别效果明显优于 HHT 和 CWT 两种方法。

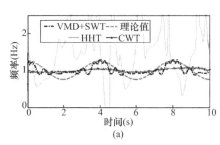

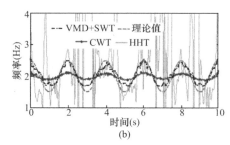

图 3-9　不同方法识别的分量信号瞬时频率

（a）$y_1(t)$ 对应的瞬时频率；（b）$y_2(t)$ 对应的瞬时频率

含噪多分量信号 $y(t)$ 在不同瞬时频率识别方法下对应的 **IA** 值　　　表 3-1

| 方法 | VMD+SWT | HHT | CWT |
|---|---|---|---|
| IA$_1$（%） | 11.2 | 74.6 | 16.2 |
| IA$_2$（%） | 6.4 | 183.6 | 14.1 |

### 3.4.4　时变拉索试验验证

在本节中，采用文献[8]提供的时变拉索结构试验数据来证明 VMD+SWT 方法识别瞬时频率的有效性。该试验通过改变结构振动过程中拉索的拉力使得结构刚度产生变化，从而实现了结构的时变特性。试验所用拉索为一根为 7$\Phi$5 的钢绞线，弹性模量为 $1.95 \times 10^5$ MPa，截面积为 $1.374 \times 10^{-4}$ m$^2$，线密度为 1.1kg/m。拉索两端分别固定于反力架和电液伺服加载系统（MTS）的作动器上。经测量，两个锚固点间的索长为 4.55m。加速度传感器竖向安装在拉索中部，激励设备选用带橡胶锤头的冲击力锤。现场试验装置如图 3-10 所示。试验开始前，先对索施加 20kN 的预拉力，而后通过 MTS 作动器连续改变索的拉力，使索的刚度随时间变化。此时，拉索的固有频率也随之改变。在改变索力后，用冲击力锤敲击拉索，并采集索的竖向加速度响应。为了与识别结果进行比较，该试验采用"冻结法"[8]，即假定在很小的时间间隔内结构参数保持不变，得到的固定频率即视为拉索改变时的瞬时频率理论值。通过峰值法识别出不同拉力下索的基频的理论值如

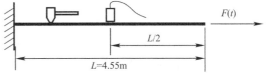

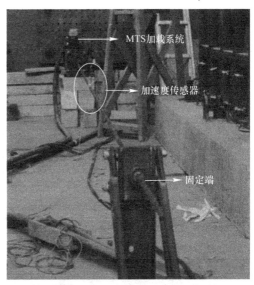

图 3-10　拉索试验装置

表 3-2 所示。将表 3-2 中拉力与频率的关系转换为基频随拉力变化的曲线，如图 3-11 所示。可以看出，索的基频与拉力大小大致呈线性关系。因此，可通过控制拉力来改变索的基频。接下来，分别开展拉力线性和正弦变化时索响应信号的瞬时频率识别研究。

峰值法识别不同拉力下索的基频　　　表 3-2

| 张力(kN) | 频率(Hz) | 张力(kN) | 频率(Hz) | 张力(kN) | 频率(Hz) |
|---|---|---|---|---|---|
| 13.0 | 12.27 | 20.6 | 15.27 | 22.5 | 15.94 |
| 15.0 | 13.07 | 20.9 | 15.40 | 23.0 | 16.07 |
| 17.0 | 13.87 | 21.2 | 15.47 | 23.5 | 16.27 |
| 19.0 | 14.67 | 21.5 | 15.60 | 24.0 | 16.40 |
| 20.0 | 15.07 | 21.8 | 15.67 | 24.5 | 16.54 |
| 20.3 | 15.14 | 22.0 | 15.74 | 25.0 | 16.74 |

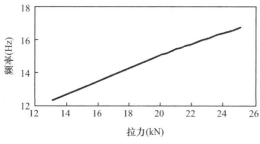

图 3-11　不同拉力下索的基频

（1）拉力线性变化时索响应信号的瞬时频率识别

试验时，让索的拉力从 20kN 线性增加且增长速率为 1.67kN/m。设定采集仪的采样频率为 600Hz，采样时间为 6s。图 3-12 和图 3-13 分别为采集到的加速度响应信号和对应的索的拉力变化值。

首先，对响应信号进行连续小波变换得到信号如图 3-14 所示的小波量图。可以看出，在频率区间［10Hz，20Hz］和［40Hz，50Hz］上存在两个明显的分量信号。因此，确定 VMD 中需要选取的模态分量个数为 2。通过 VMD 分解得到如图 3-15 所示的一阶分量信号，然后对其进行同步挤压小波变换，得到的瞬时频率识别结果如图 3-16 所示。在图 3-16 和表 3-3 中同时给出了基于 VMD＋SWT、HHT 和 CWT 三种方法的瞬时频率识别值以及对应的精度指标 IA。根据图 3-16 和表 3-3 可知：VMD＋SWT 方法具有较高的精度且识别效果优于 HHT 和 CWT。值得注意的是，虽然 CWT 提取出的瞬时频率识别精度较高，但经局部放大后其识别的瞬时频率曲线（图 3-16 中的点画线所示）实际上也存在大量毛刺。

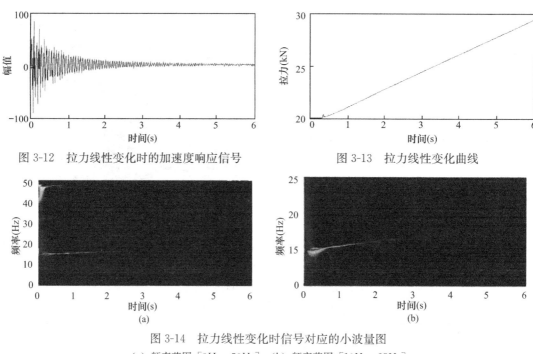

图 3-12　拉力线性变化时的加速度响应信号　　　　图 3-13　拉力线性变化曲线

图 3-14　拉力线性变化时信号对应的小波量图

（a）频率范围［0Hz，50Hz］；（b）频率范围［10Hz，25Hz］

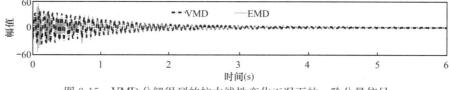

图 3-15　VMD 分解得到的拉力线性变化工况下的一阶分量信号

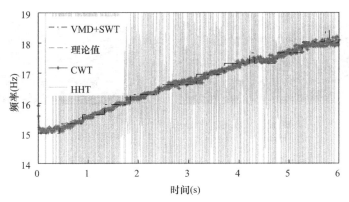

图 3-16　拉力线性变化工况下索响应信号的一阶瞬时频率识别值

**拉力线性变化工况下不同瞬时频率识别方法对应的 IA 值**　　　　表 3-3

| 方法 | VMD＋SWT | HHT | CWT |
|---|---|---|---|
| IA（％） | 0.9 | 76.5 | 1.1 |

（2）拉力正弦变化时索响应信号的瞬时频率识别

试验时，设定索的拉力呈正弦变化且变换幅值±4kN，对应的采样时间和采样频率仍为 6s 和 600Hz。此时，测得的加速度响应信号和拉力变化分别如图 3-17 和图 3-18 所示。

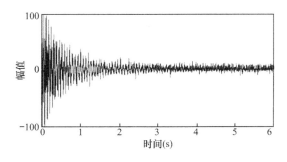

图 3-17　拉力正弦变化时的加速度响应信号

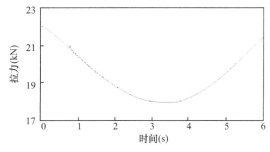

图 3-18　拉力正弦变化曲线

在采用连续小波变换得到图 3-19 所示的小波量图后，确定分量信号数目为 2 且分布在 [10Hz，20Hz] 和 [40Hz，50Hz] 两个频率区间范围内。值得注意的是，图 3-19 在 [20Hz，40Hz] 之间虽然有能量出现，但是并不连续且明显小于 [40Hz，50Hz] 频带之间的能量，因此在确定模态个数时，该频带内的模态可忽略不计。然后，对信号进行 VMD 分解得到如图 3-20 所示的一阶分量。最后，对分解出的一阶分量信号进行同步挤压小波变换，得到的瞬时频率识别结果如图 3-21 所示。可知：虽然 VMD＋SWT 识别的瞬时频率值与理论值有一定的偏差，但是其变换趋势与理论值基本一致且识别效果明显好于 HHT。CWT 同样识别出了频率变化的趋势，但是其识别的瞬时频率曲线含有较多的毛刺。表 3-4 给出的瞬时频率识别精度指标 IA 则再一次证明了 VMD＋SWT 的准确性。

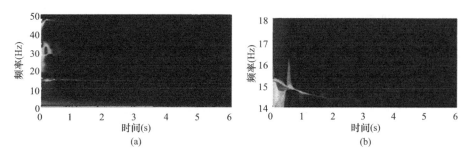

图 3-19　拉力正弦变化时信号对应的小波量图

（a）频率范围 ［0Hz，50Hz］；（b）频率范围 ［14Hz，18Hz］

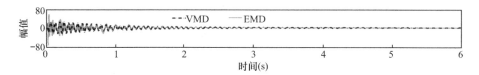

图 3-20　VMD 分解得到的拉力正弦变化工况下的一阶分量信号

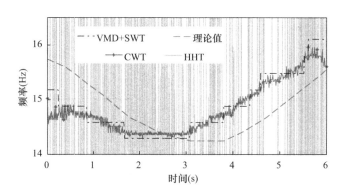

图 3-21　拉力正弦变化工况下索响应信号的一阶瞬时频率识别值

拉力正弦变化工况下不同瞬时频率识别方法对应的 IA 值　　表 3-4

| 方法 | VMD+SWT | HHT | CWT |
|---|---|---|---|
| IA（%） | 3.3 | 106.7 | 4.1 |

## 3.5　基于同步挤压小波变换改进算法识别信号瞬时频率

### 3.5.1　联合算法

虽然同步挤压小波变换通过挤压某一区域的小波变换系数提高了频率方向上的时频聚集性质，但是它却忽略了噪声引起的信号能量在时域方向上的扩散。除此以外，同步挤压小波变换并没有解决连续小波变换因 Heisenberg 测不准原理的影响而无法同时获取较高的时域精度和频域精度的问题。更为重要的是，在采用同步挤压小波变换识别信号的瞬时频率时，待分析信号还应满足渐进信号这一假定条件，即信号的幅值变化率远小于相位变化率。然而在某些情况下，土木工程结构响应信号的幅值变化率却与相位变化率非常接近，为非渐进信号。因此，在应用同步挤压小波变换这一方法时还需考虑非渐进信号对瞬时频率识别结果造成的误差。为此，本节对同步挤压小波变换进行改进并提出了联合算法来解决这一问题。首先，引入解析模态分解（Analytical Mode Decomposition，AMD）方法或其拓展定理将信号分解为多个单分量信号；其次，采用递归希尔伯特变换（Recursive Hilbert Transform，RHT）将分解出的调幅-调频信号进行调制以得到满足同步挤压小波变换所需前提条件的渐进信号；最后，利用频率转换将纯调频信号的瞬时频率从低频转换至高频以获取更好的时间分辨率。之后，对频率转换后信号的小波系数进行时频重组以获得更好的频域分辨率。上述联合算法的流程图如图 3-22 所示。

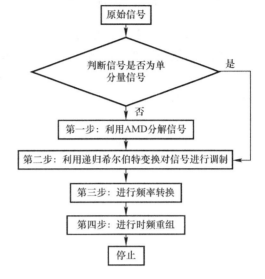

图 3-22　基于改进同步挤压小波变换的联合算法流程图

### 3.5.2　解析模态分解及其拓展定理

AMD 是由 Chen 等[27]提出的一种基于希尔伯特变换的信号分解方法。该方法通过选取合适的截止频率将多分量信号分解为多个频谱互不重叠的分量信号，具有很高的计算效率。有关 AMD 分解的理论基础如下：

对于由任意 $n$ 个分量信号在 $L^2(-\infty, +\infty)$ 区间组成的原始时变非平稳信号 $x(t)$，如果其对应每个分量的频率 $\omega_1$，$\omega_2$，$\cdots$，$\omega_n$ 为正，且满足：$|\omega_1|<\omega_{b1}$，$\omega_{b1}<|\omega_2|<\omega_{b2}$，$\cdots$，$\omega_{b(n-2)}<|\omega_{n-1}|<\omega_{b(n-1)}$ 和 $\omega_{b(n-1)}<|\omega_n|$。其中 $\omega_{bi}\in(\omega_i, \omega_{i+1})(i=1, 2, \cdots, n-1)$ 为 $n-1$ 个二分截止频率，而原始信号的每个分量信号可以由式(3-21) 和式(3-22) 解析地给出。

$$x_1^{(d)} = s_1(t),\cdots,x_i^{(d)}(t) = s_i(t) - s_{i-1}(t),\cdots,x_n^{(d)}(t) = x(t) - s_{n-1}(t) \tag{3-21}$$

$$s_i(t) = \sin(\omega_{bi}t)H[x(t)\cos(\omega_{bi}t)] - \cos(\omega_{bi}t)H[x(t)\sin(\omega_{bi}t)]$$
$$i = 1,2,\cdots,n-1 \tag{3-22}$$

式中，$H[\cdot]$ 表示希尔伯特变换。

在 AMD 算法中，首要解决的问题是如何找到合适的截止频率。Chen 等[27]指出：截止频率可以从相邻分量信号的瞬时频率之间获取，而且在该区间内选取的任意截止频率均不会对 AMD 方法的分解效果产生太大的影响。然而，选择固定的截止频率并不能将模态叠混信号很好地分离。为此，Wang 等[28]提出了 AMD 拓展定理，即通过同步挤压小波变换识别分量信号的瞬时频率，再以两个瞬时频率的平均值作为时变截止频率从而实现对一般信号的分解，具体相关算法可参考文献[28]。最近，郑近德等[29]提出的广义解析模态分解方法则是通过信号调制将感兴趣的分量信号转换为固定频率分量信号，而后利用固定截止频率实现信号的分解。由此可见，虽然 AMD 方法在分解密集模态分量信号时体现了一定的分解效率和效果，但是截至目前有关该方法的改进及工程应用仍不多见。

### 3.5.3 递归希尔伯特变换

一般来说，通过希尔伯特变换构造解析函数是分离单分量信号幅值函数和调频信号最常用的方法之一。然而，如果目标信号为非渐进信号，采用希尔伯特变换分离幅值函数和调频函数会与理论值存在一定的误差。为减小希尔伯特变换引起的误差，本节引入递归希尔伯特变换对 AMD 分解得到的非渐进信号进行调制，从而得到满足同步挤压小波变换前提条件的渐进信号。

针对 AMD 分解得到的单分量信号 $x(t)$，其希尔伯特变换如式（3-23）所示。

$$H[x_1(t)] = \frac{P}{\pi}\int_{-\infty}^{\infty}\frac{x_1(\tau)}{t-\tau}\mathrm{d}\tau \tag{3-23}$$

式中，$P$ 为主值积分。根据 Bedrosian 定理[30] 和 Nuttall 定理[31]，若信号的幅值函数与信号频谱互不重叠，则单分量信号 $x_1(t)$ 可以表示为幅值函数 $A_1$ 与纯调频函数 $\cos\phi_1(t)$ 的乘积，如式（3-24）所示。

$$x_1(t) = A_1(t)\cos\phi_1(t) \tag{3-24}$$

其中，$A_1$、$\phi_1$ 的表达式分别如式（3-25）和式（3-26）表示。

$$A(t) = |Z(t)| = \sqrt{x^2(t) + H^2[x(t)]} \tag{3-25}$$

$$\phi(t) = \arctan[Z(t)] = \arctan\frac{H[x(t)]}{x(t)} \tag{3-26}$$

此时，$x_2(t) = x_1(t)/A_1(t) = \cos\phi_1(t)$ 即为满足 Bedrosian 定理和 Nuttall 定理的调频信号。然而，经过一次希尔伯特变换后，理论上的纯调频信号 $x_2(t)$ 对应的希尔伯特变换并不一定与其正交信号相等。为此，需要递归地进行希尔伯特变换以减小上述误差。以调频信号 $x_2(t) = \cos\phi_1(t)$ 为新的初始信号，再次进行希尔伯特变换，同样可以得到新的幅值函数和相位函数。然后，重复上述步骤直至最终的纯调频信号的幅值函数趋近于 1。将经过第 $n$ 次迭代得到的幅值函数和相位分别记为 $A_n(t)$ 和 $\phi_n(t)$，分别由式（3-27）和式（3-28）表示。

$$A_n = \sqrt{[x_n(t)]^2 + \{H[x_n(t)]\}^2} \tag{3-27}$$

$$\phi_n = \arctan\{H[x_n(t)]/x_n(t)\} \tag{3-28}$$

其中，$x_n(t)$ 为经过希尔伯特变换得到的纯调频信号，可由式（3-29）表示。

$$x_n(t) = x_{n-1}(t)/\sqrt{[x_{n-1}(t)]^2 + \{H[x_{n-1}(t)]\}^2} = x_{n-1}(t)/A_{n-1} \tag{3-29}$$

此时，得到的纯调频信号 $\cos\phi_n(t)$ 与原信号 $x_1(t)$ 的零点相同且对应的希尔伯特变换与其正交信号相等，如式（3-30）所示。

$$H[x_N(t)] = H[\cos\phi_N(t)] = \sin\phi_N(t) \tag{3-30}$$

由于幅值函数 $\phi_n(t)$ 与 $\phi_1(t)$ 的零点相同，根据拉格朗日中值定理可知在两个零点之间必有一个时刻使得对应的频率相等。因此，通过递归希尔伯特变换分离出的调频部分与原信号较为接近。若有需要，原信号 $x_1(t)$ 也可以通过式（3-31）进行重构。

$$x_1(t) = \prod_{i=1}^{N}A_i(t)\cdot\cos\phi_N(t) = A_r(t)\cos\phi_N(t) \tag{3-31}$$

式中，$A_i(t)$ 为经过 $n$ 次迭代得到的幅值函数，$i=1, 2, \cdots, n$。

### 3.5.4　变焦同步挤压小波变换

虽然同步挤压小波变换通过小波系数重组提高了瞬时频率的频域精度，但却没有改变瞬时频率在时域上的精度。为解决这一问题，本节引入变焦同步挤压小波变换（Zoom Synchrosqueezing Wavelet Transform，ZSWT）。ZSWT 主要包含频率转换和时频重组两个部分。

频率转换的主要目的是对递归希尔伯特变换提取出的纯调频信号进行调制，以便得到更好的时间分辨率。

以纯调频信号 $x_n(t) = u(t) = \cos[2\pi(f_1)t + \sin2\pi f_2 t]$ 为例，通过固定转换频率 $f_0$ 将信号转换至高频后，调制信号 $u^*(t) = \cos[2\pi(f_1 + f_0)t + \sin2\pi f_2 t]$ 可由式（3-32）来表示。

$$u^*(t) = \cos[2\pi f_1 t + \sin2\pi f_2 t]\cos(2\pi f_0 t) - \sin[2\pi f_1 t + \sin2\pi f_2 t]\sin(2\pi f_0 t) \quad (3\text{-}32)$$

为不失一般性，式（3-33）中给出了一般纯调频信号 $u(t)$ 经过固定转换频率 $f_0$ 调制后的表达式。

$$u^*(t) = u(t)\cos(2\pi f_0 t) - H[u(t)]\sin(2\pi f_0 t) \quad (3\text{-}33)$$

而在频率转换后，信号的圆频率变为

$$\omega^*(a,b) = \omega(a,b) + \omega_0 \quad (3\text{-}34)$$

式中，$\omega(a, b)$ 为信号 $u(t)$ 对应的圆频率；$\omega_0$ 为转换频率 $f_0$ 对应的圆频率，可用 $2\pi f_0$ 表示。若 $f_0$ 为正，信号瞬时频率将从低频转换至高频，因而能够取得更好的时间分辨率；反之，若 $f_0$ 为负，则是将瞬时频率从高频转换至低频以取得更好的频率分辨率。

与频率转换不同，时频重组则是通过进一步细化频率转换后的瞬时频率所在区间以提高频域精度。在经过频率转换和时频重组后，特定频率区间内的信号瞬时频率精度将会得到一定程度地提高。

假设经过频率转换后信号的瞬时频率变化区间为 $[f_m, f_M]$，通过式（3-35）定义中间变量 $lf_m$ 和 $lf_M$。

$$\begin{cases} lf_m = \log_2 f_m \\ lf_M = \log_2 f_M \end{cases} \quad (3\text{-}35)$$

根据式（3-36）对频率区间 $[f_m, f_M]$ 进行划分，然后将第 2 章中的式（2-30）中的 $\omega(l)$ 替换为上式中的 $\omega_{is}(l)$，从而得到如式（3-37）所示新的同步挤压小波变换系数 $T_x(\omega_{is}, b)$。式（3-37）对应的圆频率如式（3-38）所示。

$$f_{is}(l) = 2^{[lf_m + \frac{1}{n}(lf_m - lf_M)]} \quad l = 0,1,\cdots,n \quad (3\text{-}36)$$

式中，$n$ 为重点关注频带范围内离散频率的个数。

$$T_x(\omega_{is}, b) = (\Delta\omega_{is})^{-1} \sum_{a_i:\,|\omega_x(a,b)-\omega_{is}|\leqslant\Delta\omega/2} W_x(a,b)a_i^{-3/2}(\Delta a)_i \quad (3\text{-}37)$$

$$\omega_{is}(l) = 2\pi \times 2^{[lf_m + \frac{1}{n}(lf_m - lf_M)]} \quad (3\text{-}38)$$

### 3.5.5　多分量非渐进信号数值算例

采用如式（3-39）所示的多分量非渐进信号 $s(t)$ 来验证联合算法的有效性。

$$\begin{aligned} s(t) &= s_1(t) + s_2(t) \\ &= [2 + \sin(0.2\pi t)]\cos[3\pi t + \sin(\pi t)] + [5 - \cos(4\pi t)]\cos[10\pi t + \sin(4\pi t)] \end{aligned} \quad (3\text{-}39)$$

　　设定模拟信号采样频率为 50Hz，采样时间为 10s。其中，分量信号 $s_1(t)$ 和 $s_2(t)$ 的瞬时频率理论值分别为 $f_1=1.5+\cos(\pi t)$ 和 $f_2=5+2\cos(4\pi t)$。多分量信号 $s(t)$ 对应的时域波形和小波量图分别如图 3-23 和图 3-24 所示。由图 3-24 可知：信号 $s(t)$ 在时频面上包含两个分量信号且对应的大致频率范围为 $[1\mathrm{Hz}，2\mathrm{Hz}]$ 和 $[3\mathrm{Hz}，7\mathrm{Hz}]$。据此选取截止频率为 2.8Hz 并对目标信号进行 AMD 分解，然后对 AMD 分解得到的分量信号进行递归希尔伯特变换，结果如图 3-25 所示。可以看出，通过递归希尔伯特变换解调后的信号的幅值不但趋近于 1，而且对应的相位均与理论值保持一致。选取转换频率 $f_0=30\mathrm{Hz}$ 并对纯调频信号进行频率转换和时频重组以获取更好的时间分辨率和频率分辨率，结果如图 3-26 所示。为方便比较，图 3-26 中同时给出了采用解析模态分解与同步挤压小波变换（AMD+SWT）联合方法识别的分量信号瞬时频率值。从图 3-26(a) 中可以看出，对于渐进分量信号 $s_1(t)$，本书提出的联合方法（Combined Method，CM）在信号末端的识别精度明显高于 AMD+SWT 方法，而且在一定程度上改善了同步挤压小波变换带来的端点效应。针对图 3-26(b) 中的非渐进信号 $s_2(t)$，CM 方法识别的瞬时频率与理论值更加吻合，识别效果明显更佳。然后，将两种方法识别的瞬时频率精度指标 IA 值列于表 3-5 中，其中 $IA_1$ 和 $IA_2$ 分别表示分量信号 $s_1(t)$ 与 $s_2(t)$ 的瞬时频率识别精度指标。由表 3-5 可知：通过联合方法得到的 IA 值均小于 AMD+SWT，而且非渐进分量信号 $s_2(t)$ 的瞬时频率精度指标差值更是达到了 9.3%，这同样验证了 CM 方法识别非渐进信号瞬时频率的有效性和准确性。

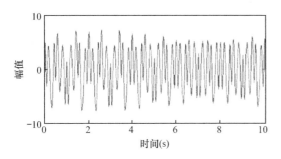

图 3-23　多分量信号 $s(t)$ 的时域波形

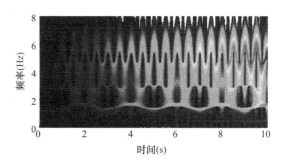

图 3-24　多分量信号 $s(t)$ 的小波量图

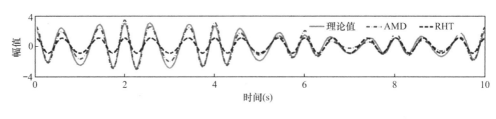

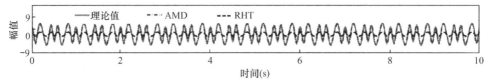

图 3-25　AMD 分解得到的分量信号及其递归希尔伯特变换结果

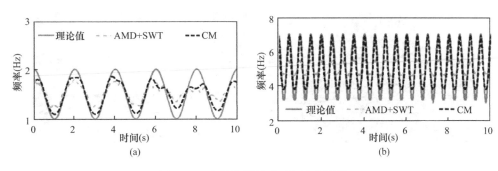

图 3-26　分量信号的瞬时频率识别值

(a)$s_1(t)$；(b)$s_2(t)$

多分量信号 $y(t)$ 在不同瞬时频率识别方法下对应的 IA 值　　　　表 3-5

| 方法 | CM | AMD+SWT |
|---|---|---|
| $IA_1$（%） | 9.8 | 15.3 |
| $IA_2$（%） | 10.6 | 24.9 |

### 3.5.6　质量突变铝合金悬臂梁试验

为进一步验证联合方法的有效性，设计一个质量突变铝合金悬臂梁试验，整个试验装置如图 3-27 所示。试验所采用的等截面铝合金悬臂梁尺寸为 500mm×40mm×15mm，质量为 0.81kg。通过带钢锤头的力锤对悬臂梁施加激励，梁上共设置 5 个锤击点。采用多点激励单点拾振方式识别悬臂梁的振型并以此验证梁在自由振动下的固有频率。配套使用的设备包括如图 3-28 所示的东华 DH118E［灵敏度：98.7mV/(m/s²)］加速度传感器和东华 DH5299N 动态数据采集仪。试验时设定采集仪的采样频率均为 2000Hz。通过控制带细线的永磁铁吸起预先放置在铝合金梁悬臂端上的质量块，从而实现整个结构质量的改变。试验开始时，首先用力锤敲击悬臂梁的自由端；其次，在 2s 后放下细绳使永磁铁垂直靠近质量块并将其吸起；此时，在 2.3s 时刻再次通过力锤锤击悬臂梁，以防止响应衰减过快，最后得到如图 3-29 所示的加速度响应。

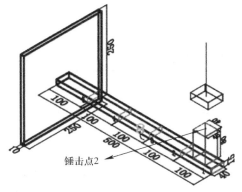

图 3-27　铝合金悬臂梁质量突变试验装置

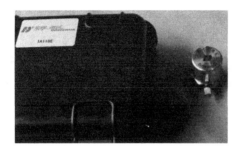

图 3-28　试验所用加速度的传感器及动态数据采集仪

在进行悬臂梁质量突变试验前，需分别测定悬臂梁结构在有质量块和无质量块工况下的固有频率并将两者作为质量突变前后的瞬时频率理论值。以锤击点 2 处获取的加速度数据为例，将加速度响应数据导入东华 DHDAS 分析软件得到加速度响应曲线和频谱，分别如图 3-29 和图 3-30 所示。从信号的频谱图可以看出，锤击点 2 处产生的加速度响应数据共包含两阶模态，其中利用峰值法得到一阶模态的频率值为 47.12Hz。同理，可以得到另外 4 个锤击点处的加速度响应数据和频谱图。然后，将峰值法识别出的结构一阶模态频率列于表 3-6 中。从表 3-6 得知，自由振动下铝合金悬臂梁的一阶模态频率均在 47Hz 附近。此后，将各锤击点的加速度响应数据输入建立的悬臂梁模型中并得到对应的模态置信度（Modal Assurance Criterion，MAC）指标与一阶振型，如图 3-31 所示。最终，通过模态振型确认该悬臂梁自由振动下的一阶固有频率为 47.06Hz。类似地，可求得质量块在悬臂梁端部时对应的固有频率为 21.21Hz。

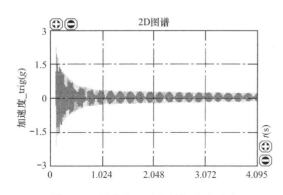

图 3-29　锤击点 2 对应的加速度响应

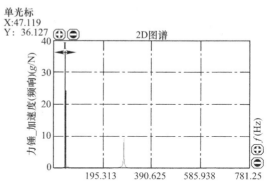

图 3-30　锤击点 2 对应的加速度响应频谱

结构在不同锤击点下对应的基频　　　　　　　　　　　　　　　　　　表 3-6

| 锤击点 | 1 | 2 | 3 | 4 | 5 |
|---|---|---|---|---|---|
| 基频 | 47.12 | 47.12 | 46.86 | 47.12 | 47.12 |

首先，对试验数据进行采集得到图 3-32 所示的加速度响应图，再对采集到的加速度响应数据进行连续小波变换，得到如图 3-33 所示的小波量图。从图 3-33（a）中可以看出，整个时频面在 ［20Hz，50Hz］ 和 ［200Hz，300Hz］ 两个区间内出现了能量集中现象。图 3-33（b）所示的小波量图则表明信号的一阶频率在 2s 时刻附近发生了突变，而突变前后的瞬时频率约为 21Hz 和 47Hz。由此可知：悬臂梁结构的瞬时频率在 ［20Hz，50Hz］

范围内的变化趋势与质量突变情况大致相
同。在根据小波量图选取截止频率并对响
应信号进行 AMD 分解,然后对获得的一
阶分量信号进行幅值变化率计算,结果如
图3-34所示。可知:一阶分量信号的幅值变
化率并不快于相位变化率,这意味着 AMD
分解后的分量信号并不满足同步挤压小波
变换所需的渐进信号这一前提条件。为此,
对分解得到的分量信号进行递归希尔伯特
变换,得到如图 3-35 所示的纯调频信号。
可知,递归希尔伯特变换只是改变了分量
信号的幅值,并不影响分量信号的相位函
数。最后,对得到的信号进行频率转换和
时频重组,得到如图 3-36(a)所示的瞬时
频率识别值。图 3-36(b)中给出了信号在

| MAC | 频率 | 第1阶 |
|---|---|---|
| 第1阶 | 47.07 | 1.00 |

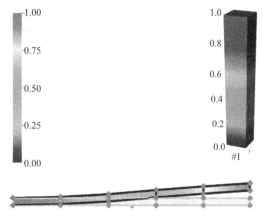

图 3-31　自由振动下铝合金悬臂梁的
一阶 MAC 指标和振型

1.9~2.3s 之间的瞬时频率识别值,其与理论值能够较好地吻合,这说明联合方法能够准
确反映 2s 这个质量突变时刻的频率变化情况,而且识别精度优于传统同步挤压小波变换。
表 3-7 中给出的瞬时频率在 [1.9s,2.1s] 区间内的识别精度指标也证明了联合方法的有
效性和准确性。

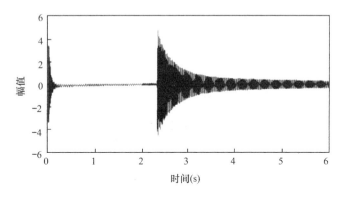

图 3-32　质量突变铝合金悬臂梁加速度响应

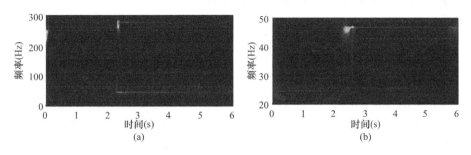

图 3-33　质量突变铝合金悬臂梁加速度响应的小波量图
(a)0~300Hz;(b)20~50Hz

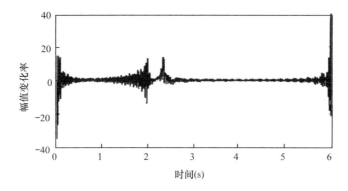

图 3-34    质量突变铝合金悬臂梁加速度响应的幅值变化率

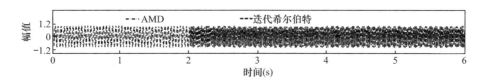

图 3-35    质量突变铝合金悬臂梁加速度响应的一阶分量

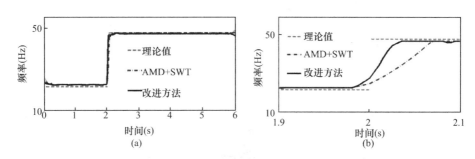

图 3-36    质量突变铝合金悬臂梁加速度响应的瞬时频率识别值

| | 不同瞬时频率识别方法对应的 IA 值 | 表 3-7 |
|---|---|---|
| 方法 | CM | VMD+SWT |
| IA（%） | 2.5 | 6.5 |

## 3.6    基于改进反余弦法识别信号瞬时频率

截至目前，应用最广泛的瞬时频率识别方法仍是通过希尔伯特变换构造解析函数。然而，希尔伯特变换只是一种近似的积分方法，在运算时必然存在一定的误差，而且其抗噪性较差。不仅如此，通过希尔伯特变换方法得到的负瞬时频率并不具备物理意义。为避免希尔伯特变换方法在提取瞬时频率时存在的缺陷，研究人员提出了 Teager 能量算子[32]、过零点法和反余弦法[33]等方法用于替代希尔伯特变换。其中，Teager 能量算子法是一种基于微分的算法，很好地避免了希尔伯特变换方法中所用到的积分变换，但是该方法是基于线性模型而提出的，而且只能识别单分量信号的瞬时频率[33]；过零点法长期以来被用作计算窄带信号的平均频率，但是只有在两个零点之间的频率为定值时，该方法才会拥有较好的识别效果；反余弦法的思想是通过计算信号的相位从而间接得到对应的瞬时频率，但是通过反余弦法得到的相位函数值仅限于 $[0，\pi]$ 区间内，因此无法直接应用于纯调频函数的瞬时频率识别[34]。为解决反余弦法中存在的问题，本节结合解析模态分解、归一化思想和改进反余弦法提出了一种新的瞬时频率识别方法。首先，通过信号小波量图选取合适的截止频率，然后采用 AMD 方法将多分量信号分解为单分量信号；其次，通过归一化方法将分解得到的单分量调幅调频信号转换为纯调频信号；最后，通过改进的反余弦方法识别信号的瞬时频率。本节提出的基于改进反余弦的瞬时频率识别方法不仅弥补了反余弦法只能得到 $[0，\pi]$ 范围内相位值的缺陷，更将反余弦法拓展到任意时变多分量信号。基于改进反余弦法的信号瞬时频率识别方法的流程图如图 3-37 所示。

### 3.6.1　归一化方法

在对信号进行归一化之前，需要通过 AMD 进行多分量信号分解。一般来说，经过 AMD 分解得到的信号往往是单分量调幅调频信号，而改进反余弦方法只适用于识别单分量纯调频信号的瞬时频率。因此，需要通过归一化方法将单分量调幅调频信号转化为纯调频信号。归一化方法的基本思想是将单分量信号除以自身幅值的包络线从而得到对应的纯调频函数。相比于传统的希尔伯特变换方法，归一化方法可以在分量信号不满足 Bedrosian 定理的前提下分离出信号的调频部分[35]，这无疑给调频信号的提取提供了极大的便利。与 EMD 类似，归一化方法首先需要对信号

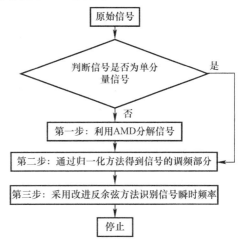

图 3-37　改进反余弦方法识别
信号瞬时频率流程图

极值进行三次样条插值来获得信号包络线，然后将单分量信号除以包络线即可得到归一化信号 $d_1(t)$。

$$d_1(t) = x_1(t)/e_1(t) \tag{3-40}$$

然而，在某些情况下通过三次样条插值得到的包络线 $e_1(t)$ 会稍小于信号 $x_1(t)$ 的幅值，从而导致通过式(3-40)得到的归一化信号并不是幅值为 1 的纯调频信号。为此，需要不断重复地对所得信号进行如式(3-41)所示的归一化处理，直至最后所得信号 $d_n(t)$ 的幅值趋近于 1 时，迭代才会停止。此时，最终得到的信号 $d_n(t)$ 即为信号 $x_1(t)$ 的调频部分。

$$d_2(t) = d_1(t)/e_2(t)，\cdots，d_n(t) = d_{n-1}(t)/e_n(t) \tag{3-41}$$

### 3.6.2　改进反余弦法

对于纯调频信号，其对应的瞬时相位可以通过反余弦法直接得出。然而，采用传统反余弦法得到的相位变化范围只限定于 $[0，\pi]$ 之间，这将使得求解的瞬时频率在相位不连续处发生突变。为此，本节提出的改进反余弦法通过对信号时域区间的划分得到了连续变化的相位，解决了传统反余弦法存在的问题，这也为后续利用定义求解信号瞬时频率提供了便利。

对于任意给出的单分量纯调频信号 $x_1(t)$，首先通过式(3-42) 定义一个新的时间序列 $s(t_i)$。

$$s(t_i) = x_1(t_{i-1}) \cdot x_1(t_i) \quad (i = 2, \cdots, n) \tag{3-42}$$

然后，通过式(3-43) 找出信号 $x_1(t)$ 的零点。

$$\text{sgn}[s(t_i)] = \begin{cases} 1, & s(t_i) > 0 \\ 0, & s(t_i) = 0 \\ -1, & s(t_i) < 0 \end{cases} \tag{3-43}$$

其中，$\text{sgn}[\cdot]$ 表示符号函数。显然，当 $\text{sgn}[s(t_i)]$ 等于 $-1$ 或 $0$ 时，即表明在 $t_i$ 和 $t_{i-1}$ 两个时刻点之间存在零点。在此，统一选取 $t_i$ 时刻作为零点位置，对应的位置用 $z_i$ 来表示。假设该单分量纯调频信号共有 $p$ 个零点，那么利用这 $p$ 个零点可以将整个时域划分为 $p+1$ 个区间，即 $[0, t_{z_1}]$，$[t_{z_1}, t_{z_2}]$，$\cdots$，$[t_{z_p}, t_n]$。在对信号的时域区间进行划分后，每个区间内存在的极大值/极小值 $c_i$ 也可以从中求解，而这些极值点同样将信号划分为 $[0, t_{c_1}]$，$[t_{c_1}, t_{c_2}]$，$\cdots$，$[t_{c_{p-1}}, t_{c_p}]$，$[t_{c_p}, t_{c_{p+1}}]$ 共 $p+1$ 个区间。

为方便说明，以如图 3-38 所示的单分量纯调频分段信号 $x_1(t) = \begin{cases} \cos 2\pi t & 0 \leqslant t \leqslant 5s \\ \cos 4\pi t & 5s < t \leqslant 10s \end{cases}$ 为例说明改进反余弦方法。假设信号 $x_1(t)$ 在任意区间 $[t_{ci}, t_{ci+1}]$ 内单调，则在第一个区间 $[0, t_{z_1}]$ 内相位的变化范围为 $[0, \pi]$。由此往下，可以依次判断第 2 个，$\cdots$，第 $i$ 个区间内的相位变化范围分别为 $[\pi, 2\pi]$，$\cdots$，$[(i-1)\pi, i\pi]$。此时，信号 $x_1(t)$ 的瞬时相位 $\phi_1(t)$ 可通过式(3-44) 来表达。

$$\phi_1(t) = \begin{cases} \arccos[x_1(t)] & t \in [0, t_{z_1}] \\ (-1)^{i-1} \cdot \arccos[x_1(t)] + 2\pi \cdot \text{floor}\left(\dfrac{i}{2}\right) & t \in [t_{z_i}, t_{z_{i+1}}] \end{cases} \tag{3-44}$$

式中，$\text{floor}(\cdot)$ 表示向下取整函数。

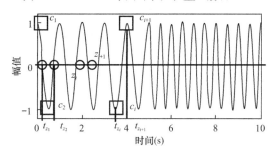

图 3-38  改进反余弦法示意图

在获得瞬时相位函数后，信号的瞬时频率可以通过如式(3-45) 求解。

$$f(t) = \frac{\omega(t)}{2\pi} = \frac{1}{2\pi} \frac{\mathrm{d}\phi_1(t)}{\mathrm{d}t} \tag{3-45}$$

然而，实际工程中的相位函数 $\phi_1(t)$ 往往是离散形式，而式(3-45) 对应的离散形式如式(3-46) 所示。

$$f(t) = \frac{1}{2\pi} \frac{\phi_1(t_i) - \phi_1(t_{i-1})}{t_i - t_{i-1}} \tag{3-46}$$

通常来说，经过上述步骤得到的相位值应与理论相位函数值相吻合。然而，由于采样频率的限制，样本在极值点处的数值只能无限靠近理论值而无法与理论值相等。因此，通过改进反余弦法计算得到的相位函数在极值点附近会与理论值存在一定的偏差。虽然这种偏差会随着采样频率的增大而减小，但在采用式(3-46) 计算瞬时频率时，极值点所在时刻对应的瞬时频率值会出现一定的扰动。为解决上述扰动问题，在改进反余弦法中加入如式(3-47) 所示的五点滑动平均法对求解的瞬时频率进行后处理以降低误差。

$$f_a(t_i) = \frac{f(t_{i-2}) + f(t_{i-1}) + f(t_i) + f(t_{i+1}) + f(t_{i+2})}{5} \tag{3-47}$$

式中，$f(t_i)$ 表示 $t_i$ 时刻的瞬时频率；$f_a(t_i)$ 表示经过平滑之后 $t_i$ 时刻的瞬时频率。

### 3.6.3　调幅调频信号数值算例

本节通过一个单分量调幅调频信号和一个多分量调幅调频信号对改进反余弦方法识别瞬时频率的准确性进行验证。其中，采样频率和采样时间分别设置为 100Hz 和 10s。为避免噪声对希尔伯特变换、希尔伯特变-黄换和改进反余弦方法的干扰进而影响它们之间的对比，所有数值模拟算例均未添加噪声。

考虑如下单分量调幅调频信号 $q(t)$，对应的瞬时频率理论值为 $f=0.5t+0.5\cos(\pi t)$。图 3-39 为信号 $s(t)$ 的时域波形。

$$q(t)=5t^2\cos[0.5\pi t^2+2\sin(\pi t)] \tag{3-48}$$

首先，对信号 $q(t)$ 进行连续小波变换，得到如图 3-40 所示的小波量图。可以清楚地看出，信号对应的模态分量只有一个，而且其对应的瞬时频率在 [0Hz，8Hz] 之间变化。然后，直接对信号 $q(t)$ 进行归一化处理，得到如图 3-41 所示的相位图。由于信号相位的理论值从 0 开始，而归一化方法的相位则要求从 $-\pi$ 或 $\pi$ 开始变化。因此，经过归一化处理后的相位在 [0s，0.5s] 之间与理论值存在一些偏差，而剩余部分则几乎与理论值吻合。最后，采用改进反余弦法识别信号的瞬时频率并对结果进行五点滑动平均处理，最终得到如图 3-42 所示的瞬时频率曲线。可知：端点效应的存在使得通过希尔伯特变换识别出的信号瞬时频率在两个端点处与理论值存在较大的误差。不仅如此，图 3-42 中还给出了两种瞬时频率识别方法在 [4s，4.2s] 这一时间段的识别值。相比希尔伯特变换，改进反余弦方法识别的瞬时频率曲线更加平滑。表 3-8 中给出的瞬时频率精度指标同样证明了改进反余弦法的准确性和有效性。

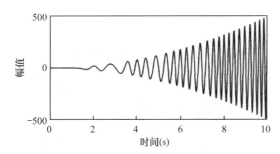

图 3-39　单分量信号 $q(t)$ 时域波形

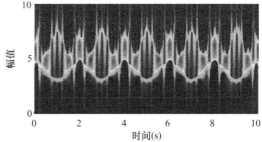

图 3-40　单分量信号 $q(t)$ 对应的小波量图

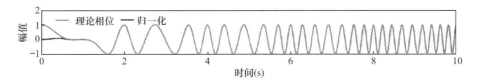

图 3-41　归一化方法对应的调制信号时域波形

除单分量调幅频信号以外，本节还考虑如式(3-49) 所示的多分量调幅调频信号。

$$m(t)=m_1(t)+m_2(t)=m_1(t)=[3+\cos(\pi t)]\cos[8\pi t+2\sin(\pi t)]+$$
$$[2+\cos(2\pi t)]\cos[16\pi t+\sin(2\pi t)] \tag{3-49}$$

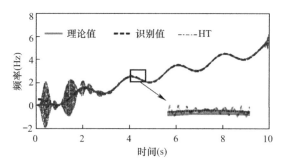

图 3-42　单分量信号 $q(t)$ 的瞬时频率识别值

不同瞬时频率识别方法下的单分量调幅调频信号 IA 值　　　　表 3-8

| 方法 | 改进方法 | HT |
|---|---|---|
| IA （%） | 4.1 | 106.7 |

　　根据式（3-49）可知，两个分量信号的瞬时频率理论值分别为 $f_1 = 4 + \cos(\pi t)$ 和 $f_2 = 8 + \cos(2\pi t)$。图 3-43 和图 3-44 分别为 $m(t)$ 的时域波形和小波量图。从图 3-44 中可以看出，$m(t)$ 共包含两个分量信号，其瞬时频率变化范围分别为［3Hz，5Hz］和［7Hz，9Hz］。基于此，选取 6Hz 作为 AMD 分解时所用的截止频率并对分解后的分量信号进行归一化处理，最后得到的时域波形如图 3-45 所示。可知：EMD 分解出的信号分量在整个时域波形内均出现了模态叠混现象，而通过 AMD 分解的分量信号则与理论值更加吻合。不仅如此，经过归一化方法得到的调制信号的幅值也趋近于 1。最后，通过改进反余弦法识别纯调频信号的瞬时频率并进行五点滑动平均处理，结果如图 3-46 所示。对比图中给出的 HHT 识别结果，本节所提的改进反余弦法的识别结果明显与理论值更加吻合。表 3-9 中给出的 IA 值则再一次证明了所提方法的准确性。

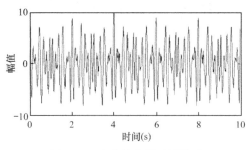

图 3-43　多分量信号时域波形

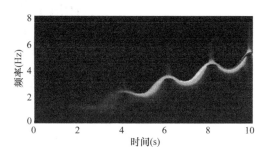

图 3-44　多分量信号的小波量图

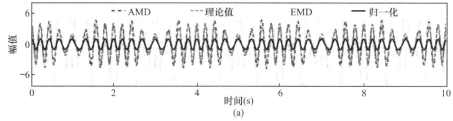

(a)

图 3-45　分量信号的提取及对应的归一化调制信号（一）

(a) $m_1(t)$

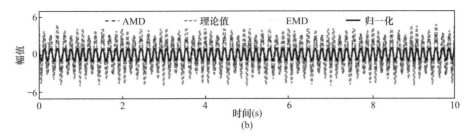

图 3-45　分量信号的提取及对应的归一化调制信号（二）

(b) $m_2(t)$

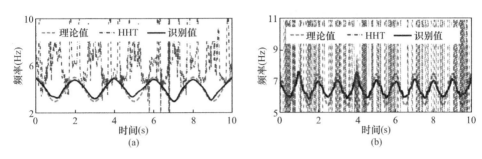

图 3-46　分量信号的瞬时频率识别值

(a) $m_1(t)$；(b) $m_2(t)$

不同瞬时频率识别方法下的多分量调幅调频信号 IA 值　　　　　　　　　表 3-9

| 方法 | 改进反余弦法 | HHT |
|---|---|---|
| $IA_1$（%） | 5.1 | 113.4 |
| $IA_2$（%） | 6.7 | 435.7 |

### 3.6.4　试验验证

在本节中，通过 3.4.4 节中的时变拉索试验数据来验证改进反余弦方法的有效性。由于详细试验步骤以及原始信号数据已在 3.4.4 节中详细阐述，本节仅对瞬时频率识别过程及结果进行说明。

（1）拉力线性变化时索响应信号的瞬时频率识别

拉力线性变化时索的加速度响应及对应的小波量图分别如图 3-12 和图 3-14 所示。设定 AMD 方法中的截止频率为 20Hz，对信号进行 AMD 分解，然后对分解出的一阶分量信号进行归一化处理，得到如图 3-47 所示的纯调频信号。最后，采用改进反余弦方法对所得的纯调频信号进行瞬时频率识别和五点滑动平均处理，结果如图 3-48 所示。可知：虽然经过希尔伯特-黄变换方法识别出的瞬时频率的变化趋势与理论值大体相同，但是毛刺现象严重影响了识别精度。相对应的是，改进反余弦方法识别的瞬时频率识别值不但较为光滑，而且与理论值吻合较好。表 3-10 中给出的瞬时频率 IA 值同样证明了所提方法的准确性和优越性。

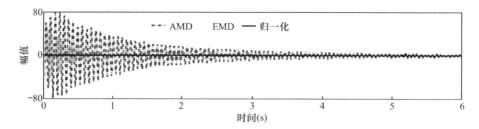

图 3-47　AMD 分解得到拉力线性变化时索的一阶频率分量

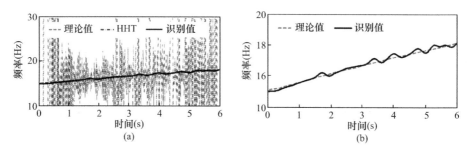

图 3-48　拉力线性变化时索响应信号的瞬时频率识别值

（a）与 HHT 比较；（b）与理论值比较

| 拉力线性变化工况下不同瞬时频率识别方法对应的 IA 值 | | 表 3-10 |
| --- | --- | --- |
| 方法 | 改进方法 | HHT |
| IA（%） | 0.6 | 126.9 |

（2）拉索正弦变化时索的瞬时频率识别

拉力线性变化时索的加速度响应及对应的小波量图分别如图 3-17 和图 3-19 所示。同样地，设定 AMD 分解方法中的截止频率为 18Hz，得到分解后的信号分量如图 3-49 所示。同时，对分解出的信号分量进行归一化处理，对应的纯调频信号亦在图 3-49 中显示。可以看出，经过归一化后的信号虽然幅值发生了较大的变化，但是其对应的调频部分基本没有改变。此时，采用改进反余弦法识别纯调频信号的瞬时频率并进行五点滑动平均处理，最终得到的瞬时频率识别结果如图 3-50 所示。可知：本节所提方法识别出的瞬时频率与理论值更加接近，而希尔伯特-黄变换方法则因受到噪声以及内在缺陷的影响不能很好地识别瞬时频率。表 3-11 中给出的改进反余弦法的 IA 值仅为 2.9，这更说明了该方法识别瞬时频率的准确性和有效性。

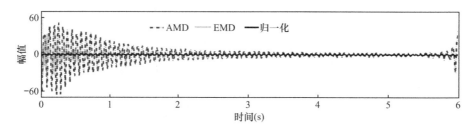

图 3-49　AMD 分解得到拉力正弦变化时索的一阶频率分量

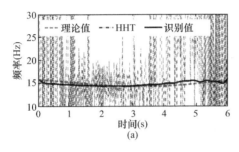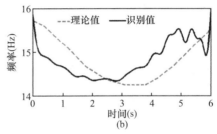

图 3-50 拉力正弦变化时索的瞬时频率识别值

(a) 与 HHT 比较；(b) 与理论值比较

拉力正弦变化工况下不同瞬时频率识别方法对应的 IA 值　　表 3-11

| 方法 | 改进方法 | HHT |
|---|---|---|
| IA（%） | 2.9 | 136.1 |

## 3.7　本章小结

　　本章紧密结合环境激励下土木工程结构响应信号的时变特征，将已有的信号分解、信号解调方法与同步挤压小波变换、改进反余弦法相结合，提出了多个新的瞬时频率识别方法。除了若干个数值算例，本章还通过一个质量突变悬臂铝梁和一个时变拉索试验验证了所提方法的准确性和有效性。总之，上述方法具有一定的前瞻性，它们不但拥有更高的瞬时频率识别精度，而且拓展了适用范围，因而具有较高的理论意义和工程实用价值。

## 参 考 文 献

[1]　Ruzzene M，Fasana A，Garibaldi L，et al. Natural frequencies and dampings identification using wavelet transform：Application to real data [J]. Mechanical Systems and Signal Processing，1997，11（2）：207-218.

[2]　Lardies J，Gouttebroze S. Identification of modal parameters using the wavelet transform [J]. International Journal of Mechanical Sciences，2002，44（11）：2263-2283.

[3]　Yan B F，Miyamoto A，Brühwiler E. Wavelet transform-based modal parameter identification considering uncertainty [J]. Journal of Sound and Vibration，2006，291（1）：285-301.

[4]　王超，任伟新，黄天立. 基于复小波变换的结构瞬时频率识别 [J]. 振动工程学报，2009，22（5）：492-496.

[5]　Rioul O，Flandrin P. Time-scale energy distributions：A general class extending wavelet transforms [J]. IEEE Transactions on Signal Processing，1992，40（7）：1746-1757.

[6]　Daubechies I，Lu J，Wu H T. Synchrosqueezed wavelet transforms：An empirical mode decomposition-like tool [J]. Applied and Computational Harmonic Analysis，2011，30（2）：243-261.

[7]　王宏禹，邱天爽，陈喆. 非平稳随机信号分析与处理（第2版）[M]. 北京：国防工业出版社，2007.

[8]　王超. 基于小波变换的时变结构参数识别研究 [D]. 长沙：中南大学，2009.

[9] 朱洪俊，王忠，秦树人. 小波变换对瞬态信号特征信息的精确提取 [J]. 机械工程学报，2005，41 (12)：196-199.

[10] Huang N E，Shen Z，Long S R，et al. The empirical mode decomposition and the Hilbert spectrum for nonlinear and non-stationary time series analysis [C]. In：Proceedings of the Royal Society of London. A，1998，454：903-995.

[11] Huang，N E，Shen Z，Long S R. A new view of nonlinear water waves：the Hilbert spectrum [J]. Annual Review of Fluid Mechanics，1999，31：417-457.

[12] Carmona R，Hwang W L，Torrésani B. Characterization of signals by the ridges of their wavelet transforms [J]. Transactions on Signal Processing，1997，45 (10)：2586-2590.

[13] Todorovska M I. Estimation of instantaneous frequency of signals using the continuous wavelet Transform [R]. Los Angeles，California：University of Southern California，2004.

[14] Kijewski K，Kareem A. Wavelet transforms for system identification in civil engineering [J]. Computer-Aided Civil and Infrastructure Engineering，2003，18：339-355.

[15] Hélène L，Catherine M. Ridge extraction from the scalogram of the uterine electromyogram [C]. In：Proceedings of the IEEE-SP International Symposium Conference on Time-Frequency and Time-Scale Analysis，Pittsburgh，Pennsylvania，USA 1998，245-248.

[16] Carmona R，Hwang W L，Torrésani B. Multi-ridge detection and time-frequency reconstruction [J]. IEEE Transactions on Signal Processing，1999，47 (2)：480-492.

[17] Kirkpatrick S，Gelatt Jr C D，Vecchi M P. Optimization by simulated annealing [J]. Science，1983，220 (4598)：671-680.

[18] Černý V. Thermodynamical approach to the traveling salesman problem：An efficient simulation algorithm [J]. Journal of Optimization Theory and Applications，1983，45：41-51.

[19] Liebling M，Bernhard T F，Bachmann A H，et al. Continuous wavelet transform ridge extraction for spectral interferometry imaging [C]. In：Proceedings of the SPIE Conference on Coherence Domain Optical Methods and Optical Coherence Tomography in Biomedicine IX，San José，Carifornia，USA，2005，5690：397-402.

[20] 张蒙，朱永利，张宁，等. 基于变分模态分解和多尺度排列熵的变压器局部放电信号特征提取 [J]. 华北电力大学学报（自然科学版），2016，43 (6)：31-37.

[21] Choi G，Oh H S，Kim D. Enhancement of variational mode decomposition with missing values [J]. Signal Processing，2018，142：75-86.

[22] Wang Y，Liu F，Jiang Z，et al. Complex variational mode decomposition for signal processing applications [J]. Mechanical Systems and Signal Processing，2017，86：75-85.

[23] Chen S Q，Dong X J，Peng Z K，et al. Nonlinear chirp mode decomposition：A variational method [J]. IEEE Transactions on Signal Processing，2017，65 (22)：6024-6037.

[24] 向玲，张力佳. 变分模态分解在转子故障诊断中的应用 [J]. 振动、测试与诊断，2017，37 (4)：793-799. .

[25] 唐贵基，王晓龙. 变分模态分解方法及其在滚动轴承早期故障诊断中的应用 [J]. 振动工程学报，2016，29 (4)：638-648.

[26] 赵洪山，郭双伟，高夺. 基于奇异值分解和变分模态分解的轴承故障特征提取 [J]. 振动与冲击，2016，35 (22)：183-188.

[27] Chen G，Wang Z C. A signal decomposition theorem with Hilbert transform and its application to narrowband time series with closely spaced frequency components [J]. Mechanical Systems and Signal Processing，2012，28 (2)：258-279.

［28］　Wang Z C，Ren W X，Liu J L. A synchrosqueezed wavelet transform enhanced by extended analytical mode decomposition method for dynamic signal reconstruction ［J］. Journal of Sound and Vibration，332（22）：6016-6028，2013.

［29］　郑近德，潘海洋，程军圣. 非平稳信号分析的广义解析模态分解方法 ［J］. 电子学报，2016，44（6）：1458-1464.

［30］　张小燕，宋玉娥，王承国，等. 基于 LCT 域乘积-卷积理论的 Hilbert 变换及广义 Bedrosian 定理 ［J］. 兰州理工大学学报，2015，41（1）：149-153.

［31］　唐求. 电能质量智能检测算法及其应用研究 ［D］. 长沙：湖南大学，2010.

［32］　Bahoura M，Rouat J. Wavelet speech enhancement based on the Teager energy operator ［J］. IEEE Signal Process Letters，2001，8（1）：10-12.

［33］　Huang N E，Wu Z H，Long S R，et al. On instantaneous frequency ［J］. Advances in Adaptive Data Analysis，2009，1（2）：177-229.

［34］　Liu Z L，Jin Y Q，Zuo M J，et al. Time-frequency representation based on robust local mean decomposition for multicomponent AM-FM signal analysis ［J］. Mechanical Systems and Signal Processing，2016，95：468-487.

［35］　Huang N E. Computing instantaneous frequency by normalizing Hilbert transform：US，6901353 B1 ［P］. 2005-5-31.

# 第4章
# 新型组合人行桥时变参数识别

## 4.1　概述

　　近年来不断涌现的钢-混凝土、钢-竹和钢-木等新型组合结构既充分发挥了材料的优点，又符合当前绿色环保的设计理念，目前已应用于中等跨径桥梁、城市人行天桥、景观桥等结构类型。以钢-木组合结构为例，在外荷载作用下各构件通过螺栓、销钉等剪力连接件形成一个整体而共同工作，具有良好的力学性能。其中，木质桥面板与钢梁的结合使结构具有足够的整体刚度，因而钢梁能够在结构屈曲发生前达到屈服强度，这使得钢材的力学性能得到了充分发挥，同时结构稳定性也比钢结构高。作为可再生资源，木材使得钢-木组合结构具有绿色可持续性、施工的便捷性、较高的舒适度以及较低的维护成本等优点[1]。截至目前，针对组合结构虽然已经出现不少设计指南和规范，但是其关注焦点主要是静态设计，即使涉及动态设计也仅局限于结构基频[2~4]。因此，针对组合结构开展动力特性研究是十分必要的。

　　伴随着大跨度、悬挑等轻柔结构的大量兴建，人致结构振动问题获得了高度关注[5]。细长的人行天桥由于其低刚度、阻尼和模态质量的特性极易受到人为振动的影响[6,7]。当行人的走动引发人行桥振动超过一定限值时，桥上行人可能产生不舒适甚至恐慌的感觉，即振动舒适度问题。此外，人行桥过度振动还可能导致坍塌事故，如2000年英国伦敦千禧桥首次开放时就因出现同步横向激励现象而发生了强烈摆动，最终工程师们通过安装大量阻尼器解决了该问题。2010年，四川省洪雅县红星村的一座铁索桥由于多名游客行走导致桥体振动过大，最终钢索断裂致使桥梁倒塌。为避免行人引发桥梁共振，需要在设计阶段正确估计由于行人引起的动力特性变化，或对现有人行桥进行调整改造，以便尽可能地使结构的固有频率位于行人步频范围之外[8]。一般来说，当行人通过桥梁时，人和桥梁将组成人-桥耦合系统，而耦合系统的质量、刚度和阻尼分布会随着行人位置的移动不断变化，即结构特征参数随时间而变化，其响应信号呈现时变和非稳态特性[9]。因此，为确保组合结构人行桥的舒适性、安全性和耐久性，有必要对在役组合人行桥结构进行时变模态参数识别研究，从而正确估计由行人引起的结构动态特性变化并诊断组合结构的损伤，最终为组合人行桥结构的设计和维护提供有力的理论和技术支撑。

## 4.2　基本理论

### 4.2.1　人桥耦合模型

当前，人行桥不断向轻质化、细长化发展，行人质量相对于结构本身也越来越大，因此行人的质量、刚度和阻尼对结构的影响变得不可忽视起来，人与结构之间的相互作用（Human-Structure Interaction，HSI）也应当被考虑。实际上，行人本身就是一个机械系统，它与支撑结构之间是相互作用的。当行人和结构作为一个整体考虑时，它们就构成了一个人桥耦合系统。

目前，最简单的人桥耦合模型是将行人视为移动荷载（Moving Force，MF），即以恒定步行速度行进的集中荷载，如图 4-1（a）所示。许多学者已将 MF 模型应用于人致振动分析并取得了一定的成果[10-15]。此外，现行的人行桥设计规范大多也采用了 MF 模型[16~19]。然而，MF 模型没有考虑行人和桥梁之间的相互作用，因而可能会高估桥梁结构响应[20]。为了考虑行人与桥梁之间的质量相互作用，Biggs[21]提出移动质量（Moving Mass，MM）模型，如图 4-1（b）所示。Ebrahimpour 等人[22]测量了人群产生的动态荷载并与 MM 模型的荷载进行了比较。然而，MM 模型仅仅把行人作为附加质量，并未考虑到人体的刚度、阻尼性质以及人体质心与桥梁的分离。在生物力学中，人体应被视为一个复杂的动力系统。基于此，一些学者将人体模拟为弹性倒钟摆双足步行模型[23~25]，而另一些学者则采用了弹簧-质量-阻尼器（Spring-Mass-Damper，SMD）模型[20,26]，如图 4-1（c）所示。SMD 模型相对于 MM 模型更为真实且易于实现。Caprani 等人[27]提出的 SMD 模型考虑了人行荷载和人体，然后通过由单个行人步行激励的简支人行桥的响应进行仿真并与 MF 模型进行比较，研究结果表明：当桥梁频率处于人群平均起搏频率时，采用 SMD 模型计算的结构响应会大大降低。Venuti 等人[28]采用 SMD 模型建立了单自由度人桥耦合模型并将数值模拟结果与实测的人行桥响应进行对比，结果表明：人桥耦合模型模拟的响应与试验实测响应基本接近，而 MF 模型则大大高估了结构响应。Zhang 等人[29]对试验室中的人行桥进行了人桥相互作用测试，然后将人行桥步行试验结果与基于 SMD 模型的模拟结果进行对比并最终计算出行人的质量、阻尼和刚度参数。虽然 SMD 模型适合模拟行人和结构之间相互作用，但是 SMD 模型与结构的连接是通过弹簧和阻尼器模拟的，因此难以据此建立真实的模型。为此，Wei 等人[30]建立了一个更真实的坐姿人体模型。该模型首先将人体分为支撑结构和簧载质量两个部分，然后通过弹簧阻尼器连接并使其具有刚性支撑。通过将具有刚性支撑的 SMD 模型响应与实测人体响应进行比较，结果表明该模型可以很好地表征人体的标准化表观质量。

虽然人体的机械特性使得系统的动力特性发生了改变[5]，但是 SMD 模型的提出很好地解释了人体与结构质量、阻尼和刚度的耦合。已有试验证明：人在结构振动中的作用类似于 SMD[26]。然而，Zhang 等人[29]指出：在人桥耦合系统中人体很可能不仅仅是附加的质量和阻尼，而是作为一个独立的动力系统依附于结构。为此，Jiménez-Alonso 等人[31]提出了基于 SMD 的人桥耦合系统模型，该模型是根据人体模型与桥梁之间的动力学平衡方程建立的。人体模型由簧载质量 $m_a$ 和非簧载质量 $m_s$ 组成，然后通过弹簧阻尼器连接，如

图 4-1（d）所示。在仅考虑垂直方向耦合作用的前提条件下，分别考虑 HSI 系统、桥和人体模型的平衡，得到如式(4-1)～式(4-3)所示的耦合方程。

$$M_i \ddot{z}_i + C_i \dot{z}_i + K_i z_i = \phi_i(x_p) \cdot F_{int} \tag{4-1}$$

$$m_a \ddot{z}_a + c_p(\dot{z}_a - \dot{z}_s) + k_p(z_a - z_s) = 0 \tag{4-2}$$

$$m_s \ddot{z}_s + c_p(\dot{z}_s - \dot{z}_a) + k_p(z_s - z_a) = F_{p,v} - F_{int} \tag{4-3}$$

式中，$z_a$ 和 $z_s$ 分别为簧载和非簧载质量的竖向位移；$k_p$ 为行人的刚度；$c_p$ 为行人的阻尼；$F_{p,v}$ 表示行走的垂直荷载；$F_{int}$ 表示行人与桥之间的相互作用力；$M_i$、$C_i$ 和 $K_i$ 分别代表第 $i$ 阶振型的模态质量、模态阻尼和模态刚度；$\phi_i$ 为第 $i$ 阶振型的垂直分量；$x_p = v_p t$ 为行人沿桥纵向行进的距离，而 $v_p$ 则表示行人的纵桥向速度。

将式(4-3)代入式(4-1)，可得

$$M_i \ddot{z}_i + C_i \dot{z}_i + K_i z_i = \phi_i(x_p) \cdot [F_{p,v} - m_s \ddot{z}_s - c_p(\dot{z}_s - \dot{z}_a) - k_p(z_s - z_a)] \tag{4-4}$$

然后，将结构与人体模型之间的位移，速度和加速度协调方程应用于人与桥的接触点，得

$$z_s = w(x_p, t) = w(v_{p,x}t, t) \tag{4-5}$$

$$\dot{z}_s = \dot{w}(x_p, t) = \dot{w}(v_{p,x}t, t) \tag{4-6}$$

$$\ddot{z}_s = \ddot{w}(x_p, t) = \ddot{w}(v_{p,x}t, t) \tag{4-7}$$

由于这些量可以用桥梁竖向位移 $z_i(t)$ 和振型函数的垂直分量 $\phi_i(x)$ 表示，在忽略行人速度随时间变化（匀速运动）的情况下，$w(x_p, t)$ 可表示为

$$w(x_p, t) = \sum_{i=1}^{n} z_i(t) \cdot \phi_i(x_p) \tag{4-8}$$

$$\dot{w}(x_p, t) = \sum_{i=1}^{n} \dot{z}_i(t) \cdot \phi_i(x_p) + \sum_{i=1}^{n} z_i(t) \cdot v_{p,x} \cdot \phi_i'(x_p) \tag{4-9}$$

$$\ddot{w}(x_p, t) = \sum_{i=1}^{n} \ddot{z}_i(t) \cdot \phi_i(x_p) + \sum_{i=1}^{n} 2 \cdot \dot{z}_i(t) \cdot v_{p,x} \cdot \phi_i'(x_p)$$
$$+ \sum_{i=1}^{n} z_i(t) \cdot v_{p,x}^2 \cdot \phi_i''(x_p) \tag{4-10}$$

然后，将式(4-5)～式(4-10)代入式(4-1)～式(4-3)，并以矩阵形式表示人桥耦合模型，可得

$$M(t) \cdot \ddot{z}(t) + C(t) \cdot \dot{z}(t) + K(t) \cdot z(t) = F(t) \tag{4-11}$$

式中，$M$、$C$ 和 $K$ 分别代表 HSI 系统的质量、阻尼和刚度矩阵。由式(4-11)可知，当行人在桥上行走时，HSI 系统的质量、刚度和阻尼矩阵均会随行人的移动而发生变化。因此，对式(4-11)进行特征值分析即可获得 HSI 系统的瞬时模态特性。

由于 MM 模型并不能解释 HSI 系统阻尼的变化，Archbold[32,33] 将移动的 SMD 引入 HSI 体系，从而为 HSI 系统中的行人阻尼矩阵提供了阻尼系数。Silva 等人[34] 将静止的 SMD 模型放置在有限元桥梁模型的节点处来模拟人群与桥的相互作用，结果表明：静止的人群能够使系统的频率降低且阻尼增加。Ahmadi 等人[20,35] 通过 SMD 模型得出移动的行人可以增加结构的阻尼并降低结构的频率的结论。操礼林等人[36] 采用 SMD 模型进行了随机人群对人行桥动力特性影响研究，结果表明：人群会显著影响 HSI 系统的阻尼比和频率，而且人群密度的增加会导致系统阻尼比的显著增大和频率的明显降低。

### 4.2.2 联合方法

联合方法（Combined Method，CM）结合了 AMD 定理，递归希尔伯特变换和 ZSWT 技术。该方法首先采用 AMD 或其拓展定理将响应信号分解成若干个单分量，然后递归地运用希尔伯特变换对所分解的分量信号进行解调，直至分量信号符合标准 SWT 所需的渐近信号的假定，最后将解调后的单分量信号移到较高频率区域以获得更好的时间分辨率，同时采用局部细化同步挤压操作来改善频率分辨率。由于联合方法已在本书 3.5 节已有详细描述，在此不再赘述。

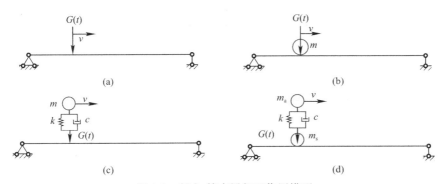

图 4-1　行人-简支梁相互作用模型

（a）MF 模型；（b）MM 模型；（c）SMD 模型；（d）具有刚性支撑的 SMD 模型

## 4.3　钢-木组合人行桥瞬时频率识别

### 4.3.1　钢-木组合人行桥有限元模型

通过 ABAQUS 有限元软件建立钢-木组合人行桥有限元模型，如图 4-2 所示。该组合人行桥由胶合木面板和两根钢梁构成，其截面尺寸为 100mm×800mm。木材密度为 $5.143\times10^2\,\mathrm{kg/m^3}$，其弹性模量 $E$、剪切模量 $G$ 以及泊松比等材料参数根据文献[37]选取，如表 4-1 所示。$L$、$R$、$T$ 分别代表木纤维方向、木材径向和弦向。H 型钢梁型号为 HN250×125，梁高度为 248mm，腹板厚度为 5mm，而翼缘宽度和厚度分别为 124mm 和 8mm。钢材的材料参数如表 4-2 所示。沿纵桥向每隔 350mm 设置一组螺栓，每组螺栓间距为 85mm。胶合木面板和钢梁分别通过三维 8 节点线性减缩积分单元（C3D8R）和 4 节点曲壳单元

图 4-2　钢-木组合人行桥有限元模型

（S4R）进行模拟，而木质面板与钢梁之间的螺栓连接通过连接器单元进行模拟。预紧力设定为 10kN，而钢材与木材的摩擦系数设为 0.3。

胶合木面板材料参数　　　　　　　　　　　　　　　　表 4-1

| 弹性常数（MPa） | | | | | |
|---|---|---|---|---|---|
| $E_L$ | $E_R$ | $E_T$ | $G_{RT}$ | $G_{LR}$ | $G_{LT}$ |
| 11305.24 | 1106.34 | 403.44 | 203.92 | 694.81 | 549.85 |
| 泊松比 | | | | | |
| $\mu_{LR}$ | $\mu_{LT}$ | $\mu_{RL}$ | $\mu_{RT}$ | $\mu_{TL}$ | $\mu_R$ |
| 0.367 | 0.709 | 0.037 | 0.865 | 0.019 | 0.314 |

钢梁材料参数　　　　　　　　　　　　　　　　表 4-2

| 极限抗拉强度 $f_u$（MPa） | 屈服强度 $f_y$（MPa） | 弹性模量 $E_s$（GPa） | 泊松比 $\mu$ | 密度（kg/m³） |
|---|---|---|---|---|
| 320 | 440 | 200 | 0.3 | $7.85 \times 10^3$ |

### 4.3.2　连续行走荷载模型

人行荷载通过傅里叶级数近似表示[38]，即

$$F_{p,v}(t) = W + W \sum_{i=1}^{n} \alpha_{vi} \sin(2\pi i f_p t + \varphi_{vi}) \qquad (4\text{-}12)$$

式中，$F_{p,v}(t)$ 表示行走过程中产生的竖向荷载（N）；$W$ 表示体重（N）；$f_p$ 表示步频（Hz）；$\alpha_{vi}$ 表示竖向荷载的第 $i$ 阶谐波的动载因子；$\varphi_{vi}$ 表示竖向荷载的第 $i$ 阶谐波的初始相位。根据 Živanović 等[39] 统计的体重均值，本次模拟选取行人的体重为 750N（质量 76.45kg），步频设为 1.96Hz。其中，动载因子也是根据 Živanović 提出的 5 阶谐波的动载因子取值[38]，如式(4-13) 所示。最终模拟的连续步行激励荷载曲线如图 4-3 所示。

$$\alpha_{v1} = -0.2649 f_p^3 + 1.3206 f_p^2 - 1.7597 f_p + 0.7613$$
$$\alpha_{v2} = 0.07, \alpha_{v3} = 0.05, \alpha_{v4} = 0.05, \alpha_{v5} = 0.05 \qquad (4\text{-}13)$$

在建立人桥耦合模型过程中，首先采用弹簧阻尼器连接的两个质量块表示人体模型，然后通过修改其密度来定义簧载质量与非簧载质量。它们的质量分配原则根据文献[40] 选取，即簧载质量和非簧载质量分别占行人质量的 90% 和 10%。由于只考虑竖向力的原因，将质量块与桥之间的摩擦系数设为 0，然后通过边界条件限制人体模型仅有竖向和纵桥向位移。虽然以往的人行荷载有限元模型[41~43] 大多表现为在结构上直接施加移动的集中力而忽略了人体质量，但是实际上人行荷载可表示为人体质量在重力加速度作用下产生的重力荷载。因此，本节通过改变施加于人体模型上的竖向加速度 $A_p$ 来对组合人行桥施加连续步行激励，其计算公式如式(4-14) 所示。根据上述方法最终施加于人体模型的竖向加速度如图 4-4 所示。

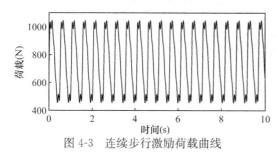

图 4-3　连续步行激励荷载曲线

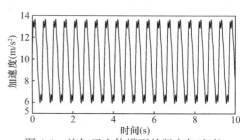

图 4-4　施加于人体模型的竖向加速度

$$A_{\mathrm{p}} = \frac{9.81 F_{\mathrm{p,v}}(t)}{W} \tag{4-14}$$

### 4.3.3 单人-钢木组合人行桥耦合模型

按照 4.3.1 节和 4.3.2 节相关要求，建立 7m 长的单跨钢木组合人行桥。根据文献 [35] 选取行人的刚度为 14.11kN/m，阻尼比为 0.3，然后由式（4-15）可得阻尼系数为 612.5N·s/m。设定步频为 1.96Hz，步幅为 0.51m，因此其行进速度 $v_{\mathrm{p}}$ 为 1m/s。对上述人行桥进行模态分析，其竖向弯曲模态如图 4-5 所示。可知：空载状态下的一阶竖向弯曲模态频率为 18.01Hz。

$$\xi = \frac{c}{2\sqrt{km}} \tag{4-15}$$

式中，$\xi$ 为阻尼比；$c$ 为黏性阻尼系数；$k$ 和 $m$ 分别为人体刚度和质量。

图 4-5 钢-木组合人行桥一阶竖向弯曲模态

设定时间间隔为 2ms，对组合人行桥进行隐式动力分析，然后提取人行桥跨中位置木面板边缘的加速度响应信号，如图 4-6（a）所示。从图 4-6（a）可以看出，行人进入人行桥时产生了较大的冲击，特别是当行人前进到跨中位置时达到峰值。选取 Morlet 小波为母小波函数，然后对响应信号进行 CWT 得到小波量图，如图 4-7 所示。可知：竖向弯曲模态频率在 18.01Hz 附近发生了明显的变化，也就是说各阶模态中受行人影响变化最大的为竖向弯曲模态，这与 Wei 等人的研究结果吻合[44]。此外，在 1.96Hz 附近也识别出了行人的步频。图 4-6（b）给出了加速度响应的幅值变化率。通过对比图 4-6（b）和图 4-7 可知：振幅的变化率并不远低于相位的变化率（频率为 15~20Hz），这表明单人加载工况下的钢木组合人行桥模型的响应信号是非渐近信号，因此采用联合方法进行频率的识别是合适的。通过选择合适的截止频率，采用 AMD 定理分解得到的分量信号如图 4-8 所示。

为获得人行桥的固有频率曲线理论值，采用了附加移动质量法[45]，具体过程如图 4-9 所示。首先在桥 $x_1$ 位置添加附加质量 $m$，然后对人行桥进行模态分析并获得竖向弯曲模态的频率，记为 $\omega_1$；其次，将附加质量 $m$ 移动到 $x_2$ 位置并对人行桥再次进行模态分析，将求得的频率记为 $\omega_2$；以此类推，在桥 $x_n$ 位置添加附加质量 $m$ 时，获得对应的频率 $\omega_n$。

设定每次移动的距离为 700mm，可获得一系列频率离散值，然后采用三次多项式进行插值，最终得到如图 4-10 所示的固有频率曲线理论值。

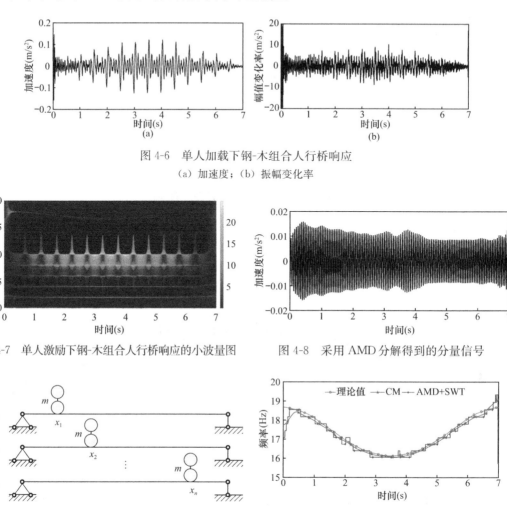

图 4-6　单人加载下钢-木组合人行桥响应

（a）加速度；（b）振幅变化率

图 4-7　单人激励下钢-木组合人行桥响应的小波量图　　图 4-8　采用 AMD 分解得到的分量信号

图 4-9　附加移动质量

示意图

图 4-10　单人加载下钢-木组合人行桥的

瞬时频率识别结果

采用 CM 方法识别的瞬时频率结果如图 4-10 所示。为方便比较，同时采用 AMD 与 SWT 相结合的方法（AMD+SWT）对人行桥结构进行瞬时频率识别。可知：HSI 系统的固有频率随行人的前进而逐渐减小；当行人位于跨中位置时固有频率降至最低点，随后固有频率逐渐增加直至行人离开人行桥时达到空桥时的频率值，这一趋势与 Ahmadi 等人通过结构动力学模型计算得到的趋势相符[20,35]。因此，本书建立的有限元模型能够很好地考虑人对 HSI 系统固有频率的影响，而且所采用的 CM 方法能够有效追踪人致振动响应信号的瞬时频率。虽然瞬时频率曲线在两端出现了一定的偏差，但是其原因为 CM 算法的端点效应。此外，相比 AMD+SWT 方法，CM 的识别结果更接近理论值而且更为平滑，这一结果验证了 Liu 等人在文献[46]中的观点，即对于非渐近信号采用 SWT 方法识别的瞬时频率结果将出现一定的偏差，而 CM 方法不但突破了这一限制，而且在特定范围内具有更高的时频分辨率。

### 4.3.4　人群-钢木组合人行桥耦合模型

与 4.3.3 节类似，建立 7m 的单跨钢-木组合人行桥，然后在桥两端建立引桥并设置为刚体。设置 8 个人体模型来模拟人群，在进入组合桥前人群位于引桥上，如图 4-11 所示。人体参数与前述的单人模型相同，假设两个相邻行人之间的间隙恒定为 1m，则人群完全通过人行桥所需时间为 14s。针对每个人体模型施加的竖向加速度的初始相位在 $0\sim2\pi$ 区间范围内随机均匀分布。

图 4-11　人群加载下钢-木组合人行桥有限元模型

对人行桥跨中位置木面板边缘的加速度响应信号进行提取，结果如图 4-12（a）所示。可知：每个行人进入人行桥时都对系统产生了较大的冲击，直至大部分行人都位于桥上后才趋于稳定。选取 Morlet 小波为母小波函数，然后对响应信号进行 CWT 并得到如图 4-13 所示的小波量图。可知：人行桥的一阶竖向弯曲模态同样产生了显著的变化趋势，而且在 1.96Hz 附近也识别出了行人的步频。加速度响应信号的振幅变化率如图 4-12（b）所示。通过对比图 4-12（b）和图 4-13 可知：人群荷载激励下的钢木组合人行桥的响应信号是非渐近的。通过选择合适的截止频率，采用 AMD 定理分解得到的分量信号如图 4-14 所示。

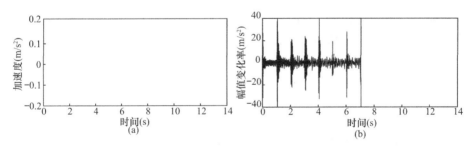

图 4-12　人群激励下钢-木组合人行桥响应

（a）加速度；（b）振幅变化率

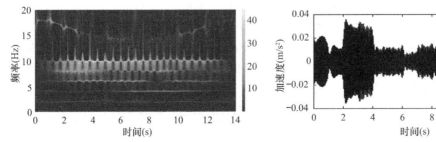

图 4-13　人群激励下钢-木组合人行桥响应的小波量图　　　　图 4-14　AMD 分解得到的分量信号

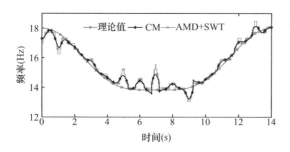

图4-15 人群加载的钢木组合
人行桥瞬时频率识别结果

与单人-钢木组合人行桥耦合模型类似，通过附加多个移动质量来获得固有频率曲线理论值；然后，采用CM方法识别人行桥的瞬时频率，以及采用AMD＋SWT方法识别的瞬时频率，结果如图4-15所示。

由图4-15可知：由于人群进入人行桥时的冲击作用，频率识别值在这些位置出现一定的失真，但是相比AMD＋SWT方法，CM方法的识别值更接近理论值，这显示出CM方法在识别人群荷载下钢-木组合人行桥结构瞬时频率的稳健性。对比图4-10与图4-15可知：相较于单人荷载，人群荷载对HSI系统的频率影响更大，而且人群加载下系统的频率变化趋势与单人工况不同，具体表现为瞬时频率曲线中部存在平缓段。

### 4.3.5 参数分析

为分析HSI系统频率随行人移动的变化规律并得出其变化公式，建立了不同跨径下的钢木组合人行桥模型，然后通过更改人体参数来施加随机行人荷载。在单人荷载工况下，设定行人步频为1.96Hz，步长为0.51m。随机人体参数根据文献[27]选取，其中行人质量采用对数正态分布表示，其均值和标准差分别设为76.45kg和15.68kg。人行荷载的初相位在$0\sim2\pi$的区间内随机均匀分布。行人的刚度和阻尼比也呈均匀分布，其中刚度变化范围为$9.4\sim36$kN/m，而阻尼比变化范围为$0.2\sim0.6$，即阻尼系数范围为$408.32\sim1224.95$N·s/m。对$7\sim12$m的钢-木组合人行桥施加随机单人步行荷载，其频率识别结果如图4-16所示。可知：不同跨径下人行桥的频率变化趋势基本相同。由于任何周期函数均可以采用傅里叶级数进行拟合且阶数越高则精度越高，初次拟合采用了三阶傅里叶级数以获得高精度的拟合效果，其中一阶幅值系数记为$a_1^*$，而二阶及更高阶的幅值系数趋近于零且远小于$a_1^*$，因此忽略不计。由于忽略了二阶及以上幅值系数，最终采用一阶傅里叶级数拟合单人激励下HSI系统的瞬时频率$f_s(t)$，即

$$f_s(t) = f_1 + a_1\left[\cos\left(\frac{2\pi t}{L_b}\right) - 1\right] \tag{4-16}$$

式中，$f_1$为一阶竖弯模态频率；$L_b$为桥梁长度；$a_1$为频率变化幅值系数，而频率变化幅值定义为频率变化曲线的最小值与$f_1$之差的绝对值。

为确定式(4-16)中$a_1$这一拟合参数，通过改变7m跨径的HSI模型人体参数进行分析。标准工况下人体质量、刚度和阻尼系数分别为76.45kg、14.11kN/m和612.5N·s/m，而其余工况（变质量、变刚度、变阻尼工况）则是通过单独改变人体质量、刚度和阻尼系数中的一个并分别取其分布区间内的最小值和最大值来实现。对各工况分别采用CM方法进行频率识别并拟合得到频率变化曲线，然后据此求出频率变化幅值，如表4-3所示。可知：在人体参数分布的区间内，质量是影响频率变化幅值的主要因素。根据各跨径桥对应的幅值系数$a_1^*$与人桥质量比这两组数据，选取指数函数进行曲线拟合，得

$$a_1 = 1.216\mathrm{e}^{-\frac{0.031}{r_m}} \tag{4-17}$$

式中，$r_m$为人桥质量比，即$r_m = m_p/m_b$，$m_p$和$m_b$分别为行人质量和桥梁的模态质量。

频率变化幅值表　　　　　　　　　　　　表 4-3

| 工况 | 变质量工况<br>(kg) | | 变刚度工况<br>(kN/m) | | 变阻尼工况<br>(N·s/m) | | 标准工况 |
|---|---|---|---|---|---|---|---|
| 最值 | 45.57 | 145.34 | 9.4 | 36 | 408.32 | 1224.95 | — |
| 频率变化幅值（Hz） | 1.56 | 4.58 | 2.6 | 2.59 | 2.6 | 2.58 | 2.6 |

在确定 $a_1$ 的计算公式之后，根据式（4-16）和式（4-17）计算得到的频率变化曲线如图 4-16 所示。可知：针对不同跨径的钢木组合人行桥，根据公式计算得到的曲线与初次拟合的曲线很接近，因此本节提出的单人激励下 HSI 系统频率变化公式足够简洁且准确性较高。

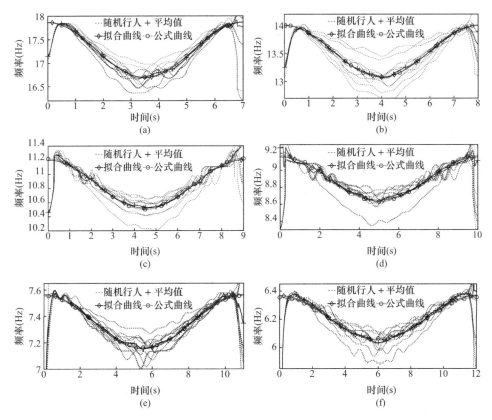

图 4-16　随机单人行走激励下的各跨径钢-木组合人行桥的频率识别结果

(a) 7m；(b) 8m；(c) 9m；(d) 10m；(e) 11m；(f) 12m

对 7~12m 的钢-木组合人行桥施加随机人群步行荷载，其频率识别结果如图 4-17 所示。可知：随着总长度为 7m 的人群进入人行桥，HSI 系统频率总是在人群中心抵达跨中位置时降低至最小值。此时人行桥跨度越小，人群占据桥梁的范围就越大，因此频率就有越长的时间维持在最小值附近，即在频率变化曲线上表现为平缓段。不同于单人激励下的 HSI 系统瞬时频率 $f_s(t)$，本节为简单起见最终采用了二阶傅里叶级数来定义人群激励下的 HSI 系统瞬时频率 $f_c(t)$，其中平缓段通过二阶幅值系数来考虑。

$$f_c(t) = f_1 + \sum_{i=1}^{n} a_i \left( \cos\left(\frac{2\pi i t}{L_b}\right) - 1 \right)$$

$$a_1 = 3.411e^{\frac{0.181}{r_m}}, a_2 = 5.373a_1e^{\frac{3.19}{r_l}} \tag{4-18}$$

式中，$r_m$ 为人桥质量比，即 $r_m = m_c/m_b$，$m_c$ 为人群总质量；$r_l$ 为人群与桥长度比，$r_l = L_c/L_b$，其中 $L_c$ 和 $L_b$ 分别为人群总长和桥梁总长度。

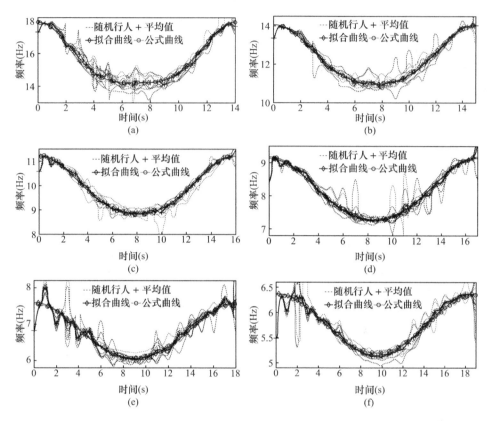

图 4-17　随机人群行走激励下的各跨径钢-木组合人行桥的频率识别结果

(a) 7m；(b) 8m；(c) 9m；(d) 10m；(e) 11m；(f) 12m

根据式(4-18)计算得到的频率变化曲线如图 4-17 所示。可知：针对不同跨径的钢-木组合人行桥，根据公式计算得到的曲线与根据平均值拟合得到的曲线十分接近，因此本节提出的人群激励下的 HSI 系统频率变化公式不仅简洁而且准确性较高。由图 4-16、图 4-17 和前述分析可知：随着人行桥跨度的增大，单人对 HSI 系统固有频率的影响逐渐变小，但人群作用的影响始终较大。因此，对行人量较大的人行桥，需要在设计阶段正确估计由于行人和人群引起的动态特性变化，而本节提出的 HSI 系统频率变化公式能够为人行桥的设计、维护等工作提供参考。需要指出的是，本节仅对 7～12m 的单跨钢-木组合人行桥进行了参数分析，而上述公式对于 7～12m 以外跨径的人行桥的适用性仍有待验证。

## 4.4　钢-混凝土组合人行桥瞬时频率和阻尼识别

### 4.4.1　基于改进同步挤压小波变换的阻尼识别

Staszewski 等[47]指出：基于连续小波变换的阻尼识别方法的首要前提条件是正确提取

脊线。然而，由于同步挤压变换中的时频重排在各脊点处已将不同数量的连续小波变换系数叠加到脊线中，脊线的幅值不仅仅与振动信号的幅值成正比，还取决于同步挤压变换算法。若要精确识别阻尼，则需获得正确比例的幅值函数。为此，本节将对同步挤压小波变换加以改进，即将中心频率位置对应的小波系数作为同步挤压值而不是进行累加，从而获得正确比例的同步挤压小波模值。

（1）改进 SWT

由于 $W_x$ 的表示形式是由尺度 $a$ 的 $n_a$ 个对数标度样本给出的，当根据本书 2.7 节的式(2-31)估计 $T_x$ 时，积分项发生了变化。为此，首先将对数标度的频域划分为 $n_a$ 个分量，$a$ 的对数标度为 $a(z)=2^{z/n_v}$，$z=1$，$2$，$\cdots$，$Ln_v$，$\mathrm{d}a(z)=a\dfrac{\ln2}{n_v}\mathrm{d}z$，而修改后的积分项变为 $W_x(a,b)a^{-1/2}\dfrac{\ln2}{n_v}\mathrm{d}z$。当进行频域划分时，离散的时间间隔 $\Delta t$ 限制了可估计的最大频率 $\overline{\omega}$，根据奈奎斯特定理可知 $\overline{\omega}=\omega_{n_a-1}=\dfrac{1}{2\Delta t}$。若假定信号具有周期性，其最大周期为 $n\Delta t$，而其可估计的最小频率为 $\underline{\omega}=\omega_0=\dfrac{1}{n\Delta t}$。在确定频率范围、对数标度并初步估计瞬时频率 $\omega$ 之后，可得中心频率 $\omega_l=2^{l\Delta\omega}\underline{\omega}$，其中 $l=0$，$1$，$\cdots$，$n_a-1$ 且 $\Delta\omega=\dfrac{1}{n_a-1}\log_2(n/2)$。

如 2.7 节所述，同步挤压小波系数 $T_x(\omega_l,b)$ 的本质是在广义测度 $\mu_{x,b}(a)=W_x(a,b)a^{-3/2}\mathrm{d}a$ 下的原频率集 $W_l^{-1}(b)=\{a:\omega_x(a,b)\in W_l\}$ 的"体积"。同步挤压根据频率映射 $(a,b)\to[\omega_x(a,b),b]$ 将每个 $(a,b)$ 关联的区间 $W_l$ 内的被积项进行累加，但是每一区间内符合判定条件的被积项数量是变化的，因此 $T_x(\omega_l,b)$ 的模值将不再与原信号幅值成比例。为解决此问题，本书将每个区间 $W_l$ 最接近中心频率 $\omega_l$ 的频率位置对应的被积项作为同步挤压值而不是进行累加，从而获得与原信号幅值成比例的同步挤压值 $T_x^*(\omega_l,b)$，如式(4-19)所示。

$$T_x^*(\omega_l,b)=(\Delta\omega)^{-1}W_x(a_i,b)a_i^{-1/2},a_i:\omega_x(a,b)=\omega_l,a_i=1,2,\cdots,n_a \qquad (4\text{-}19)$$

（2）阻尼识别

式(4-19)所示的改进同步挤压小波变换并未改变频率区间 $W_l$ 的判定标准，即改进的同步挤压小波变换具有与原方法相同的挤压效果。由式(4-19)可知：$T_x^*$ 与 $W_x$ 是成比例的。因此，将复 Morlet 小波函数和拓展 AMD 分解所得的单分量信号代入式(4-19)，可得

$$T_x^*(\omega_l,b)=\frac{\ln2}{n_v}W_x(a,b)a^{-1/2}=\frac{\sqrt{\pi}\times\ln2}{2n_v}A\,\mathrm{e}^{-\xi\omega_n b}\,\mathrm{e}^{-(\alpha\omega_d-\omega_0)^2/2}\,\mathrm{e}^{j(\omega_d b+\varphi)} \qquad (4\text{-}20)$$

至此，改进同步挤压小波变换的模值可表示为

$$|T_x^*(\omega_l,b)|=\frac{\sqrt{\pi}\times\ln2}{2n_v}A\,\mathrm{e}^{-\xi\omega_n b}\,\mathrm{e}^{-(\alpha\omega_d-\omega_0)^2/2} \qquad (4\text{-}21)$$

对式(4-21)取对数后可得阻尼比与改进 SWT 模值对数之间的线性函数，如式(4-22)所示。

$$\ln|T_x^*(\omega_l,b)|=-\xi\omega_n b+\ln\left(\frac{\sqrt{\pi}\times\ln2}{2n_v}A\right) \qquad (4\text{-}22)$$

通过提取改进同步挤压值 $T_x^*(\omega_l,b)$ 的最大能量曲率位置来求解脊线，从而可以获

得瞬时频率 $\omega_n$。然后，将脊线位置的改进同步挤压模值 $|T_x^*(\omega_l, b)|$ 和瞬时频率 $\omega_n$ 代入式(4-22)可得如式(4-23)所示的阻尼比。由于此过程直接采用改进同步挤压小波变换对阻尼进行识别，没有引入任何近似，因此没有带入误差。在根据式(4-23)求解阻尼比后，得到的瞬时阻尼比曲线将具有与瞬时频率曲线相同的时间分辨率与平滑度。

$$\xi = -\frac{\dfrac{\mathrm{d}\ln|T_x^*(\omega_l, b)|}{\mathrm{d}b}}{\omega_n} \tag{4-23}$$

式中，以对数标度绘制的幅值包络线的斜率可以通过最小二乘法进行估计。

### 4.4.2 钢-混组合人行桥数值模拟

采用 ABAQUS 建立跨径为 7m 的钢-混组合人行桥有限元模型，如图 4-18 所示。该组合人行桥由混凝土面板和两根钢梁组成，其中混凝土面板由 C40 混凝土制成，其横截面尺寸为 100mm×800mm，材料参数如表 4-4 所示。H 型钢梁型号为 HN250×125，梁高为250mm，腹板厚度为 6mm，翼缘宽度和厚度分别为 125mm 和 9mm，其材料参数详见表 4-5。混凝土面板与钢梁之间采用螺柱进行连接并通过连接器单元进行有限元模拟。沿纵桥向每隔 380mm 设置一组螺栓。钢材与混凝土之间的摩擦系数设为 0.6。

图 4-18　钢-混组合人行桥有限元模型

混凝土面板材料参数　　　　　　　　　　　　　　　表 4-4

| 弹性模量 $E_c$(GPa) | 泊松比 $\mu$ | 密度(kg/m³) |
| --- | --- | --- |
| 32.5 | 0.2 | 2.4×10³ |

钢梁材料参数　　　　　　　　　　　　　　　表 4-5

| 极限抗拉强度 $f_u$ (MPa) | 屈服强度 $f_y$ (MPa) | 弹性模量 $E_s$ (GPa) | 泊松比 $\mu$ | 密度 (kg/m³) |
| --- | --- | --- | --- | --- |
| 320 | 440 | 200 | 0.3 | 7.85×10³ |

本次所采用的连续行走模型仍然与 4.3.2 节中的模型一致。根据文献 [35] 选取的行人刚度为 14.11kN/m，阻尼比为 0.3，即阻尼系数为 612.5N·s/m。设定步频为 1.96Hz，步幅为 0.51m，即行进速度为 1m/s。由于土木工程结构的振动响应通常由几个主要振型控制，而瑞利阻尼主要考虑了指定振型及其附近振型对结构响应的影响，因此能够较好地表征结构振动过程中的能量耗散[48]。基于此，本节采用瑞利阻尼模型定义材料阻尼，其

阻尼系数 $\alpha$ 和 $\beta$ 如式(4-24)所示。

$$\xi_i = \frac{\alpha_i}{2\omega_i} + \frac{\beta_i\omega_i}{2} \tag{4-24}$$

式中，$\xi_i$ 为 $i$ 阶模态阻尼比；$\alpha_i$ 和 $\beta_i$ 分别为第 $i$ 阶模态的质量比例阻尼系数和刚度比例阻尼系数。

由式(4-24)可知：瑞利阻尼中的质量比例阻尼部分主要影响系统响应的低频段，而刚度比例阻尼部分则主要影响系统响应的高频段。在 ABAQUS 中，若对低阶模态施加刚度比例阻尼将严重降低稳定时间增量，因此通常采用质量比例阻尼而不是刚度比例阻尼来对结构的低频响应进行衰减。由于土木工程结构的低频特性[49]，本书采用质量比例阻尼系数定义材料阻尼。根据《公路桥梁抗风设计规范》JTG/T 3360-01—2018[50]规定：针对以主梁振动为主的振型阻尼比，主梁形式为钢箱梁的桥梁取 0.003，主梁形式为钢桁架梁的桥梁取 0.005。因此，本书取中间阻尼比值 0.004。将阻尼比与钢-混凝土组合梁一阶竖弯模态频率 94.79rad/s 代入式(4-24)并忽略刚度比例阻尼，可得简化后的瑞利阻尼系数。在此之后，设定时间间隔为 2ms，对上述组合人行桥进行隐式动力分析并提取人行桥跨中位置混凝土面板边缘的加速度响应信号，结果如图 4-19 所示。可以看出，行人在进入人行桥时产生了较大的冲击，特别是当行人前进到跨中位置时达到峰值。

选取 Morlet 小波为母小波函数，然后对响应信号进行 CWT，得到如图 4-20 所示的小波量图。由图 4-20 可知：钢-混凝土组合桥的一阶竖向弯曲模态分量对应的小波系数幅值呈现随时间衰减的趋势，即对应自由衰减振动分量；而由于傅里叶级数表示的连续步行荷载是 5 阶谐波的叠加，因此强迫振动分量表现为 5 个呈现不同激励频率的振动分量并大致以步行频率 $f_p = 1.96\text{Hz}$ 为间隔。

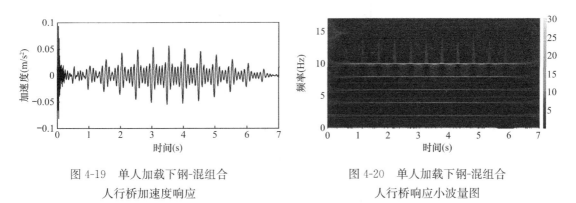

图 4-19　单人加载下钢-混组合　　　　　图 4-20　单人加载下钢-混组合
人行桥加速度响应　　　　　　　　　人行桥响应小波量图

通过拓展 AMD 定理将一阶竖弯模态响应分解出来，获得的自由衰减振动响应如图 4-21 所示。采用改进 SWT 方法对图 4-21 的响应进行瞬时频率识别，结果如图 4-22 中的黑色虚线所示。为便于比较，同时给出了采用 CWT 和 SWT 对人行桥结构进行瞬时频率识别的结果，如图 4-22 所示。可知：小波变换中的端点效应导致瞬时频率曲线的末端出现了较大偏差。

与此同时，对获得的自由衰减响应信号进行 CWT、SWT 和改进 SWT 变换，然后提取其脊线位置的模值并以对数表示，结果如图 4-23 所示。可以看出，CWT 提取的幅值曲线较为平稳，而 SWT 的挤压操作则导致其幅值很不稳定，这与 Mihalec 的观点一致[51]。

相对而言，改进 SWT 很好地保持了幅值的稳定性。对采用改进 SWT 得到的对数幅值曲线进行线性最小二乘拟合，可得如图 4-24 所示的曲线斜率。

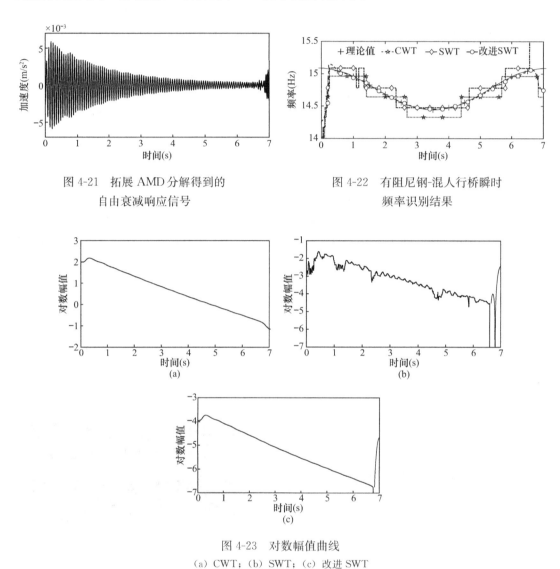

图 4-21　拓展 AMD 分解得到的　　　　图 4-22　有阻尼钢-混人行桥瞬时
　　　　　自由衰减响应信号　　　　　　　　　　　 频率识别结果

图 4-23　对数幅值曲线
（a）CWT；（b）SWT；（c）改进 SWT

　　在获得基于 CWT、SWT 和改进 SWT 方法求得的瞬时频率曲线和对数幅值的斜率之后，根据式(4-23) 求解钢-混凝土组合人行桥系统的阻尼比，结果如图 4-25 所示。可知：基于 CWT 和改进 SWT 方法识别的 HSI 系统的阻尼比十分接近理论值，而基于 SWT 识别的阻尼比与理论值偏差较大。由此可见，SWT 方法中的同步挤压操作导致了幅值的不平稳，从而影响了阻尼比估计的准确性。相较于其余两种方法，采用改进 SWT 方法识别的阻尼比曲线具有更高的清晰度。特别地，钢-混凝土组合人行桥系统的阻尼比在初始阶段随行人的前进而逐渐增大；当行人位于跨中位置时阻尼比增至最高点，随后逐渐减小直至行人离开人行桥时达到空桥时的阻尼比，这一趋势与 Caprani 等[35]通过结构动力学模型计算得到的趋势相符。

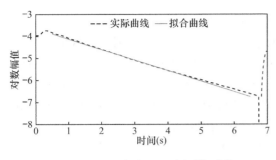

图 4-24　基于改进 SWT 得到的对数
幅值曲线及拟合曲线

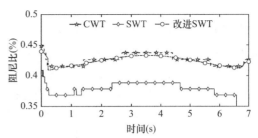

图 4-25　钢-混组合人行桥瞬时
阻尼比识别结果

### 4.4.3　钢-混组合人行桥试验验证

本节采用文献［52］提供的华威桥（Warwick Bridge）试验数据来证明基于改进
SWT 方法识别时变阻尼比的有效性。华威桥是一座钢-混凝土组合单跨人行桥，总质量为
16500kg，于 2012 年设计和建造，位于英国华
威大学结构试验室，整体外观如图 4-26 所示。
华威桥全长 19.9m，两个支座间距 16.2m。桥
体由混凝土面板和两根 I 型钢梁组成。主梁与
混凝土面板之间通过抗剪螺柱连接，华威桥的
详细尺寸如图 4-27 所示。将 Honeywell QA-
750 加速度传感器非永久地固定在桥面板中部
用以测量人行桥垂直方向的加速度。设定采样
频率为 100Hz，然后通过美国国家仪器公司的

图 4-26　华威桥整体外观图

NI9234 采集卡从传感器中获取数据。试验时，让测试者在华威桥上近似匀速行走，从而
改变行人相对于人行桥的位置，最终实现了人桥耦合系统的时变特性。

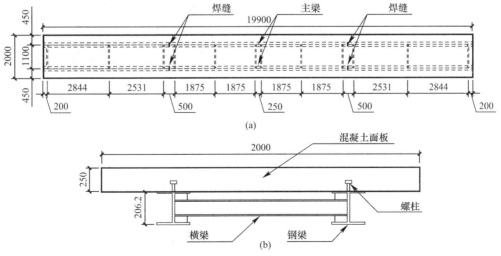

图 4-27　华威桥的平面图和横截面图（单位：mm）

（a）平面图；（b）横截面图

在步行试验开始之前，Živanović等人[52]对华威桥进行了模态测试，获得桥梁一阶竖向弯曲模态频率为2.4Hz，阻尼比为0.003。步行试验开始时，首先让测试者从桥梁一端以接近2Hz的频率行走到桥梁另一端，然后以相同的步行频率返回，此后连续且循环地持续这一过程。与此同时，测试者通过手持式电子节拍器来控制步行频率与所需的激励频率同步。现场试验过程如图4-28所示。试验采集的加速度数据总时长约185s，而本次分析截取了测试者从出发开始到第一次走到全桥跨中位置的时程数据，其历程大约为8.5s。由于NI9234采集卡测量的是有关电压的加速度数据，为获得加速度信号，需要将初步测得的数值除以传感器的灵敏度。本章所选加速度传感器的灵敏度为1337.443mV/g，通过换算最终获得的加速度信号如图4-29所示。选取Morlet小波为母小波函数，然后对响应信号进行CWT并得到如图4-30所示的小波量图。由图4-30可知：华威桥一阶竖向弯曲模态频率对应的频率分量与步行激励的强迫振动分量比较接近，分别位于2.4Hz和2Hz的频率附近。

图 4-28　华威桥步行试验图

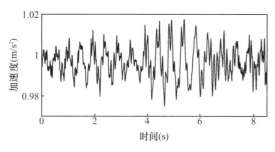

图 4-29　华威桥跨中加速度响应

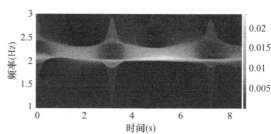

图 4-30　华威桥跨中加速度响应的小波量图

首先，采用拓展AMD定理将一阶竖弯模态响应分解出来，然后采用改进SWT方法对分量信号进行瞬时频率识别，结果如图4-31中的黑色虚线所示。与此同时，采用CWT和SWT对人行桥进行瞬时频率识别，其结果分别如图4-31中的青色点画线和蓝色点线所示。可知：相比CWT和SWT，改进SWT方法的识别值不但更接近理论值，而且具有更高的时频分辨率，这表明改进SWT方法在识别人行荷载下组合结构人行桥的瞬时频率具有良好的稳健性。

其次，进行阻尼比识别。根据文献[52]所述，当测试者以接近2Hz的频率匀速穿过人行桥之后，桥梁会产生一个自由振动衰减响应。通过 NI9234 采集卡和 Honeywell QA-750 加速度传感器获取响应数据，结果如图 4-32 所示。对获得的自由衰减响应信号进行改进 SWT 变换，然后提取其脊线的位置并以对数表示，可得到对数幅值曲线。在此基础上，再采用最小二乘拟合其曲线斜率，最终结果如图 4-33 所示。在通过 CWT、SWT 和改进 SWT 方法分别获得瞬时频率曲线和对数幅值的斜率后，求解系统的瞬时阻尼比，结果如图 4-34 所示。可知：基于改进 SWT 方法识别的 HSI 系统阻尼比接近理论值 0.003，而基于 SWT 识别的阻尼比则出现了较大偏差。相对而言，本章提出的基于改进 SWT 的时变阻尼比识别方法能够很好地识别出 HSI 系统阻尼比随行人移动的变化趋势，而且相较于其余两种方法具有更高的精度。

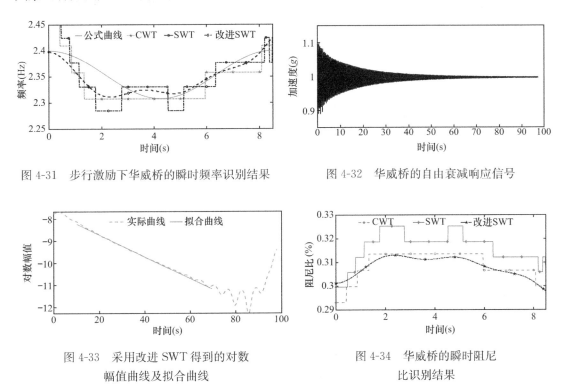

图 4-31　步行激励下华威桥的瞬时频率识别结果

图 4-32　华威桥的自由衰减响应信号

图 4-33　采用改进 SWT 得到的对数
幅值曲线及拟合曲线

图 4-34　华威桥的瞬时阻尼
比识别结果

## 4.5　本章小结

　　本章首先介绍了人桥耦合模型理论，然后建立了行人与钢-木组合人行桥耦合的有限元模型。通过模拟单人和人群的行走分析了行人对 HSI 系统固有频率产生的影响，同时采用联合方法对钢-木组合人行桥的瞬时频率进行了识别。在此基础上，借助参数分析手段提出了 HSI 系统频率随行人和人群荷载变化的公式，这为人行桥的设计和维护工作提供了参考。针对同步挤压小波变换的时频重排导致脊线位置的幅值不平稳的问题，本章致力于对同步挤压小波变换进行改进，提出了基于改进同步挤压小波变换的阻尼识别新方法，然后通过一个钢-混凝土组合人行桥实例验证了该方法的有效性和准确性。

# 参 考 文 献

[1] Hassanieh A，Valipour H R，Bradford M A. Experimental and numerical study of steel-timber composite (STC) beams [J]. Journal of Constructional Steel Research，2016，122：367-378.

[2] Johnson，Roger P. Composite structures of steel and concrete：beams，slabs，columns and frames for buildings [M]. Oxford，UK：John Wiley and Sons，2018.

[3] El Sarraf R，Iles D，Momtahan A，et al. Steel-concrete composite bridge design guide [M]. Auckland，New Zealand：New Zealand Transport Agency，2013.

[4] Japan Society of Civil Engineers. Standard specifications for steel and composite structures [S]. Japan，Tokyo，2007.

[5] Racic V，Pavic A，Brownjohn J M. Experimental identification and analytical modelling of human walking forces：Literature review [J]. Journal of Sound and Vibration，2009，326 (1-2)：1-49.

[6] Van Nimmen K，Maes K，Živanović S，et al. Identification and modelling of vertical human-structure interaction [C]. In Proceedings of the Society for Experimental Mechanics Series. Cham，Switzerland：Springer，2015，2：319-330.

[7] Chróścielewski J，Miśkiewicz M，Pyrzowski L，et al. Modal properties identification of a novel sandwich footbridge-comparison of measured dynamic response and FEA [J]. Composites Part B：Engineering，2018，151：245-255.

[8] Jiménez-Alonso J F，Pérez A S. A direct pedestrian-structure interaction model to characterize the human induced vibrations on slender footbridges [J]. Informes de la Construcción，2014，66 (1)：1-9.

[9] 刘景良，郑锦仰，郑文婷，等. 基于改进同步挤压小波变换识别信号瞬时频率 [J]. 振动、测试与诊断，2017，37 (4)：814-821.

[10] Dallard P，Fitzpatrick A J，Flint A，et al. The London millennium footbridge [J]. The Structural Engineer，2001，79 (22)：17-21.

[11] Dallard P，Fitzpatrick T，Flint A，et al. London millennium bridge：pedestrian-induced lateral vibration [J]. Journal of Bridge Engineering，2001，6 (6)：412-417.

[12] Grundmann H，Kreuzinger H，Schneider M. Dynamic calculations of footbridges [J]. Bauingenieur，1993，68 (5)：215-225.

[13] Brownjohn J，Fok P，Roche M，Moyo P. Long span steel pedestrian bridge at Singapore Changi Airport. Part 2：Crowd loading tests and vibration mitigation measures [J]. The Structural Engineer，2004，82 (16)：28-34.

[14] Ricciardelli F，Pizzimenti A D. Lateral walking-induced forces on footbridges [J]. Journal of Bridge Engineering，2007，12 (6)：677-688.

[15] 袁旭斌. 人行桥人致振动特性研究 [D]. 上海：同济大学，2006.

[16] International Standard Organisation (ISO). Bases for design of structures-serviceability of buildings and walkways against vibrations [S]. ISO I. 10137，2007.

[17] 北京市市政工程研究院. 城市人行天桥与人行地道技术规范 [S]. 北京：中国建筑工业出版社，1996.

[18] The European Committee for Standardisation Design of timber structures-part 2：bridges [S]. Eurocode 5，Brussels，2004.

［19］ Heinemeyer C，Butz C，Keil A，et al. Design of lightweight footbridges for human induced vibrations ［R］. European Commission，2009.

［20］ Ahmadi E，Caprani C. Damping and frequency of human-structure interaction system ［J］. MATEC Web of Conferences，2015，24：1-7.

［21］ Biggs J M. Introduction to structural dynamics ［M］. New York City，USA：McGraw-Hill Education，1964.

［22］ Ebrahimpour A，Sack R L，Van Kleek P D. Computing crowd loads using a nonlinear equation of motion ［J］. Computers and Structures，1991，41（6）：1313-1319.

［23］ Kuo A D. Stabilization of lateral motion in passive dynamic walking ［J］. The International Journal of Robotics Research. 1999，18（9）：917-930.

［24］ Hof A L，van Bockel R M，Schoppen T，et al. Control of lateral balance in walking：experimental findings in normal subjects and above-knee amputees ［J］. Gait and Posture，2007，25（2）：250-258.

［25］ Hof A L，Vermerris S M，Gjaltema W A. Balance responses to lateral perturbations in human treadmill walking ［J］. Journal of Experimental Biology，2010，213（15）：2655-2664.

［26］ Wang D，Ji T，Zhang Q，Duarte E. Presence of resonance frequencies in a heavily damped two-degree-of-freedom system ［J］. Journal of Engineering Mechanics，2014，140（2）：406-417.

［27］ Caprani C C，Keogh J，Archbold P，et al. Characteristic vertical response of a footbridge due to crowd loading ［C］. In Proceeding of the 8th International Conference on Structural Dynamics，Leuven，Belgium，2011：978-985.

［28］ Venuti F，Racic V，Corbetta A. Pedestrian-structure interaction in the vertical direction：coupled oscillator-force model for vibration serviceability assessment ［C］. In 9th International Conference on Structural Dynamics，Association for Structural Dynamics，2014，915-920.

［29］ Zhang M，Georgakis C T，Qu W，et al. SMD model parameters of pedestrians for vertical human-structure interaction ［J］. Dynamics of Civil Structures，2015，2：311-317.

［30］ Wei L，Griffin M J. Mathematical models for the apparent mass of the seated human body exposed to vertical vibration ［J］. Journal of Sound and Vibration，1998，212（5）：855-874.

［31］ Jiménez-Alonso J F，Pérez A S. A direct pedestrian-structure interaction model to characterize the human induced vibrations on slender footbridges ［J］. Informes de la Construcción，2014，66（1）：1-9.

［32］ Archbold P. Interactive load models for pedestrian footbridges ［D］. University College Dublin，2004.

［33］ Archbold P. Evaluation of novel interactive load models of crowd loading on footbridges ［C］. In Proceedings of 4th Symposium on Bridge and Infrastructure Research in Ireland 2008，2008，4：35-44.

［34］ Da Silva F T，Brito H M，Pimentel R L. Modeling of crowd load in vertical direction using biodynamic model for pedestrians crossing footbridges ［J］. Canadian Journal of Civil Engineering，2013，40（12）：1196-1204.

［35］ Caprani C C，Ahmadi E. Formulation of human-structure interaction system models for vertical vibration ［J］. Journal of Sound and Vibration，2016，377：346-367.

［36］ 操礼林，曹栋，张志强，等. 随机人群行走下人行桥动力特性参数及加速度响应 ［J］. 东南大学学报（自然科学版），2018，48（6）：1028-1035.

［37］ 姚雪峰. 钢木组合梁抗弯力学性能研究 ［D］. 大连：大连理工大学，2017.

［38］ Živanović S，Pavić A，Reynolds P. Probability-based prediction of multi-mode vibration response to walking excitation ［J］. Engineering Structures，2007，29（6）：942-954.

[39] Živanović S. Benchmark footbridge for vibration serviceability assessment under the vertical component of pedestrian load [J]. Journal of Structural Engineering. 2012，138 (10)：1193-1202.

[40] Jiménez-Alonso J F，Sáez A，Caetano E，et al. Vertical crowd-structure interaction model to analyze the change of the modal properties of a footbridge [J]. Journal of Bridge Engineering，2016，21 (8)：1-19.

[41] 秦敬伟. 基于双足步行模型的人体-结构相互作用 [D]. 北京：北京交通大学，2013.

[42] Figueiredo F P，Da Silva J G，De Lima L R，et al. A parametric study of composite footbridges under pedestrian walking loads [J]. Engineering Structures，2008，30 (3)：605-615.

[43] 屈文俊，宋超，朱鹏，等. 人行激励下压型钢板-混凝土组合楼盖舒适度分析 [J]. 建筑科学与工程学报，2014，31 (4)：7-15.

[44] Wei X，Wan H P，Russell J，et al. Influence of mechanical uncertainties on dynamic responses of a full-scale all-FRP footbridge [J]. Composite Structures，2019，223：1-12.

[45] Zhong S，Oyadiji S O. Analytical predictions of natural frequencies of cracked simply supported beams with a stationary roving mass [J]. Journal of Sound and Vibration，2008，311 (1-2)：328-352.

[46] Liu J，Zheng J，Wei X，et al. A combined method for instantaneous frequency identification in low frequency structures [J]. Engineering Structures，2019，194：370-383.

[47] Staszewski W J. Identification of non-linear systems using multi-scale ridges and skeletons of the wavelet transform [J]. Journal of Sound and Vibration，1998，214 (4)：639-658.

[48] 胡成宝，王云岗，凌道盛. 瑞利阻尼物理本质及参数对动力响应的影响 [J]. 浙江大学学报（工学版），2017，51 (7)：1284-1290.

[49] Avci O，Abdeljaber O，Kiranyaz S，Hussein M，Gabbouj M，Inman D J. A review of vibration-based damage detection in civil structures：from traditional methods to machine learning and deep learning applications [J]. Mechanical Systems and Signal Processing，2020，147：1-44.

[50] 同济大学. 公路桥梁抗风设计规范 [S]. 北京：人民交通出版社，2018.

[51] Mihalec M，Slavič J，Boltežar M. Synchrosqueezed wavelet transform for damping identification [J]. Mechanical Systems and Signal Processing，2016，80：324-334.

[52] Živanović S，Johnson R P，Dang H V，Dobrić J. Design and construction of a very lively bridge [C]. In Proceedings of the 31st IMAC，Garden Grove，California，2013，4：371-380.

# 第 5 章
# 结构损伤位置及程度识别

## 5.1 概述

土木工程结构如桥梁、高层建筑、海洋平台结构等，在承受地震、爆炸、台风等极限荷载或长期工作荷载时不可避免地会发生损伤。结构损伤识别是对结构进行分析并探测这些特征参数的变化，以确定结构是否存在损伤，进而判断结构发生损伤的位置和程度。研究工程结构损伤识别理论与方法不但可以保证结构的正常运营并为后期维修加固提供依据，而且对于保障人民的生命财产安全具有重大的工程意义和现实需要。

作为最常见的损伤诊断方法之一，基于振动特性的结构损伤识别方法的关键是选取对结构损伤敏感的特征参数并据此构建一个对损伤敏感而对噪声不敏感的损伤指标[1]。基于此，在紧密结合土木工程结构服役环境的背景下，首先运用小波分析相关理论探测出结构损伤过程中动力特征参数的变化，然后据此构造可靠的指标来判断结构的损伤。在整个损伤识别过程中，损伤定位和损伤程度识别尤其重要，应优先被考虑。为有效识别结构损伤位置和程度，本章结合解析模态分解定理、小波能量及功率谱等理论构建了小波总能量变化、改进的小波包能量曲率差、小波功率谱熵、归一化频响函数曲率差、自功率谱最大值变化比指标来识别结构的损伤位置和损伤程度。

## 5.2 基于小波总能量变化识别结构损伤位置

通常来说，结构发生损伤可以看成是结构某一位置的软化，因此该位置会吸收更多的能量，从而导致此处的能量相应增加。虽然传统的傅里叶变换可以进行频带能量分析，而且已在实际损伤诊断中获得成功应用，但是傅里叶变换分析只是对信号的正弦成分进行了统计，仅适用于平稳的周期信号[2]。然而，在实际检测工作中采集到的信号通常包含非平稳成分，这些信号严格来讲不能采用正弦信号作为基础来描述，而且即使是通过正弦信号来描述，其能量的表示也并不全面[3]。小波变换将非平稳信号分解在各频带上，而在这些频带上做能量统计形成特征向量并进行损伤识别则更具合理性。因此，本节基于解析模态分解定理和小波理论构建了小波总能量变化指标来实现结构的损伤定位。

### 5.2.1 小波总能量变化指标

小波总能量变化（Wavelet Total Energy Change，WTEC）指标构建的具体流程如图 5-1 所示。

由于实际采集的信号通常是包含噪声的，噪声将直接影响损伤识别效果。因此，在构建损伤指标前需对信号进行去噪。小波阈值去噪方法最初是由 Donono 和 Johnstone[4,5] 提出的，它的基本思想是：当小波系数 $\omega_{j,k}$ 小于某一预先设定的临界阈值时，认定此时的 $\omega_{j,k}$ 是由噪声所引起的，予以舍弃；当 $\omega_{j,k}$ 大于该临界阈值时，认为这时的小波系数主要是由信号引起的，那么就把这一部分的 $\omega_{j,k}$ 直接保留下来或者按某一个固定量向零收缩；最后，将处理后的新小波系数进行重构从而得到去噪后的响应信号[6]。以软阈值小波去噪方法为例，主要包含以下三个步骤：

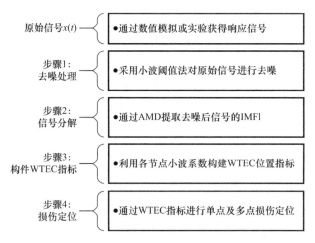

图 5-1 小波总能量变化指标构建流程图

（1）对含噪信号 $s(k)$ 进行小波变换并得到一组小波系数 $\omega_{j,k}$；

（2）对 $\omega_{j,k}$ 采用如式（5-1）所示的软阈值函数进行阈值处理，然后估计小波系数 $\hat{\omega}_{j,k}$，并使 $\|\hat{\omega}_{j,k} - \mu_{j,k}\|$ 尽可能小；

（3）根据估计的小波系数 $\hat{\omega}_{j,k}$ 进行小波重构，所求的信号 $\hat{s}(k)$ 即为去噪后信号。

$$\bar{w}_{j,k} = \begin{cases} \operatorname{sgn}(\omega_{j,k})(|\omega_{j,k}| - \lambda), & |\omega_{j,k}| \geqslant \lambda \\ 0, & |\omega_{j,k}| < \lambda \end{cases} \tag{5-1}$$

式中，$\operatorname{sgn}(\cdot)$ 为符号函数，阈值 $\lambda$ 通常取为 $\sigma\sqrt{2\ln N}$，而 $\sigma$ 和 $N$ 分别代表信噪比和信号长度。

在完成对原始目标信号的初步去噪后，采用 AMD 定理提取信号的各阶本征分量，特别是一阶本征分量（IMF1）。作为一种自适应时变滤波器，AMD 的具体原理可参考 3.5.2 节相关内容。在此处选用 AMD 提取 IMF1 是基于以下两个优点：（1）AMD 能有效提取原始信号中的各阶分量信号且不存在叠混现象；（2）噪声通常为高频成分，而 IMF1 作为低阶本征分量包含更少的噪声，因此更适合后期损伤指标的建立。

在成功提取信号的一阶本征分量 $x_1^{(d)}(t)$ 后，采用连续小波变换计算小波系数，所得小波系数矩阵 $\boldsymbol{W}_x(a,b)_{m \times n}$ 如式（5-2）所示。

$$W_x(a,b)_{m\times n} = \int_{-\infty}^{\infty} x_1^{(\mathrm{d})}(t)\, \frac{1}{\sqrt{a}} \overline{\psi\left(\frac{t-b}{a}\right)} \mathrm{d}t \tag{5-2}$$

式中，$m$ 和 $n$ 分别代表尺度和时间点个数，而 $a$ 和 $b$ 分别代表尺度因子和平移因子。$x_1^{(\mathrm{d})}(t)$ 代表 IMF1，而 $\psi(t)$ 则是满足容许性条件且平方可积的小波母函数，$\overline{\psi\left(\frac{t-b}{a}\right)}$ 则代表 $\psi\left(\frac{t-b}{a}\right)$ 的共轭复数。

此时，在某一尺度 $a_i$ 下 IMF1 的小波能量可表示为

$$E_{x_i} = \int_0^T W_x(a_i,b_j)^2 \mathrm{d}t = \sum_{j=1}^n W_x(a_i,b_j)^2 \tag{5-3}$$

式中，$T$ 为响应信号的持续时间。

而 IMF1 的小波总能量则可以表示为各尺度下小波能量之和，如式(5-4)所示。

$$E_x = \sum_{i=1}^m E_{x_i} \tag{5-4}$$

设定损伤前后的 IMF1 的小波总能量分别表示为 $E_x^{\mathrm{u}}$ 和 $E_x^{\mathrm{d}}$，然后建立如式(5-5)所示的小波总能量变化指标。

$$\mathrm{WTEC} = \frac{|E_x^{\mathrm{d}} - E_x^{\mathrm{u}}|}{E_x^{\mathrm{u}}} = \left| \frac{E_x^{\mathrm{d}}}{E_x^{\mathrm{u}}} - 1 \right| \tag{5-5}$$

一般来说，静定结构的损伤可视为结构的软化，因而会导致该位置吸收更多的能量。因此，当 WTEC 由 0 变为某一正值时，表明结构损伤确实存在。然而，对于超静定结构，损伤的发生通常意味着内力的重新分布。由于内力重分布的机理十分复杂，以至于无法像静定结构一样得出类似的结论。然而，对于没有过多约束的超静定结构，结构软化理论基本上是可以接受的，因此 $E_x^{\mathrm{d}}$ 通常是大于 $E_x^{\mathrm{u}}$ 的，而且比值越大表明特定损伤位置的损伤越严重。若将结构上所有节点的 WTEC 求解并由柱状图表示，将能更为直观地观察到结构的损伤位置。

### 5.2.2　单点和多点损伤工况下的结构损伤位置识别

为验证该指标识别损伤位置的可行性，通过 MATLAB 软件建立一个简支梁数值算例。简支梁长 5m，划分为 20 个等长的单元，包含 21 个节点，节点编号和单元编号如图 5-2 所示。本模型采用欧拉-伯努利梁，即不考虑剪切变形和转动惯量的影响。简支梁密度为 $\rho = 7800\mathrm{kg/m^3}$，初始弹性模量 $E_0 = 2.1 \times 10^5 \mathrm{MPa}$，横截面面积 $A = 0.04\mathrm{m^2}(0.2\mathrm{m} \times 0.2\mathrm{m})$，惯性矩 $I = 1.333 \times 10^{-4}\mathrm{m^4}$。设定时间间隔为 0.001s，采样时长为 20s，施加的激励为 1940 El Centro 随机地震激励，然后通过 Newmark 法[7] 求解各节点的速度、加速度和位移响应。为考虑噪声的影响，对响应信号添加 10% 水平的高斯白噪声，而噪声水平由信噪比定义。结构损伤的模拟则是通过减少若干个特定单元的弹性模量来实现，具体损伤工况如表 5-1 所示。

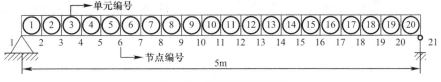

图 5-2　简支梁数值模型

四种损伤工况  表 5-1

| 损伤工况 | 损伤情况 | 损伤位置 |
|---|---|---|
| DS1 | 无 | 无 |
| DS2 | 在 4s 时刚度突降 40% | 10、11 单元（11 节点附近） |
| DS3 | 在 4～8s 刚度线性下降 40% | 10、11 单元（11 节点附近） |
| DS4 | 在 4s 和 8s 刚度突降 40% | 4、5 单元在 4s 突变，15、16 单元<br>在 8s 突变（节点 5 和 16 附近） |

首先，进行单点损伤定位。针对 DS1 工况，提取简支梁模型各个节点的加速度响应。为简单起见，在此仅绘制跨中节点（节点 11）的加速度响应曲线，如图 5-3（a）所示。以 Symlet 小波为母函数，对该响应信号进行小波阈值去噪，去噪后的信号如图 5-3（b）所示。然后，对提取的响应信号进行连续小波变换并得到小波量图，如图 5-4 所示。可知：重点关注频带范围为 8～13Hz。因此，采用 AMD 提取关注频带范围内的分量信号，即 IMF1 和 IMF2。同理，DS2 和 DS3 工况下各节点的加速度响应信号的 IMF1 和 IMF2 也可类似求得。对所得各点响应信号的 IMF1 进行连续小波变换并得到小波系数，进一步求解小波总能量，最后根据式（5-5）分别求得 DS2 和 DS3 工况下的小波总能量变化，如图 5-5 所示。

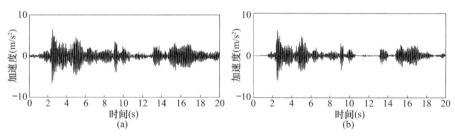

图 5-3  DS1 工况下节点 11 处加速度响应

（a）含噪响应信号；（b）去噪后响应信号

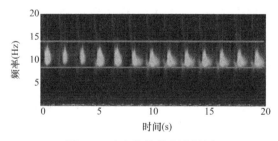

图 5-4  响应信号的小波量图

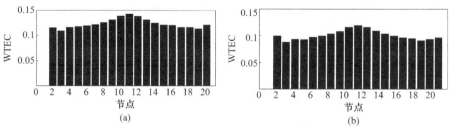

图 5-5  DS2 和 DS3 工况下简支梁数值模型的损伤识别结果

（a）DS2；（b）DS3

从图 5-5 可以看出，DS2 和 DS3 工况下的 WTEC 最大值均出现在节点 11 处（单元 10 和 11 的公共点），这与表 5-1 中预先设定的工况相吻合。因此，可初步得出如下结论：WTEC 指标不仅能够识别结构的单点突变损伤位置，而且也能够识别结构的单点线性损伤所在位置。

为进一步验证所提 WTEC 指标的多点损伤定位能力，考虑 DS4 工况，其识别结果如图 5-6 所示。可知：WTEC 的峰值出现在了节点 5 和 16 处，这与表 5-1 中预先设定的 DS4 损伤工况一致。因此，所提新指标 WTEC 不仅能够准确定位结构的单点损伤，而且也能够进行多点损伤定位。

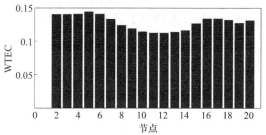

图 5-6　DS4 工况下简支梁数值模型的损伤识别结果

# 5.3　基于改进的小波包能量曲率差识别结构损伤位置及程度

虽然小波变换是一种窗口大小固定，但窗口形状可以改变的自适应时频分析方法，其最大缺点是对高频部分的频率分辨率较差，即在识别含高频成分的信号时存在困难[8]。小波包分解弥补了小波变换的这一缺点，它可以提供完整的不同水平下的分解[9]。实际上，小波包分解作为小波变换的推广算法，具有更高的时频分辨率和精度，同时也在土木工程领域获得了广泛关注。如余竹等[9]采用小波包能量曲率差对简支梁数值算例和沧州子牙河梁体进行了损伤定位，但是他们并未考虑噪声的影响。王鑫等[10]利用小波包能量曲率差对西安钟楼数值模型进行损伤定位，研究结果表明：只有在信噪比大于 30，即噪声水平低于 3% 时，损伤定位结果才较为理想。本节结合小波软阈值去噪和解析模态分解定理对所采集的信号进行预处理，使其成为包含噪声更少的 IMF1，然后将 IMF1 作为新的响应信号进行小波包变换并提出改进的小波包能量曲率差指标，进而实现结构的损伤定位。

### 5.3.1　改进的小波包能量曲率差指标

本节旨在构建一个抗噪性更强的改进的小波包能量曲率差（Improved Wavelet Packet Energy Curvature Difference，IWPECD）指标。由于噪声通常分布于高频部分，因此选用 AMD 提取 IMF1，之后对含噪较少的 IMF1 进行小波包变换，然后构造改进的小波包能量曲率差指标进行损伤定位。小波包变换理论可参考 2.6 节相关内容。

选取 Daubechies 小波作为母小波函数，然后对 IMF1 进行小波包分解，其各个频带内结构响应的能量如式（5-6）所示，而小波包能量谱向量 $\boldsymbol{E}_i$ 则可通过式（5-7）求解。

$$E_{ij} = \sum |x_{ij}|^2 \quad (j = 0,1,2\cdots 2^i - 1) \tag{5-6}$$

式中，$j$ 表示小波包分解层数；$i$ 为分解后的节点号；$x_{ij}$ 表示第 $j$ 层分解节点（$i$，$j$）的结构响应。

$$\boldsymbol{E}_j\{E_{ij}\} = [E_{0j}E_{1j}\cdots E_{ij}\cdots E_{2^i-1j}]^T \tag{5-7}$$

在对小波包能量进行定义时，需要确定合理的小波阶数 $N$。本节采用 $l^p$ 范数熵为代价函数，即在同一小波包分解层上计算不同小波函数的代价函数值并进行比较，然后确定较为合适的 Daubechies 小波阶次 $N$。通常来说，代价函数值越小时，Daubechies 小波阶次越合适。$l^p$ 范数熵（$1 \leqslant p \leqslant 2$）的定义如式(5-8) 所示。

$$S_L(E_i) = \sum_j |E_{i,j}|^p \tag{5-8}$$

最后，结合曲率定义构建小波包能量曲率差指标。曲率一般通过已知变量的二阶导数得到。不等间距情况下曲率的求解如式(5-9) 所示。

$$C_i = \frac{\dfrac{y_{i+1}-y_i}{l_{i+1}} - \dfrac{y_i-y_{i-1}}{l_{i-1}}}{\dfrac{l_{i+1}+l_{i-1}}{2}} \tag{5-9}$$

式中，分子为前后两段曲线的斜率差，而分母为节点前后两端斜率的差间距。若实际节点间距相等，即 $l_{i-1}=l_i=l_{i+1}=l$，则有

$$C_i = \frac{\dfrac{y_{i+1}-y_i}{l} - \dfrac{y_i-y_{i-1}}{l}}{l} = \frac{y_{i+1}-2y_i+y_{i-1}}{l^2} \tag{5-10}$$

式(5-10) 即为二阶差分法求解等间距曲率公式。若将式(5-10) 中的 $y$ 换成小波包能量谱，所求即为小波包能量曲率。之后，将完好与损伤工况下各节点的小波包能量曲率进行差值，即可求得改进的小波包能量曲率差指标，如式(5-11) 所示。

$$IWPECD = \Delta C_i = C_i^u - C_i^d \tag{5-11}$$

式中，$C_i^u$ 和 $C_i^d$ 分别为完好与损伤工况下的小波包能量曲率。

### 5.3.2 基于改进的小波包能量曲率差识别损伤位置

采用 5.2.2 节的简支梁数值模型对改进的小波包能量曲率差指标的可行性进行验证。为考虑噪声的影响，分别施加 5%、10% 和 20% 水平的高斯白噪声。

在进行损伤定位前，需要确定小波包分解的计算参数。本节选用 Daubechies 小波为母小波，分解层数暂定为 4 层，然后进行小波阶次确定。根据前文可知，小波阶次通常由 $l^p$ 范数熵代价函数值决定。因此，选择不同阶次的 Daubechies 小波进行小波包分解并根据式(5-8) 计算 $l^p$ 范数熵，结果如表 5-2 所示。从表 5-2 可以看出，当小波阶次为 2 时，代价函数值最小。因此，本节选择 Daubechies2（db2）作为母小波。

**4 层分解时不同阶次的 $l^p$ 范数熵**　　表 5-2

| 小波阶次 $N$ | 1 | 2 | 3 | 4 | 5 | 6 | 7 |
|---|---|---|---|---|---|---|---|
| $l^p(p=1.5)$ | 15118 | 14767 | 16809 | 17640 | 19785 | 18921 | 19382 |
| 小波阶次 $N$ | 8 | 9 | 10 | 11 | 12 | 13 | 14 |
| $l^p(p=1.5)$ | 20022 | 21697 | 21574 | 21648 | 22321 | 23099 | 22814 |

在确定小波阶次后，选用 db2 小波并根据式(5-8) 计算不同小波分解层数下的 $l^p$ 范数熵，计算结果如表 5-3 所示。可知：当分解层数为 4 时，代价函数值最小，因此小波包分解层数最终确定为 4 层。

**db2 不同分解层次的 $l^p$ 范数熵**　　表 5-3

| 分解层次 $i$ | 1 | 2 | 3 | 4 | 5 |
|---|---|---|---|---|---|
| $l^p(p=1.5)$ | 26198 | 24519 | 17480 | 14767 | 15471 |

续表

| 分解层次 $i$ | 6 | 7 | 8 | 9 | 10 |
|---|---|---|---|---|---|
| $l^p(p=1.5)$ | 16809 | 16575 | 17231 | 15922 | 30064 |

首先，进行单点损伤定位分析。DS1 工况下节点 11 的加速度响应可通过 Newmark 积分法求得，然后分别施加 5%、10% 和 20% 水平的高斯白噪声，结果如图 5-7 所示。同理，对 DS2 工况下的响应信号作类似处理，然后分别对 DS1 及 DS2 工况下的加速度响应进行小波阈值去噪并采用 AMD 进行分解，其中截止频率分别选择 8Hz 和 13Hz。将新提取的 IMF1 作为新的响应信号，然后选取 db2 小波作为母函数并进行 4 层小波包分解，最后根据式（5-11）计算 IWPECD 指标，结果如图 5-8 所示。从图 5-8(a) 可以看出，不加噪声时 IWPECD 的最大值出现在节点 11，这表明损伤位置出现在节点 11 附近，与预先设定的 DS2 工况完全吻合。由图 5-8（b）～（d）可知：由于噪声的影响，损伤定位效果将有所降低，但是即使噪声水平增加到 20%，IWPECD 也能够实现损伤定位。

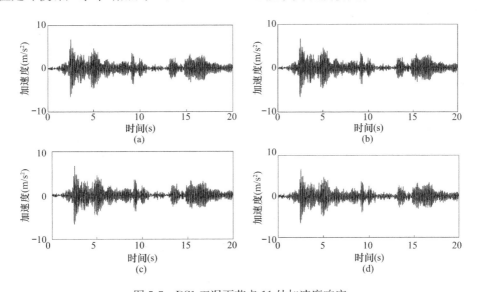

图 5-7　DS1 工况下节点 11 处加速度响应

（a）不含噪响应信号；（b）施加 5% 水平噪声的响应信号；
（c）施加 10% 水平噪声的响应信号；（d）施加 20% 水平噪声的响应信号

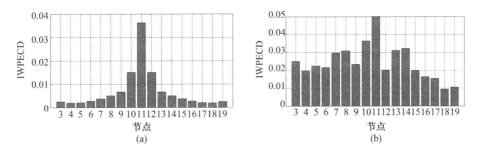

图 5-8　DS2 工况下基于改进的小波包能量曲率差的损伤识别结果（一）

（a）不含噪响应信号；（b）施加 5% 水平噪声的响应信号

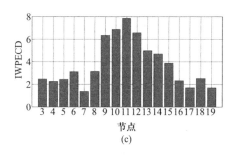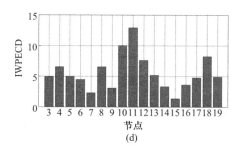

图 5-8　DS2 工况下基于改进的小波包能量曲率差的损伤识别结果（二）

（c）施加 10％水平噪声的响应信号；（d）施加 20％水平噪声的响应信号

为方便对比，采用常规的小波包能量曲率差法（Wavelet Packet Energy Curvature Difference，WPECD）对上述简支梁模型进行损伤定位，识别结果如图 5-9 所示。可知：当施加的噪声水平仅为 5％时，传统的小波包能量曲率差指标已无法定位损伤。由此可见，IWPECD 的抗噪性能明显优于传统的小波包能量曲率差指标。

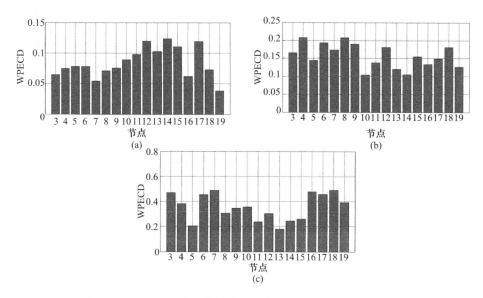

图 5-9　DS2 工况下基于传统小波包能量曲率差的损伤识别结果

（a）施加 5％水平噪声的响应信号；（b）施加 10％水平噪声的响应信号；

（c）施加 20％水平噪声的响应信号

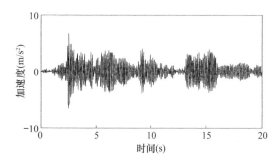

图 5-10　DS3 工况下节点 11 加速度响应

其次，进行多点损伤定位分析。DS3 工况下节点 11 处的加速度响应如图 5-10 所示。为考虑噪声的影响，对加速度响应信号分别施加 5％、10％和 20％水平的高斯白噪声；然后，进行小波阈值去噪及 AMD 分解，得到含噪较少的 IMF1。之后，将 IMF1 作为新的目标信号并选取 db2 小波作为母函数进行小波包变换，最终计算得到的 IWPECD 指标如图 5-11 所示。由图 5-11（a）

可知：不加噪声时 IWPECD 指标最大值出现在节点 6 和 10 处，这表明损伤位置应在节点 6 和 10 附近，与预先设定的损伤工况 DS3 吻合。另外，由图 5-11(b)～(d) 可知：高水平噪声对损伤定位效果有较大影响。当施加 5% 和 10% 水平的噪声时，IWPECD 均能准确定位损伤节点 6 和 10，但是当施加 20% 水平的噪声时，出现了虚假损伤节点 15。

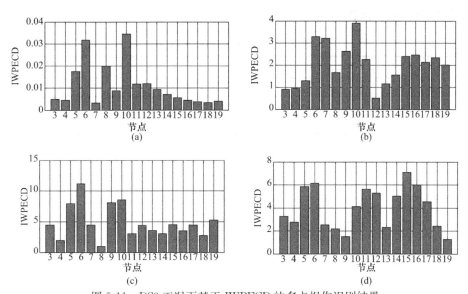

图 5-11　DS3 工况下基于 IWPECD 的多点损伤识别结果

（a）不含噪响应信号；（b）施加 5% 水平噪声的响应信号；
（c）施加 10% 水平噪声的响应信号；（d）施加 20% 水平噪声的响应信号

同理，也采用传统的小波包能量曲率差法对 DS3 工况下的简支梁模型进行多点损伤定位，结果如图 5-12 所示。可知：传统的小波包能量曲率差指标在多点损伤定位时受噪声的影响极为明显。当所施加噪声水平仅为 5% 时，WPECD 已无法正确进行损伤定位，这表明该指标的抗噪性能较差且明显不如提出的 IWPECD 指标。

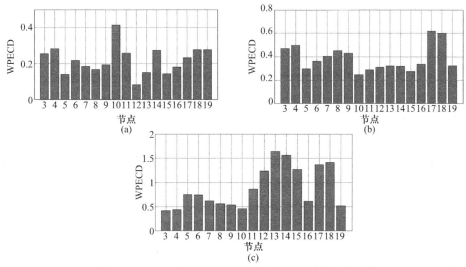

图 5-12　DS3 工况下基于 WPECD 的多点损伤识别结果

（a）施加 5% 噪声的信号；（b）施加 10% 噪声的信号；（c）施加 20% 噪声的信号

### 5.3.3 基于改进的小波包能量曲率差识别损伤程度

在成功定位结构损伤后，对 IWPECD 指标的损伤程度识别能力进行研究。研究对象仍为前文提到的简支梁数值模型，损伤工况设定如表 5-4 所示，其中三种工况均考虑了 5%水平的高斯白噪声影响。

考虑不同损伤程度的三种工况 　　　　　　　　　　　　　表 5-4

| 损伤工况 | 损伤情况 | 损伤程度 |
| --- | --- | --- |
| DS1 | 4s 时单元 10、11 处刚度突降 | 10% |
| DS2 | 4s 时单元 10、11 处刚度突降 | 15% |
| DS3 | 4s 时单元 10、11 处刚度突降 | 20% |

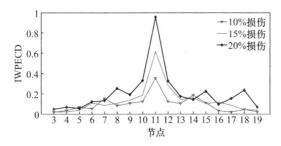

图 5-13　基于改进的小波包能量
曲率差的损伤程度识别结果

处理过程与上一节类似，即首先对响应信号进行初步的小波阈值去噪，然后对去噪信号进行 AMD 分解，最后通过小波包变换计算 IWPECD 指标。不同损伤程度工况下的 IWPECD 计算结果如图 5-13 所示。可知：三种工况下的 IWPECD 值均在节点 11 处发生了显著突变，这表明节点 11 附近出现了损伤，与预先设定的损伤位置相符。此外，随着损伤程度的增加，节点 11 处的 IWPECD 值也相应增大。由此可见，IWPECD 不仅能够有效定位损伤，而且也能够进行结构损伤程度识别。

## 5.4　基于小波功率谱熵识别结构损伤位置及程度

信息熵反映了信号所包含的信息量。由于结构的响应信号是由各阶模态的振动信号叠加而成，当结构未发生损伤时，响应信号的信息熵不会发生变化。然而，一旦结构发生损伤，响应信号的信息熵值便会发生相应改变。功率谱指标反映了信号功率在各个频带上的分布情况，可以用于结构损伤识别[11]。通常来说，自功率谱曲线表现为一个或多个明显的峰值。当结构发生损伤时，其自功率谱曲线主要表现为峰值的减小，而且在损伤处的自功率谱曲线的峰值变化最为明显。因此，可根据各测点的时程响应自功率谱曲线在不同频率处的变化来识别结构的损伤位置。由于实际结构响应信号的高频部分更容易受到噪声的干扰，通过提取低阶特征分量来构建自功率谱函数指标是可行的。基于此，本节联合信息熵、功率谱和小波变换思想，提出了小波功率谱熵指标（Wavelet Power Spectral Entropy，WPSE）。

### 5.4.1　小波功率谱熵指标

为减弱噪声对识别结果的影响，首先引入小波阈值去噪方法对响应信号进行初步去噪，然后对去噪后的响应信号进行离散小波变换。离散小波变换作为一种良好的信号处理工具已被广泛应用于分析非平稳信号及识别结构损伤[12]，具体原理详见 2.5 节。

在进行离散小波变换后，选取低频系数对信号进行重构并将重构信号作为新的目标信号，然后再进行离散傅里叶变换，从而得到 $X(\omega)$ 并定义功率谱为

$$S(\omega) = \frac{1}{2\pi N}\,|\,X(\omega)\,|^{\,2} \tag{5-12}$$

式中，$N$ 为信号长度。

由于信号的时频变换过程中存在如式（5-13）所示的能量守恒准则，可构建相应的小波功率谱熵指标，如式（5-14）所示。

$$\sum x^2(t)\Delta t = \sum |\,X(\omega)\,|^{\,2}\Delta\omega \tag{5-13}$$

$$\mathrm{WPSE} = S_{\mathrm{WT}} = -\sum_i S_i \ln S_i \tag{5-14}$$

式中，$S_i$ 表示第 $i$ 个功率谱在整个谱中所占的百分比。

### 5.4.2　基于小波功率谱熵识别损伤位置

为验证所提 WPSE 指标的可行性，采用 5.2.2 节所述的简支梁数值算例进行验证。具体工况如表 5-5 所示，所有工况均考虑了 5% 水平的高斯白噪声。

表 5-5

损伤工况

| 损伤工况 | 损伤情况 | 损伤位置 |
|---|---|---|
| DS1 | 无 | 无 |
| DS2 | 在 4s 时刚度突降 20% | 单元 10、11（节点 11 附近） |
| DS3 | 在 4s 和 8s 刚度突降 20% | 单元 5、6 和单元 15、16（节点 6 和 16 附近） |

首先进行单点损伤位置识别。在计算 DS2 工况下各节点的加速度响应数据之后，采用小波阈值去噪方法对响应信号进行初步处理。选取 db4 小波为母小波函数，对去噪后的信号进行 4 层离散小波变换并重构低频分量，然后根据式（5-12）和式（5-14）分别计算功率谱值 WPSE 指标，结果如图 5-14 所示。可知：WPSE 在节点 11 附近的峰值反映了该位置附近出现了损伤，这与预先设定的 DS2 工况完全吻合，同时

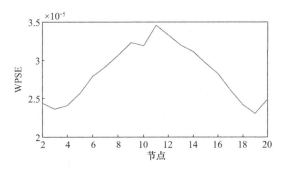

图 5-14　DS2 工况下基于小波功率谱熵的单点损伤工况识别结果

也验证了小波功率谱熵指标识别结构单点损伤位置的准确性。

其次，进行多点损伤位置识别。识别过程与单点损伤定位工况类似。采用小波阈值去噪法对 DS3 工况下简支梁结构的响应信号进行初步去噪处理，然后对去噪后的响应信号进行离散小波变换和信号重构，最后计算 WPSE 指标，结果如图 5-15 所示。WPSE 值在节点 6 和节点 16 处出现了峰值，这表明结构在这两处附近产生了损伤，与预先设定的 DS3 工况完全吻合。由此可见，所提的小波功率谱熵指标不仅能准确定位结构的单点损伤，也能定位多点损伤，而且具有一定的抗噪性。

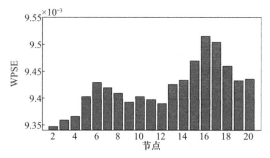

图 5-15　DS3 工况下基于小波功率谱熵的
多点损伤工况识别结果

### 5.4.3　基于小波功率谱熵识别损伤程度

在成功识别损伤位置后，对该指标的损伤程度识别能力进行研究，损伤工况的具体设定如表 5-6 所示。采用上述方法分别计算 DS1～DS4 工况下的 WPSE 值，结果如图 5-16 所示。可知：随着结构损伤程度的增加，WPSE 值也会相应增大，因此，小波功率谱熵指标具有良好的损伤程度识别能力。

考虑不同损伤程度的四种工况　　　　　　　表 5-6

| 损伤工况 | 损伤情况 | 损伤程度 |
| --- | --- | --- |
| DS1 | 4s 时单元 10、11 处刚度突降 | 5% |
| DS2 | 4s 时单元 10、11 处刚度突降 | 10% |
| DS3 | 4s 时单元 10、11 处刚度突降 | 20% |
| DS4 | 4s 时单元 10、11 处刚度突降 | 40% |

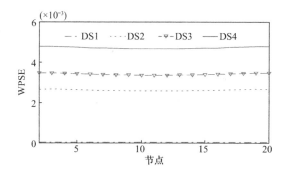

图 5-16　基于小波功率谱熵的损伤程度识别结果

## 5.5　基于频响函数归一化曲率差的损伤定位

虽然频响函数及其曲率在结构损伤识别领域取得了一定的成功，但是将之直接应用于钻孔并施加了螺栓预紧力的钢-木组合人行桥则有可能发生损伤位置误判现象。为解决上述问题，本节提出了归一化频响函数曲率差指标，即通过求解损伤和未损结构归一化频响函数曲率的差值来表征损伤，最终达到将未松动螺栓处产生的损伤线消除而将松动螺栓处真实损伤线保留的目的。

### 5.5.1　频响函数的定义及其获取

多自由度系统的动力学方程可表示为

$$M\ddot{X}(t) + C\dot{X}(t) + KX(t) = F(t) \tag{5-15}$$

式中，$M$、$C$ 和 $K$ 分别代表系统的质量、阻尼和刚度矩阵；$X(t)$ 为系统的位移响应列向量；$F(t)$ 为等效激振力向量。

对式(5-15) 进行快速傅里叶变换，可将时域信号从时域变换到频域，即

$$-\omega^2 MX(\omega) + j\omega CX(\omega) + KX(\omega) = F(\omega) \tag{5-16}$$

然后，对式(5-16) 进行简单的变换，可得

$$(-\omega^2 M + j\omega C + K)X(\omega) = F(\omega) \tag{5-17}$$

将系统的频响函数定义为 $H(\omega) = (-\omega^2 M + j\omega C + K)^{-1}$，则

$$H(\omega) = \frac{X(\omega)}{F(\omega)} \tag{5-18}$$

式中，频响函数 $H(\omega)$ 为含有实部（幅值）和虚部（相位）的复数形式；$X(\omega)$ 和 $F(\omega)$ 分别为系统位移响应和激励的傅里叶变换。

由式(5-18) 可知：频响函数是系统输出响应和输入激励的比值，而频响函数的矩阵形式表示为

$$H(\omega) = \begin{bmatrix} H_{11} & H_{12} & \cdots & H_{1n} \\ H_{21} & H_{22} & \cdots & H_{2n} \\ \vdots & \vdots & \vdots & \vdots \\ H_{n1} & H_{n2} & \cdots & H_{nn} \end{bmatrix} \tag{5-19}$$

式中，$H_{uv}$ 表示在第 $v$ 个位置输入激励引起的第 $u$ 个位置的输出响应，而频响函数矩阵中的元素可表示为

$$H_{uv}(j\omega) = \sum_{k=1}^{n} \left[ \frac{a_{uvk}}{(j\omega - p_k)} + \frac{a_{uvk}^{*}}{(j\omega - p_k^{*})} \right] \tag{5-20}$$

式中，$a_{uvk}$ 表示 $k$ 阶模态的留数；$p_k$ 表示第 $k$ 阶模态的极点。

在如图 5-17 所示的简支梁中，设定 $i$ 为简支梁上 $1 \sim m$ 位置处的某个中间节点，则 $i$ 点的频响函数为 $i$ 点的响应与 $p$ 点激励的比值，即

$$\alpha_{i,p}(\omega_j) = \frac{X_i(j)}{F_p(j)}, \quad i \in [1 : m] \tag{5-21}$$

式中，$X_i(j)$ 和 $F_p(j)$ 分别为 $i$ 点处响应信号和 $p$ 点处激励信号的快速傅里叶变换。$\omega_j$ 为指定频率坐标 $j$ 处的频率，可表示为

$$\omega_j = \frac{j\omega_s}{N}, \quad j \in [1 : N] \tag{5-22}$$

式中，$\omega_s$ 为采样频率。

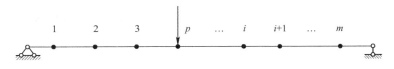

图 5-17　简支梁示意图

实际上，频响函数是以激励频率 $\omega$ 为自变量的非参数模型，它与结构的质量 $m$、刚度 $k$ 和阻尼 $c$ 相关，反映了系统的固有特性。本节中频响函数的计算采用 $H_1$ 估计类型，即假设激励信号没有噪声而响应信号包含噪声。频响函数的有偏估计方法主要有 $H_1$ 和 $H_2$ 两种，其中 $H_1$ 估计类型对输入噪声敏感，适用于没有输入测量噪声或输入测量噪声较小的情况[13]。然而，直接按式(5-21) 计算频响函数有可能存在 $p$ 点处的激励 $F_p(j)$ 为零的

风险，因此采用功率谱进行间接计算，即频响函数定义为互功率谱与自功率谱的比值，如式(5-23) 所示。

$$\alpha_{i,p}(\omega_j) = \frac{G_{xy}(j)}{G_{xx}(j)} \tag{5-23}$$

式中，$G_{xy}(j)$ 和 $G_{xx}(j)$ 分别为采用 Welch[14] 方法计算得到的激励信号与响应信号之间的互功率谱以及激励信号的自功率谱。

### 5.5.2 归一化频响函数曲率差指标

通常，基于频响函数曲率差的损伤定位方法需要考虑受损结构不同位置处的频响函数，对不同频率坐标 $j \in [1:N]$，形状信号可表示为

$$\alpha_{i,p}(\omega) = [\alpha_{1,p}(\omega_j), \alpha_{2,p}(\omega_j), \alpha_{3,p}(\omega_j), \cdots, \alpha_{m,p}(\omega_j)], j \in [1:N], i \in [1:m] \tag{5-24}$$

式中，$m$ 为结构测点的个数。

结构在每个频率坐标 $N$ 处的曲率表示为

$$\alpha_{i,p}(\omega) = [\alpha''_{1,p}(\omega_j), \alpha''_{2,p}(\omega_j), \alpha''_{3,p}(\omega_j), \cdots, \alpha''_{m,p}(\omega_j)], \quad j \in [1:N], i \in [1:m] \tag{5-25}$$

而每个位置的形状信号的曲率则通过中心差分法近似估计，如式(5-26) 所示。

$$\alpha''_{i,p}(\omega_j) = \frac{\alpha_{i+1,p}(\omega_j) - 2\alpha_{i,p}(\omega_j) + \alpha_{i-1,p}(\omega_j)}{h^2} \tag{5-26}$$

式中，$h$ 为相邻测点之间的距离。

若结构的某处发生螺栓松动，则该处的曲率函数将发生突变。因此，可将曲率函数的突变点设定为损伤指标并由此构造所有形状信号组成的三维曲面 $z$。三维曲面 $z$ 可表示为 $z = \xi(\omega_j)$，然而不同频率坐标 $\xi(\omega_j)$ 的最大值存在相当大的差异，而且两个相邻形状信号的幅值也相差较大，以至于损伤位置信息有可能被掩盖[15]。为消除这种幅值差异，必须对每个形状信号进行归一化以达到准确判别损伤位置的目的。因此，有必要引入归一化的新曲面 $z^*$ 作为损伤指标，如式(5-27) 所示。

$$z^* = \xi^*(\omega_j) = \frac{\xi(\omega_j)}{\max|\xi(\omega_j)|} \tag{5-27}$$

归一化后的新曲面 $z^*$ 如图 5-18 所示，$x$ 轴表示频率坐标；$y$ 轴表示结构的归一化位置，其中 $L$ 为简支梁长度，$X$ 为实际位置；$z$ 轴表示归一化频响函数曲率。对归一化频响函数曲率 $z^*$ 进行二维表示可以实现损伤的可视化，即结构中出现的损伤在 $x$-$y$ 平面上呈现为一条与 $x$ 轴平行的直线。

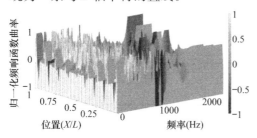

图 5-18　归一化频响函数曲率的三维表示

由于钢-木组合结构中螺栓连接件位置具有较高的局部刚度，其频响函数幅值将发生变化，从而使得频响函数曲率发生突变而产生峰值，而螺栓列之间的频响函数曲率则表现平缓[16]。当螺栓松动导致局部刚度降低时，该位置的频响函数曲率接近螺栓列之间的状态，其曲率峰值降低。然而，钢-木组合结构中螺栓连接件位置有钻孔削弱，这就使得该位置在具有螺栓预紧力的同时还产生了应力集中现象，而螺栓预紧力和应力集中均会导致螺栓位

置处曲率函数的突变。当螺栓预紧力松弛时，由于残余预紧力和应力集中的存在，螺栓松动位置处的频响函数曲率不会完全趋于平缓。因此，无论是否发生螺栓预紧力松弛均会导致损伤线的产生，而且直接使用归一化频响函数曲率指标进行损伤识别很可能将未松动螺栓所在位置误判为损伤点。基于此，本节提出如式(5-28) 所示的归一化频响函数曲率差（Normalized Curvature Difference of Frequency Response Functions，NCDFRF）指标来识别螺栓松动位置。由于未损工况与损伤工况下未松动螺栓处因应力集中而产生的曲率函数突变状态相同或相近，首先对频响函数曲率进行归一化，然后求解损伤前后的归一化频响函数曲率差值，即通过构造归一化频响函数曲率差指标将未松动螺栓处的损伤线消去。由于松动和钻孔削弱引起的曲率函数突变状态不同，其真实损伤线得以保留，从而排除了频响函数曲率方法存在的损伤误判现象。

$$NCDFRF = z_u^* - z_d^* \tag{5-28}$$

式中，$z_u^*$、$z_d^*$ 分别代表未损和损伤工况下的归一化频响函数曲率表面。

### 5.5.3　钢-木组合人行桥损伤诊断数值算例

为验证所提出的损伤定位方法的正确性，采用 ABAQUS 有限元软件建立钢-木组合简支梁有限元模型，如图 5-19 所示。简支梁长 3m，胶合木面板和钢梁通过 M12 六角形头的 8.8 级高强度螺栓连接。其中，胶合木板定义为正交各向异性材料，密度为 $5.143×10^2 kg/m^3$，尺寸为 $75mm×400mm×3000mm$，其弹性模量 $E$、剪变模量 $G$ 以及泊松比等材料参数根据文献 [17] 选取。H 型钢梁型号为 HN250×125，梁高度为 248mm，腹板厚度为 5mm，翼缘宽度和厚度分别为 124mm 和 8mm，其材料参数详见表 4-2。沿纵桥向每隔 350mm 设置一组螺栓，每组螺栓间距为 85mm。钢材与钢材的摩擦系数设为 0.45，而钢材与木材的摩擦系数设为 0.3。模型各组件采用三维 8 节点线性减缩积分单元（C3D8R）进行建模。

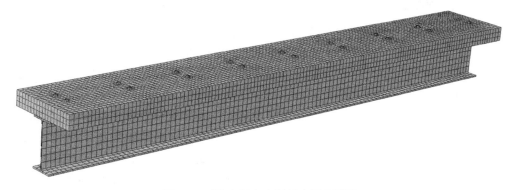

图 5-19　钢-木组合人行桥有限元模型

在试验开始前，设置预紧力为 10kN，通过控制螺栓预紧力来模拟螺栓松动的过程。有研究表明：普通螺栓预紧力的变化曲线在快速下降后趋于平缓，即在整个松动过程中螺栓预紧力在很短的时间内降低至初始预紧力的 1/10，并逐渐趋于零[18]。因此，将螺栓预紧力分别降低至 1kN 和 0.1kN 以模拟轻度和重度的螺栓松动，然后定义如表 5-7 所示的五种工况，分别为未损工况（Undamaged Scenario，US）、单点轻度损伤（Single Position Low Level Damage，SPLD）、单点重度损伤（Single Position High Level Damage，

SPHD)、多点轻度损伤（Multiple Position Low Level Damage，MPLD）、多点重度损伤
（Multiple Position High Level Damage，MPHD）工况。采用脉冲荷载作为外加激励并施
加在简支梁跨中位置，大小为 1kN 且持续 0.1ms。设定时间间隔为 0.2ms，总时长为 2s，
通过隐式动力分析获取钢-木组合人行桥有限元模型的响应信号。

钢-木组合人行桥损伤工况 表 5-7

| 损伤工况 | 损伤位置 | 损伤程度 | 激励 |
|---|---|---|---|
| US | — | — | 脉冲 |
| SPLD | 跨中 | 螺栓轻度松动 | 脉冲 |
| SPHD | 跨中 | 螺栓重度松动 | 脉冲 |
| MPLD | 跨中和 1/4 跨 | 螺栓轻度松动 | 脉冲 |
| MPHD | 跨中和 1/4 跨 | 螺栓重度松动 | 脉冲 |

首先，提取 US、SPHD 和 MPHD 工况下梁跨中的加速度信号，其中未损工况的钢-
木组合人行桥加速度响应信号如图 5-20 所示。其次，按照式（5-23）分别对三种工况下的
响应信号求解频响函数，结果如图 5-21 所示。

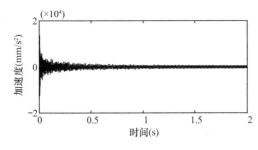

图 5-20 未损工况下钢-木组合人行桥
加速度响应信号

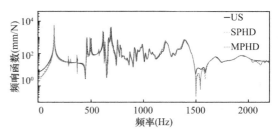

图 5-21 三种工况下钢-木组合人行桥
频响函数曲线

由图 5-21 可知：当钢-木组合人行桥发生螺栓松动时，频响函数曲线的第一个共振峰
发生的偏移也十分轻微，即由螺栓松动导致的固有频率的变化十分微小，因此难以作为损
伤判断的依据。在无噪声情况下，对 SPHD 工况下的钢-木组合人行桥沿面板右边缘（靠
近螺栓松动位置一侧）提取 100 个节点的加速度响应，然后按照式（5-27）和式（5-28）构

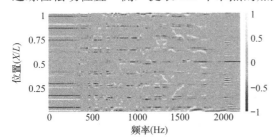

图 5-22 SPHD 工况下基于归一化频响函数
曲率的损伤定位结果

造归一化频响函数曲率表面，结果如图5-22
所示。可知：跨中位置处（纵坐标为 0.5）
有清晰的损伤线，但在其他螺栓位置处也
出现了损伤线，应为虚假损伤线。虚假损
伤线很可能是由于未松动螺栓位置处所存
在的残余预紧力和钻孔削弱导致的，因此
仅根据频响函数曲率指标来判别螺栓松动
位置是不可靠的，有必要构造归一化频响
函数曲率差指标来消除损伤误判。

四种工况下基于归一化频响函数曲率差的损伤定位结果如图5-23所示。可知：归一
化频响函数曲率差方法消除了螺栓未松动位置存在的虚假损伤线，只剩下松动位置的损伤

线，因而实现了螺栓松动的准确定位。在多点损伤工况（MPLD 和 MPHD）下，损伤线相比单点损伤工况（SPLD 和 SPHD）产生了更多间断，清晰度有所下降，但是损伤线（纵坐标为 0.5 和 0.25）仍然清晰可见，而其他有孔洞削弱但是螺栓未产生松动的位置并未出现明显的损伤线，也就是说归一化频响函数曲率差指标并未发生互相干扰或误判的现象，这验证了该方法的准确性和有效性。

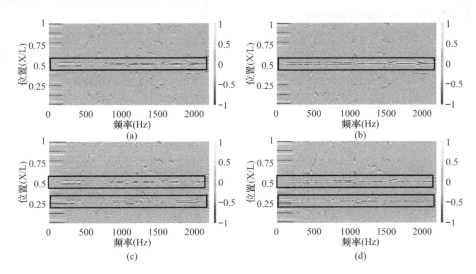

图 5-23　四种工况下基于归一化频响函数曲率差的损伤定位结果
(a) SPLD；(b) SPHD；(c) MPLD；(d) MPHD

为考虑噪声的影响，对求解的钢-木组合人行桥加速度响应信号施加高斯白噪声，噪声强度由信噪比定义。首先，对未损工况的加速度响应信号分别添加 5％和 10％水平高斯白噪声。为简单计，图 5-24 只给出了未损工况下施加 5％高斯白噪声水平的钢-木组合人行桥加速度响应信号。未损工况下噪声对频响函数曲线的影响则如图 5-25 所示。可知：噪声对频响函数曲线产生了一定的影响，而且在高频位置和固有频率峰值以外的位置尤其明显。产生这一现象的主要原因是这些位置处的信号功率较小[15]。因此，选取固有频率峰值附近的形状信号构造归一化频响函数曲率差指标有助于提高损伤识别效果。其次，分别对 SPLD、SPHD、MPLD 和 MPHD 四种工况下的加速度响应信号添加 5％和 10％水平高斯白噪声，然后求解的归一化频响函数曲率差如图 5-26 和图 5-27 所示。可知：在所有工况中，由于固有频率峰值以外位置的频响函数曲线受噪声影响较大，这些位置处的损伤线容易被噪声所掩盖。由此可见，损伤线的清晰度很大程度上与频率范围的选取以及频响函数曲线峰值的数量有关。在模态测试中，通过提高采样频率能够更好地反映模态频率，从而减少因固有频率接近而导致的频率叠混[19]，并获得更多频响函数峰值。在重度损伤工况（SPHD 和 MPHD）下，即使响应信号受到 5％和 10％水平高斯白噪声干扰，归一化频响函数曲率差仍然能够较好地识别螺栓松动位置。在轻度损伤工况（SPLD 和 MPLD）下，当噪声水平达到 10％时，低频范围的损伤线较难辨认，但是高频范围的损伤线仍然存在，而且并未因随机噪声的存在而产生虚假损伤线。总之，随着损伤程度的降低和噪声水平的提高，损伤线虽然变得不再明显，但是高频范围内的归一化频响函数曲率差指标仍然可以定位螺栓松动。需要指出的是，实际结构动力测试时的不确定性和强噪声极有可能对损伤线的清晰度形成干扰，因此如何在更宽频率范围内获得更清晰的损伤线是本方法需要进一步研究的方向。

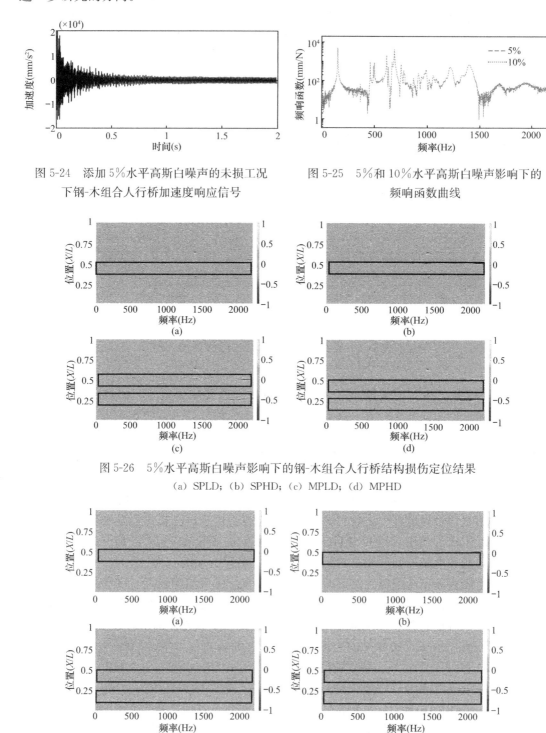

图 5-24　添加 5％水平高斯白噪声的未损工况　　图 5-25　5％和 10％水平高斯白噪声影响下的
下钢-木组合人行桥加速度响应信号　　　　　　　　频响函数曲线

图 5-26　5％水平高斯白噪声影响下的钢-木组合人行桥结构损伤定位结果
（a）SPLD；（b）SPHD；（c）MPLD；（d）MPHD

图 5-27　10％水平高斯白噪声影响下的钢-木组合人行桥结构损伤定位结果
（a）SPLD；（b）SPHD；（c）MPLD；（d）MPHD

# 5.6　基于自功率谱最大值变化比识别损伤位置

### 5.6.1　自功率谱最大值变化比指标

自功率谱定义为单个随机振动信号在单位频带内的信号功率，代表了信号功率在频域内的分布情况。当结构发生损伤时，各测点的加速度响应自功率谱会发生相应变化，因此可根据不同时段自功率谱的变化情况来判断结构损伤[20]。

设定某时域响应信号 $x(t)$，其基于韦尔奇方法[14,21]的自功率谱的定义为

$$S(f) = \frac{1}{MN}\sum_{i=1}^{M} X_i(f)\,\overline{X_i(f)} \tag{5-29}$$

式中，$M$ 为平均次数；$N$ 为响应信号长度；$X_i(f)$ 为响应信号的第 $i$ 个数据段的傅里叶变换且 $X_i(f)$ 与 $\overline{X_i(f)}$ 互为共轭复数。

在采用信号分解定理求解结构上某一测点 $k$ 处的加速度响应 IMF1 之后，假定其自功率谱最大值为 $S_{kl,\max}$，则该点处的加速度响应 IMF1 的自功率谱最大值变化比（Maximum Change Ratio of Auto Power Spectrum，MCRAPS）的定义如式（5-30）所示。

$$\text{MCRAPS} = \left| \frac{S_{kl,\max}^{\text{d}} - S_{kl,\max}^{\text{u}}}{S_{kl,\max}^{\text{u}}} \right| \tag{5-30}$$

式中，上标 u 和 d 分别表示未损和损伤状态。

### 5.6.2　简支钢桥试验验证

为验证损伤定位指标 MCRAPS 的有效性，以时变简支钢桥试验为例，模拟实际车辆通过桥梁的情况，具体模型如图 5-28 所示。桥梁结构的工字梁高为 450mm，桥面板尺寸为 10000mm×450mm×5mm，桥面板与下部两根工字梁之间采用型号为 M24 的高强度螺栓进行连接，具体见图 5-29（a）。桥面板、工字梁及引桥面板所用材料均为钢材 Q235，密度 $\rho$=7800kg/m³，弹性模量 $E$=21GPa。加速度传感器型号为江苏东华测试技术股份有限公司生产的 IEPE 压电式加速度传感器（灵敏度为 52~53mV/g）且从左到右 1m 等间距布置，分别记为测点 1、2、3、4、5、6、7、8 和 9，详见图 5-28 和图 5-29（a）。为模拟时变结构的损伤，在桥面板上有切割尺寸为 450mm×100mm 的三块矩形钢块 S1、S2 和 S3，具体位置见图 5-28。采用两块通电矩形磁铁从桥面板下部对每一损伤块进行固定，损伤块及固定方式具体见图 5-29（b）。图 5-29（b）中的损伤块对应实际桥梁面板中某处出现刚度损伤的情况。在主桥的端部分别有 3m 和 2m 的引桥，它们分别为重量 42.8kg 的小车加速和减速提供空间，以保证小车在主桥上可以匀速运动。引桥和小车分别模拟实际情况中桥梁两端的引桥和桥面上行驶中的车辆，详见图 5-29（c）和（d）。

为使小车沿预先设定的轨道前行，在桥面板上用 30mm×30mm×3mm 的角钢连接成间距为 0.29m 的固定轨道以便容纳小车通行，详见图 5-29（a）及（d）。在试验过程中，使用自组装可调速卷扬机提供牵引力拉动小车前行，卷扬机见图 5-29（e）。小车在引桥段加速，进入主桥轨道之后为匀速行驶阶段。匀速前行的小车为整个桥梁系统提供了移动荷载激励。当小车行驶至损伤块位置时，突然断电释放矩形钢块，以此模拟桥梁的刚度变

化,即时变损伤。在通过主桥后,小车在另一端引桥上减速滑行并最终停止行驶。在整个小车驶过主桥的过程中,采用江苏东华测试技术股份有限公司生产的 DH5922 动态信号测试分析系统进行试验数据采集。本试验共考虑三个工况,其中 DS1、DS2 和 DS3 分别为未损伤工况、单点损伤工况和多点损伤工况,具体工况设置如表 5-8 所示。

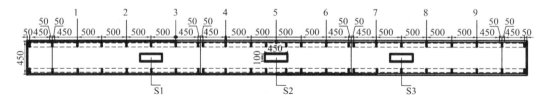

图 5-28　桥面板尺寸及传感器布置示意图

图 5-29　试验装置实物图

(a) 全桥模型;(b) 损伤钢块;(c) 引桥;(d) 小车和轨道;(e) 可调速卷扬机

三个损伤工况 表 5-8

| 损伤工况 | 损伤情况 | 损伤位置 |
|---|---|---|
| DS1 | 无 | 无 |
| DS2 | S1 在 7.5s 突然掉落 | S1(测点 2 和 3 之间) |
| DS3 | S1 和 S3 分别在 2.4s 和 7.5s 突然掉落 | S1 和 S3(测点 7 和 8 之间) |

首先，考虑单点损伤工况。在 DS1 工况下，1 号测点记录的加速度响应如图 5-30(a)所示。以 Daubechies 小波为母函数，对该响应信号进行小波阈值去噪，去噪后的信号如图 5-30(b) 所示。选定截止频率为 10Hz，通过 AMD 提取的 IMF1 和 IMF2 如图 5-31 所示。同理，采用 AMD 定理提取 DS2 工况下 1 号测点记录的加速度响应的 IMF1 和 IMF2 如图 5-32 所示。根据式(5-29)求取 DS1 和 DS2 工况下测点 1 记录的加速度响应的一阶本征函数自功率谱曲线，如图 5-33 所示。然后，提取图 5-33 中自功率谱曲线的最大值并将 DS1 和 DS2 工况下测点 1 的加速度自功率谱曲线最大值代入式(5-30)，最终求得测点 1 的 MCRAPS 值。同理，可求出其余测点位置上的 MCRAPS 值，结果如图 5-34 所示。由图 5-34 可知：测点 2 和 3 的 MCRAPS 最大，而测点 2 和 3 位于 S1 损伤块两侧，因此可以大致判断 S1 损伤块处发生损伤，这与预先设定的 DS2 工况下 S1 处发生损伤的实际情况是相吻合的，同时也验证了 MCRAPS 指标识别时变结构损伤位置的准确性。

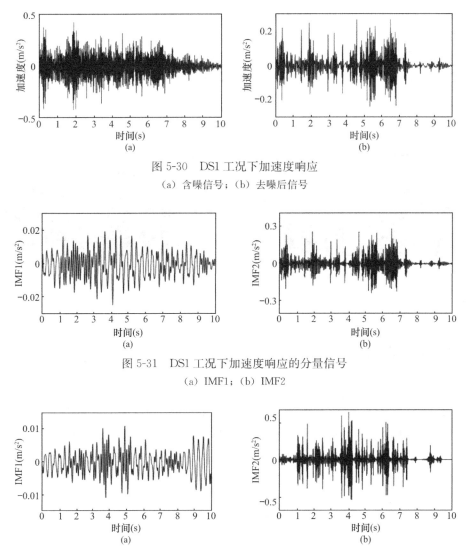

图 5-30　DS1 工况下加速度响应
(a) 含噪信号；(b) 去噪后信号

图 5-31　DS1 工况下加速度响应的分量信号
(a) IMF1；(b) IMF2

图 5-32　DS2 工况下加速度响应分量信号
(a) 一阶本征函数；(b) 二阶本征函数

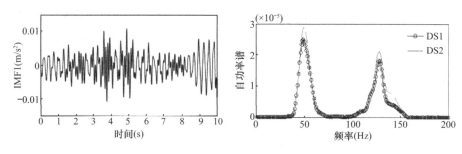

图 5-33　DS1 和 DS2 工况下加速度响应 IMF1 的自功率谱曲线

　　DS3 为多点损伤工况，其识别过程与单点损伤工况类似。首先以 db10 小波为母函数，对 DS1 和 DS3 工况下的响应信号进行小波阈值去噪，然后通过 AMD 定理分别提取 DS1 和 DS3 工况下的特征分量 IMF1 和 MF2。采用式(5-29) 和式(5-30) 分别对 DS1 和 DS3 工况下的 IMF1 进行计算处理，最终得到的 MCRAPS 指标如图 5-35 所示。可知：2、3、7 和 8 测点的 MCRAPS 值偏大。其中，测点 2 和 3 位于 S1 损伤块两侧，而测点 7 和 8 位于 S3 损伤块两侧，因此大致可以判断 S1 和 S3 两处位置发生损伤，这与事先设定的 DS3 工况下 S1 和 S3 处发生损伤的情况是吻合的，同时也验证了 MCRAPS 指标可以识别多点损伤工况下简支梁结构的损伤位置。

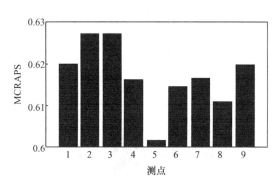

图 5-34　DS2 工况下 MCRAPS 直方图

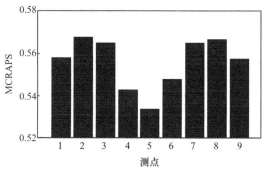

图 5-35　DS3 工况下 MCRAPS 直方图

## 5.7　本章小结

　　小波变换将信号变换到时间-频率空间域上，因此更为准确地反映了结构的模态参数如频率、阻尼和振型等。本章选取了一些对结构损伤敏感的特征参数并构建了若干个对损伤敏感而对噪声不敏感的损伤指标。通过一些数值算例和一个简支梁钢桥试验对这些指标进行了验证，取得了一定的成果。但是需要指出的是，上述损伤指标在实际工程中的可行性还有待验证，这也是我们下一步需要努力的方向。

参 考 文 献

[1]　朱宏平，余璟，张俊兵. 结构损伤动力检测与健康监测研究现状与展望 [J]. 工程力学，2011，28 (2)：1-11.

[2]　王军，谭继文，战卫侠，等. 基于小波能量的钢丝绳断丝损伤信号处理［J］. 青岛理工大学学报，2012，33（3）：65-69.

[3]　虞和济，陈长征，张省. 基于神经网络的智能诊断［J］. 振动工程学报，2000，2：46-53.

[4]　Deskins W E. On maximal subgroups［J］. Proc. Sympos. Pure Math. 1959，1：100-104.

[5]　Beidleman J C，Spencer A E. The normal index of maximal subgroups in finite groups［J］. Journal of Pure and Applied Algebra，1972，64（2）：113-118.

[6]　张维强，宋国乡. 基于一种新的阈值函数的小波域信号去噪［J］. 西安电子科技大学学报，2004（2）：296-299.

[7]　To C W S. A stochastic version of the newmark family of algorithms for discretized dynamic systems［J］. Computers and Structures，1992，44（3）：667-673.

[8]　Yen G G，Lin K C. Wavelet packet feature extraction for vibration monitoring［J］. IEEE Transactions on Industrial Electronics，2000，47（3）：650-667.

[9]　余竹，夏禾，Goicolea J M，等. 基于小波包能量曲率差法的桥梁损伤识别试验研究［J］. 振动与冲击，2013，32（5）：20-25.

[10]　王鑫，胡卫兵，孟昭博. 基于小波包能量曲率差的古木结构损伤识别［J］. 振动与冲击，2014，33（7）：153-159.

[11]　费成巍，白广忱，李晓颖. 基于过程功率谱熵 SVM 的转子振动故障诊断方法［J］. 推进技术，2012（2）：293-298.

[12]　Pnevmatikos N G，Hatzigeorgiou G D. Damage detection of framed structures subjected to earthquake excitation using discrete wavelet analysis［J］. Bulletin of Earthquake Engineering，2016，15（1）：1-22.

[13]　管迪华. 模态分析技术［M］. 北京：清华大学出版社，1996.

[14]　Welch P. The use of fast Fourier transform for the estimation of power spectra：a method based on time averaging over short，modified periodograms［J］. IEEE Transactions on Audio and Electroacoustics，1967，15（2）：70-73.

[15]　Ahmadi E，Caprani C. Damping and frequency of human-structure interaction system［J］. MATEC Web of Conferences，2015，24：1-7.

[16]　Hou Z，Xia H，Zhang Y L. Dynamic analysis and shear connector damage identification of steel-concrete composite beams［J］. Steel and Composite Structures，2012，13（4）：327-341.

[17]　Živanović S. Benchmark footbridge for vibration serviceability assessment under the vertical component of pedestrian load［J］. Journal of Structural Engineering. 2012，138（10）：1193-1202.

[18]　李志彬，陈岩，孙伟程，等. 横向振动下螺栓连接失效及影响因素研究［J］. 宇航总体技术，2018，2（4）：24-30.

[19]　应怀樵，沈松，刘进明. 频率混叠在时域和频域现象中的研究［J］. 振动、测试与诊断，2006，26（1）：1-4.

[20]　Humar J. Performance of vibration-based techniques for the identification of structural damage［J］. Structural Health Monitoring，2006，5（3）：215-241.

[21]　涂拥军，李静，王国恩，等. 基于韦尔奇功率谱的雷达辐射源信号识别［J］. 航天电子对抗，2009，25（3）：32-34.

# 第 6 章
# 结构时变损伤诊断

## 6.1 概述

作为结构健康监测系统中的一个关键问题，损伤识别研究已成为土木工程领域的研究热点。虽然判别结构的损伤位置和损伤程度具有重要的工程意义，但是追踪桥梁结构时变损伤趋势的重要性也不容忽视。实际桥梁结构在服役期限内经常受到地震、风荷载、环境振动、温度和湿度等多重因素影响，其损伤是一个由轻微损伤到严重损伤的渐变过程。渐变的损伤过程需要瞬时特征参数作为表征，因此提出一个时变的损伤指标来描述结构的损伤演化过程是十分必要的[1]。然而，截至目前有关时变损伤识别的研究还比较少，技术也不太成熟。为有效识别结构的时变损伤，本章结合解析模态分解定理、小波变换等理论构建了小波总能量变化率和归一化小波能量变化率指标来追踪结构的损伤演化过程。

## 6.2 基于小波总能量变化率指标识别时变损伤

能量包含丰富的损伤信息，除了用于损伤定位，同样也能用来构建时变损伤指标[2,3]。本节从已经识别的损伤位置出发，选取损伤节点附近的响应信号作为新的目标信号，然后将快速独立成分分析、时间窗思想与小波变换理论相结合，从而构建新的时变损伤指标小波总能量变化率（Wavelet Total Energy Change Ratio，WTECR）。

### 6.2.1 小波总能量变化率指标

时变损伤指标小波总能量变化率的构建流程如图 6-1 所示。首先，采用小波阈值去噪对损伤位置处的响应信号进行初步去噪，然后利用解析模态分解定理提取 IMF1 和 IMF2 并通过快速独立成分分析（Fast Independent Component Analysis，FastICA）将分量信号混合后再提取更为独立的 IMF1。最后，将新的 IMF1 作为输入信号并结合时间窗思想构建小波总能量变化率指标。

FastICA 是独立成分分析（Independent Component Analysis，ICA）中的一种最为流行且有效的算法[4]，其流程图如图 6-2 所示。将通过 AMD 分解后的各阶 IMF 定义为 $n$ 维向量 $X$，之后以 $X$ 作为输入并引入 FsatICA 来估计本征和非高斯成分。新估计的向量 $S$ 包含更加有效且独立的各阶 IMF，更适用于后期的时变损伤识别。假定观测向量为 $X =$

$[x_1^{(d)}, x_2^{(d)}, \cdots, x_n^{(d)}]^T$，其中所有成分均是由 AMD 分解得来，该观测信号可由一系列独立源信号 $\boldsymbol{S}=[s_1, s_2, \cdots, s_m]^T$ 经一个混合矩阵线性混合而成，即

$$X = AS \tag{6-1}$$

式中，$\boldsymbol{A}$ 是一个 $n \times m$ 维矩阵。

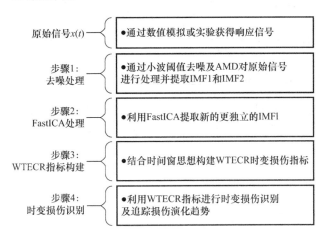

图 6-1　小波总能量变化率指标构建流程图

作为 ICA 中一种性能相对较好的算法，FastICA 采用牛顿迭代算法来对大量的观测变量采样点数据进行批量处理并以最大化负熵作为目标函数，每计算一次就从观测信号中分离出一个独立分量，然后经过多次迭代直到分离出所有的独立分量。其中，负熵的定义如式（6-2）所示，而采用负熵作为目标函数的优点是因为它被统计理论充分证明是合理的[5]。

$$J(\boldsymbol{y}) = \{E[G(\boldsymbol{y}) - EG(\boldsymbol{y}_{\text{Gauss}})]\}^2 \tag{6-2}$$

式中，$\boldsymbol{y}=\boldsymbol{W}^T\boldsymbol{Z}$，$\boldsymbol{Z}$ 为观测向量 $\boldsymbol{X}$ 经过中心化和白化处理后的向量，$\boldsymbol{W}^T$ 为 $\boldsymbol{W}$ 的转置矩阵；$\boldsymbol{y}_{\text{Gauss}}$ 是与 $\boldsymbol{y}$ 拥有相同协方差矩阵的高斯随机变量；$G$ 是一个非线性的函数且 $G(\boldsymbol{y}) = \tanh(\alpha_1 \boldsymbol{y})$，其中 $\alpha_1$ 的默认预设值为 1。

经过 FastICA 处理之后，更为有效且独立的 IMF1 被

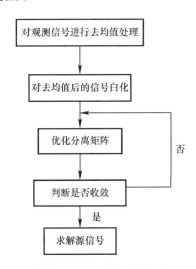

图 6-2　FastICA 流程图

提取出来。之后，对 IMF1 进行连续小波变换并得到小波系数矩阵 $\boldsymbol{W}_{x_1'}(a_i,b_j)_{m \times n}$，然后将各个尺度下的小波系数进行求和处理，即

$$W_{x'}(b_j) = \sum_{i=1}^{m} \boldsymbol{W}_{x_1'}(a_i,b_j)_{m \times n} \tag{6-3}$$

式中，$m$ 和 $n$ 分别代表尺度 $a_i$ 和时间点 $b_j$ 的个数。

沿时间轴设置一个时间窗，窗长定为 $2\Delta t$。在这里，$\Delta t$ 可以自定义，但是不能小于响应信号的时间间隔。以窗内的小波能量平均值代表时间窗中心点能量，然后将时间窗沿时间轴滑动，即可得新的 IMF1 在每个时间窗中心点的小波能量，如式（6-4）所示。

$$E_{x'}(t) = \sum_{b_j \in [t-\Delta t,\, t+\Delta t]} \frac{W_{x'}(b_j)^2}{2\Delta t} \tag{6-4}$$

将未损工况和损伤工况下经 FastICA 分离得到新的 IMF1 的时变小波总能量分别定义为 $E_{x'}^{u}(t)$ 和 $E_{x'}^{d}(t)$，则小波总能量变化如式（6-5）所示，而新构建的时变损伤指标 WTECR 则如式（6-6）所示。

$$\Delta E_{x'}(t) = \left| \frac{E_{x'}^{d}(t) - E_{x'}^{u}(t)}{E_{x'}^{u}(t)} \right| = \left| \frac{E_{x'}^{d}(t)}{E_{x'}^{u}(t)} - 1 \right| \tag{6-5}$$

$$\text{WTECR}(t) = \left| \frac{\mathrm{d}(\Delta E_{x'}(t))}{\mathrm{d}t} \right| = \left| \frac{\Delta E_{x'}(t + \Delta t) - \Delta E_{x'}(t - \Delta t)}{2\Delta t} \right| \tag{6-6}$$

### 6.2.2 突变损伤工况下的结构时变损伤识别

为验证所提指标的可行性，采用 5.2.2 节的一个简支梁数值算例进行验证。设定如表 6-1 所示的损伤工况，所有工况均考虑 10% 水平的高斯白噪声。

时变损伤工况　　　　　　　　　　　　　　　　　　　表 6-1

| 损伤工况 | 损伤情况 | 损伤位置 |
|---|---|---|
| DS1 | 无 | 无 |
| DS2 | 在 4s 时刚度突降 40% | 单元 10、11（11 节点附近） |
| DS3 | 在 4s 和 8s 刚度突降 40% | 单元 4、5 在 4s 突变，单元 15、16 在 8s 突变（节点 5 和 16 附近） |
| DS4 | 在 4~8s 刚度线性下降 40% | 单元 10、11（节点 11 附近） |

首先，考虑单点突变损伤工况，即 DS2 工况。在进行时变损伤识别前，已通过 5.2 节的 WTEC 指标确定损伤位置为节点 11。因此，选取节点 11 处的加速度响应作为目标信号进行分析。在对目标信号进行小波阈值去噪及 AMD 处理之后，提取 IMF1 和 IMF2，如图 6-3 所示。然后，对所提取的 IMF1 和 IMF2 进行 FastICA 处理，提取到的新 IMF1 如图 6-4(a) 所示。同理，对未损工况下 DS1 节点 11 的响应信号经上述处理得到的新的 IMF1 如图 6-4(b) 所示。

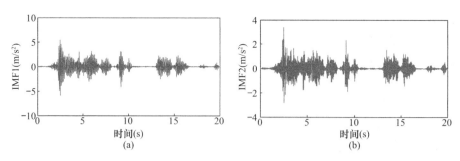

图 6-3　DS2 工况下节点 11 的加速度响应分量信号<br>（a）IMF1；（b）IMF2

选用 Morlet 小波为母函数，对新得到的 IMF1 进行连续小波变换，并根据式（6-3）对各尺度下的小波系数进行求和。之后，建立一个长度为 100（0.1s）的滑动时间窗并基于式（6-4）计算滑动窗中点的小波总能量。最后，根据式（6-6）计算所提指标 WTECR。由于受到高斯白噪声的影响，识别结果通常呈折线状。为提高曲线的光滑度，对所求 WTECR 进行平滑处理[6]，结果如图 6-5 所示。可知：WTECR 在第 4s 时出现了明显突变点，因此可推断结构在该时刻发生了损伤，这与预先设定的 DS2 工况完全吻合，同时也验证了所提指标能够准确识别简支梁结构单点突变损伤的发生时间。

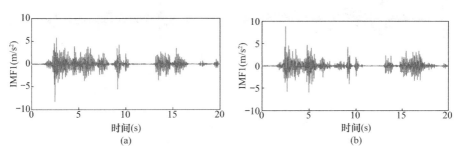

图 6-4　DS2 工况下通过 FastICA 得到的新 IMF1

（a）DS2；（b）DS1

其次，考虑多点突变损伤工况，即 DS3 工况。DS3 工况的损伤单元为 4、5 和 15、16，其对应的损伤节点为 4、5、6 和 15、16、17。本节选用节点 15 的加速度响应进行分析，其最终识别结果如图 6-6 所示。可以看出，在 4s 和 8s 附近出现了明显的 WTECR 突变点，这表明 4s 和 8s 时结构出现了损伤，与预先设定的 DS3 工况完全吻合。由此可见，WTECR 指标不仅能够准确识别单点突变损伤的发生时间，也能够有效识别多点突变损伤的发生时间。

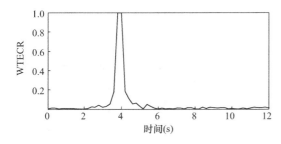
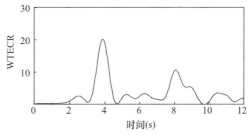

图 6-5　DS2 工况下时变损伤识别结果　　　图 6-6　DS3 工况下时变损伤识别结果

### 6.2.3　线性损伤工况下的结构时变损伤识别

为验证 WTECR 指标识别线性损伤的能力，选取表 6-1 中的 DS4 工况进行分析。

首先选定损伤位置附近节点 11 处的加速度响应进行小波阈值去噪，原始含噪信号及去噪后的信号分别如图 6-7（a）和（b）所示。然后，通过 AMD 提取分量信号 IMF1 和 IMF2，结果如图 6-8（a）和（b）所示。最后，将 IMF1 和 IMF2 输入到 FastICA 中提取更为独立的 IMF1，之后将所分离的 IMF1 作为新的待分析信号并结合小波能量和时间窗思想来计算 WTECR，结果如图 6-9 所示。

根据图 6-9 可知：WTECR 在 4～8s 之间出现了线性增长，这与预先设定的 DS4 工况下结构在 4～8s 之间呈现线性损伤基本一致。另外，在 0.1s 附近出现了一个尖点，这是由于小波变换的端点效应所致，因而并不能被判定为损伤。总之，所提指标 WTECR 不仅能够准确识别单点及多点突变损伤的损伤时间，还能够识别线性损伤的损伤时间。

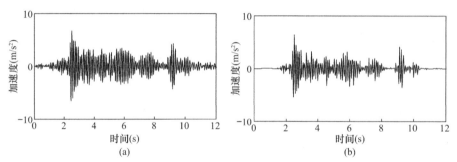

图 6-7　DS4 工况下节点 11 的加速度响应分量信号

（a）含噪信号；（b）去噪信号

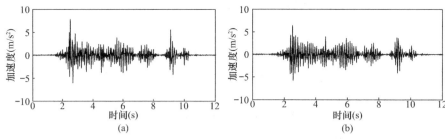

图 6-8　DS4 工况下通过 FastICA 得到的新 IMF1

（a）IMF1；（b）IMF2

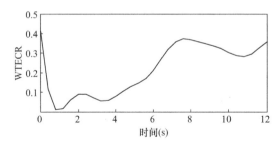

图 6-9　DS4 工况下时变损伤识别结果

### 6.2.4　简支钢桥时变损伤识别试验验证

与 5.6.2 节相同，以简支钢桥试验为例进行时变损伤诊断的验证，考虑的工况详见表 5-8。首先，研究 DS1 和 DS2 工况。在成功识别损伤位置为 S1（2 号和 3 号测点）附近的前提下，从 DS1 工况下测点 2 或者测点 3 中任意一个测点（本节以测点 2 为例）记录的加速度响应信号出发，将 AMD 定理提取的 IMF1 和 IMF2 线性混叠后再通过 FastICA 分离出独立 IMF1，结果如图 6-10(a) 所示。同理可求得 DS2 工况下去除相关成分的独立 IMF1，如图 6-10(b) 所示。

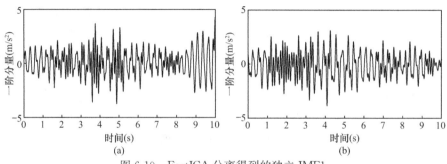

图 6-10　FastICA 分离得到的独立 IMF1

（a）DS1；（b）DS2

采用复 Morlet 小波对 FastICA 提取的独立 IMF1 进行连续小波变换并根据式(6-4)对获得的小波系数矩阵求和。然后，在求和后的小波系数曲线上设置一个滑动时间窗并选取时间窗长为 50（0.25s），再根据式(6-5)求得一阶本征函数小波总能量在每个中心点的值 $E_x^1(t)$。同理，可求得 DS2 工况下一阶本征函数小波总能量在每个中心点的值 $E_x^1(t)$。最后根据式(6-6)求解最终的 WTECR，如图 6-11 所示。可知：WTECR 在 7.5s 附近出现突变，这是由于 S1 损伤块在此刻突然掉落而引起的刚度突变造成的，与事先定义的损伤工况 DS2 相吻合。因此，WTECR 指标能够有效识别简支钢桥的单点损伤发生时间并追踪结构的时变损伤。

其次，研究 DS1 和 DS3 工况。在成功识别损伤位置为 S1（2 和 3 测点）和 S3（7 和 8 测点）附近的基础上，从 DS1 和 DS3 工况中的测点 2、3、7 和 8 中任意一个测点（本试验以测点 2 为例）记录的加速度信号出发，将 AMD 定理提取的 IMF1 和 IMF2 线性混叠后通过 FastICA 再分离出独立 IMF1。采用复 Morlet 小波对 FastICA 提取的独立 IMF1 进行连续小波变换并根据式(6-4)对得到的小波系数矩阵求和，然后在求和后的小波系数曲线上设置一个滑动时间窗，选取时间窗长为 50（0.25s），根据式(6-5)和式(6-6)求解最终的 WTECR，如图 6-12 所示。可知：WTECR 在 2.3s 和 7.5s 附近出现突变，这是由于 S1 和 S3 损伤块在 2.4s 和 7.5s 时刻附近分别突然掉落而引起的，与事先定义的 DS3 工况基本吻合。因此，WTECR 指标不但能够识别单点损伤工况下简支钢桥的损伤发生时间，而且能够有效识别多点损伤工况下简支钢桥的损伤发生时间。

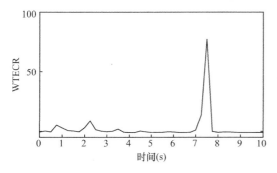

图 6-11 单点时变损伤识别结果

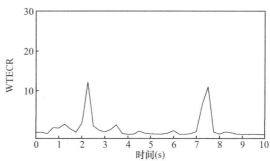

图 6-12 多点时变损伤识别结果

# 6.3 基于同步挤压和时间窗的结构时变损伤识别

目前针对结构开展时变损伤识别研究仍然十分少见，现有的损伤识别方法也不能很好地解决这一类问题。为此，本书提出了一种基于同步挤压[7]和时间窗思想[8,9]的时变损伤指标并将此指标应用于简支梁结构的损伤识别。

## 6.3.1 时变损伤指标归一化小波能量变化率

能量是结构振动信号分析中的重要物理量，损伤位置处响应信号的能量在损伤前后通常会发生比较大的变化，可以用来表征结构的损伤状况。然而实际工程结构的损伤通常是一个动力特性不断改变的过程，时不变的小波包节点能量虽然能够识别出结构的损伤位置，但是却无法识别出结构的时变损伤。因此本节在小波包节点能量的基础上运用同步挤压和时间窗思想重新定义了一个时变的损伤指数，即归一化小波能量变化率。归一化小波能量变化率指标仅需已知结构的响应信号就能识别出结构的时变损伤。该指标与6.2节的小波总能量变化率虽有一定的类似，但是构建方法却有所区别。

给定任意响应信号 $x(t)$，首先对其进行傅里叶变换，可得响应信号的幅频图。若信号 $x(t)$ 含 $p$ 个频率成分，根据幅频图可以将频率轴划分为 $p$ 个频率区间[1]，分别为 $[f_{1l}, f_{1r}]$，$[f_{2l}, f_{2r}]$，$\cdots$，$[f_{il}, f_{ir}]$，$\cdots$，$[f_{pl}, f_{pr}]$。按式（2-11）对响应信号 $x(t)$ 进行连续小波变换可得小波系数矩阵 $W_x(a, b)_{m \times n}$，其中 $m$ 代表尺度 $a_i$ 个数，$n$ 为采样时间点 $b_j$ 个数。

由于小波尺度 $a$ 与频率存在如式（6-7）所示的一一对应关系，据此可将频率区间转化为尺度区间 $[a_{1l}, a_{1r}]$，$[a_{2l}, a_{2r}]$，$\cdots$，$[a_{il}, a_{ir}]$，$\cdots$，$[a_{pl}, a_{pr}]$。

$$a = \frac{F_c \cdot f_s}{f_a} \tag{6-7}$$

对第 $i$ 个尺度区间的小波系数进行同步挤压，可得

$$T_x(a_i, b_j) = \sum_{a_{il} \leqslant a_i \leqslant a_{ir}} W_x(a_i, b_j) \tag{6-8}$$

式中，$T_x(a_i, b_j)$ 为同步挤压后的小波系数值，是 $n$ 维行向量。

为追踪结构的时变损伤，在同步挤压小波系数曲线上设置一个滑动时间窗，窗口长度为 $2\Delta t$，以窗内的小波能量平均值代表滑动窗中心点的小波能量。令窗口沿时间轴不断滑动，可以求得第 $i$ 阶小波能量在每个中心点的值，如式（6-9）所示。

$$E_{x_i}(t) = \int_{t-\Delta}^{t+\Delta} \frac{T_x(a_i, b_j)^2}{2\Delta t} \mathrm{d}t = \sum_{b_j \in [t-\Delta, t+\Delta]} \frac{T_x(a_i, b_j)^2}{2\Delta t} \tag{6-9}$$

考虑到各阶模态的正交性，响应信号 $x(t)$ 的小波能量应为各阶小波能量之和，亦为时间 $t$ 的函数，其表达式如式（6-10）所示。

$$E_x(t) = \sum_{i=1}^{p} E_{x_i}(t) \tag{6-10}$$

假定损伤前后的小波能量分别为 $E_x(t)$ 和 $E_x^*(t)$，则归一化后的小波能量变化（Normalized Wavelet Energy Change，NWEC）为

$$\Delta E_x(t) = \left| \frac{E_x^*(t) - E_x(t)}{E_x(t)} \right| = \left| \frac{E_x^*(t)}{E_x(t)} - 1 \right| \tag{6-11}$$

至此，损伤前后的归一化小波能量变化率（Normalized Wavelet Energy Change Ratio，NWECR）为

$$q = \frac{\mathrm{d}(\Delta E_x(t))}{\mathrm{d}t} = \frac{\Delta E_x(t)}{2\Delta t} \tag{6-12}$$

由式（6-12）可知，小波能量变化率 $q$ 是时间的函数，因而能够反映结构损伤随时间变化的关系。

### 6.3.2　简支梁模型单点时变损伤识别

为验证所提出的小波能量变化率指标的正确性，以6.2.3节的简支梁数值模型为例，对刚度突变和线性变化两种工况下的时变损伤进行识别。简支梁的损伤通过降低单元刚度来实现。各个节点的位移、速度和加速度响应可通过结构动力学中的Newmark积分求解，

其中采样频率 $f_s = 1000\text{Hz}$。识别过程中按式(6-13)对响应信号 $x(t)$ 施加随机噪声干扰。

$$x'(t) = x(t)(1 + \varepsilon \cdot r) \tag{6-13}$$

式中，$r$ 是均值为 0、方差为 1 的正态分布随机序列；$\varepsilon$ 代表噪声水平；$x'(t)$ 为添加噪声后的响应信号。

首先，设定跨中单元 10 和 11 的刚度在 4s 时降低 20%，其刚度变化如图 6-13 所示，其中 $E_0I$ 为初始刚度。采用 Newmark 积分求解简支梁各节点的自由响应，其中刚度突变工况和未损工况下简支梁跨中节点 11 的含噪位移响应如图 6-14 所示。

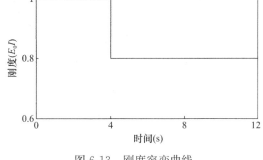

图 6-13　刚度突变曲线

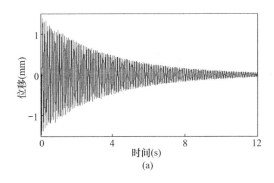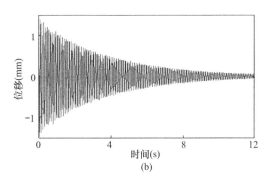

图 6-14　10%水平噪声下节点 11 的位移响应

(a) 未损工况；(b) 刚度突变工况

采用复 Morlet 小波对节点 11 的位移响应进行连续小波变换并对变换后的小波系数进行同步挤压从而得到同步挤压小波变换系数。选取时间窗长为 100（0.1s），根据式(6-9)～式(6-11)构建各时间点的归一化小波能量变化 $\Delta E_x(t)$，如图 6-15(a)所示。可知：前 4s 结构的小波能量变化为零，未出现结构损伤，即结构的初始损伤时刻为 4s。然而，从图 6-15(a) 中无法直接识别时变结构的损伤演化趋势，因此根据式(6-12)求解结构的小波能量变化率，如图 6-15(b)所示。可知：小波能量变化率在 4s 左右出现突变，这说明跨中节点 11 处的刚度此刻突然降低，即发生损伤。通过比对图 6-13 与图 6-15(b)，可得出如下结论：小波能量变化率指标能够较为准确地识别结构的时变损伤类型为突变。需要注意的是，在图 6-15(b) 中，突变损伤时刻处（4s）的小波能量变化率出现了一个非常显著的脉冲，随后便趋于稳定。这是因为在计算小波能量变化率指标时，选取的时间窗长为 100（0.1s）。而结构的突变损伤发生在第 4s，因此在 4s 附近的几个时间窗内参与计算的能量突变采样点不尽相同，因而小波能量变化率指标发生了急剧的变化。此外由于 10%水平高斯白噪声的随机性，这个峰值还在一定程度上被放大，因而形成了显著的脉冲。

值得注意的是，当结构发生小损伤时，小波能量变化率指标仍然能够有效识别结构的时变损伤。以刚度突变工况为例来说明小波能量变化率指标识别结构小损伤的正确性，即设定跨中单元 10 和 11 在 4s 时刚度突降 5%，然后根据 6.3.1 节定义的公式计算简支梁的小波能量变化率指标，结果如图 6-16 所示。可以看出，该指标准确反映了结构的刚度突变趋势。此外，小损伤状态下小波能量变化率指标值较小，容易受到噪声的影响，因而 4～12s 之间的水平直线段出现了一定的波动。

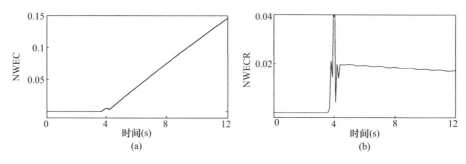

图 6-15  刚度突变工况下的归一化小波能量变化及小波能量变化率
(a) 归一化小波能量变化；(b) 归一化小波能量变化率

其次，设定跨中单元 10 和 11 的刚度在 $t=4～8s$ 时线性降低 20%，即 $EI = E_0I[1 - 0.05(t-4)](4s \leqslant t \leqslant 8s)$，如图 6-17 所示，其中 $E_0I$ 为初始刚度。与刚度突变工况类似，考虑的噪声水平为 10%。刚度线性变化工况和未损工况下简支梁跨中节点 11 的自由位移响应如图 6-18 所示。

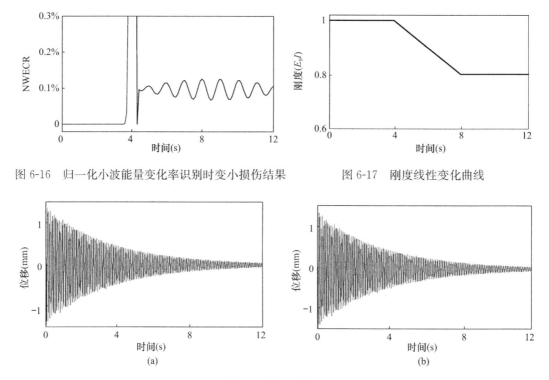

图 6-16  归一化小波能量变化率识别时变小损伤结果          图 6-17  刚度线性变化曲线

图 6-18  10%水平噪声下节点 11 的位移响应
(a) 未损工况；(b) 刚度线性变化工况

选取时间窗长为 100（0.1s），根据式(6-8)～式(6-11)求得简支梁的归一化小波能量变化，如图 6-19(a) 所示。可以清楚地看到，前 4s 简支梁结构的归一化小波能量没有变化，即结构在前 4s 完好无损。4s 之后结构的损伤不断增加，但其发展趋势仍然未知。
图 6-19(b) 给出了归一化小波能量变化率指标随时间变化的关系。归一化小波能量变化率
在 4~8s 内不断增加，近似线性变化，这表明简支梁跨中节点 11 的刚度在该时间段呈线
性下降趋势。8s 之后归一化小波能量变化率值基本保持不变，此时结构的损伤已经停止并
不再继续发展。通过对比图 6-17 和图 6-19(b)，则再一次验证了归一化小波能量变化率指
标识别时变损伤的准确性。

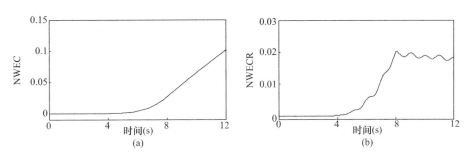

图 6-19　刚度线性变化工况下归一化小波能量变化及小波能量变化率
(a) 归一化小波能量变化；(b) 归一化小波能量变化率

### 6.3.3　简支梁模型多点时变损伤识别

为验证提出的小波能量变化率指标能否识别含多个损伤位置的简支梁模型的时变损
伤，设定四分之一跨处单元 5 和 6 的刚度在 $t=2\sim6s$ 时间段线性降低 20%，即 $EI=E_0I[1-0.05(t-2)](2s \leqslant t \leqslant 6s)$，而跨中单元 10 和 11 的刚度在 $t=8s$ 时突然降低 20%。
采用 Newmark 积分求解简支梁跨中节点 11 的自由响应并施加 10% 水平随机噪声干扰。
选取时间窗长为 100(0.1s)，按式(6-8)~式(6-12) 计算简支梁的归一化小波能量变化和
小波能量变化率，结果如图 6-20 所示。由图 6-20(b) 可知：小波能量变化率在 2~6s 内不
断增加，近似线性变化，这反映了简支梁四分之一跨处节点 6 的刚度在该时间段线性下
降。在 6~8s 时间段，归一化小波能量变化率值基本保持不变，这表明在该时间段结构没
有新的损伤出现。归一化小波能量变化率指标在 8s 左右出现突变，这反映了跨中节点 11
的刚度于此刻突然降低。8s 之后归一化小波能量变化率值基本保持不变，此时结构的损伤
已经停止并不再继续发展。因此，归一化小波能量变化率指标能够有效识别简支梁结构的
两点甚至多点时变损伤。

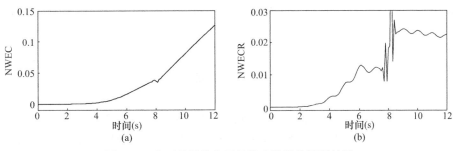

图 6-20　含两处损伤位置的简支梁损伤识别结果
(a) 归一化小波能量变化；(b) 归一化小波能量变化率

### 6.3.4 时间窗长对时变指标的影响

由于时间窗思想的引入，归一化小波能量变化率损伤指标成为一个时变指标，可以用于结构的时变损伤识别。然而时间窗的选取对于损伤指标的取值是有一定影响的，其影响程度尚未可知。

为研究时间窗长对归一化小波能量变化率损伤指标的影响，仍以上述简支梁模型为例，采样时间间隔设为 0.001s，假定时间窗长分别为 100（0.1s）、500（0.5s）和 1000（1s），求解刚度突变和刚度线性变化两种工况下的归一化小波能量变化率值，结果如图 6-21 所示。可知：无论时间窗取何种长度，归一化小波能量变化率曲线基本保持一致，均能较为准确地反映结构的损伤演化趋势，即能够识别出结构的时变损伤。时间窗长对归一化小波能量变化率指标的影响主要集中在刚度发生改变的临界点，而且影响程度较小，而窗口长度在其他时间点的影响基本可以忽略不计。因此，可以根据实际需要在一定范围内选择合适的时间窗长。

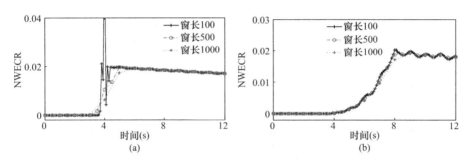

图 6-21 时间窗长对归一化小波能量变化率损伤指标的影响

（a）刚度突变；（b）刚度线性变化

## 6.4 本章小结

小波分析对局部突变信号不但具有较强的检测和识别能力，而且较以往传统的时域或频域的识别方法更能准确地反映结构的损伤信息。为有效追踪结构的损伤演化过程，本章提出了小波总能量变化率和归一化小波能量变化率两个时变损伤指标。通过简支梁数值模型和简支钢桥试验验证了上述指标能够有效探测结构的两点甚至多点时变损伤。当然，仅仅进行数值模拟和试验验证是完全不够的，其在实际工程中的表现究竟如何还有待深入研究。

## 参 考 文 献

[1] 王思帆. 基于小波能量的梁结构损伤位置及时变损伤识别 [D]. 福建农林大学，2019.

[2] 刘景良，任伟新，王佐才. 基于同步挤压和时间窗的时变结构损伤识别 [J]. 振动工程学报，2014，27（6）：835-841.

[3] 刘景良，高源，廖飞宇，等. 移动荷载作用下时变简支钢桥损伤识别 [J]. 振动. 测试与诊断，

2020，40（1）：12-19.

[4]　Miettinen J，Nordhausen K，Oja H，et al. Deflation-based FastICA with adaptive choices of nonlinearities [J]. IEEE Transactions on Signal Processing，2014，62（21）：5716-5724.

[5]　Hyvarinen A，Oja E. Independent component analysis：algorithms and applications [J]. Neural Networks，2000，13（4）：411-430.

[6]　武炜，陈标，吴剑锋，等. 基于五点三次平滑算法的入库流量反推研究 [J]. 水利水电技术，2013，44（12）：100-102.

[7]　Daubechies I，Lu J，Wu H T. Synchrosqueezed wavelet transforms：An empirical mode decomposition-like tool [J]. Applied and Computational Harmonic Analysis，2011，2（30）：243-261.

[8]　Park S K，Park H W，Shin S，Lee H S. Detection of abrupt structural damage induced by an earthquake using a moving time window technique [J]. Computers and Structures，2008，86（11-12）：1253-1265.

[9]　刘景良，高源，骆勇鹏，等. 运用分量信号小波能量法识别时变结构损伤 [J]. 噪声与振动控制，2017，37（6）：158-162.

# 第 7 章
# 钢管混凝土构件脱空缺陷诊断

## 7.1 概述

随着我国建筑业的飞速发展，人们对工程结构的承载力提出了更高的要求。钢管混凝土结构因钢管与核心混凝土之间具有协同互补作用，相对于钢筋混凝土结构而言具有塑性与韧性好、承载力高及施工便利等优点，因而在实际工程中得到广泛应用。然而，实际工程中的钢管混凝土结构因设计施工不合理、缺乏必要的监督维护等各种不利情况也发生了不同程度的脱空缺陷。当脱空缺陷累积到一定程度时就容易导致结构失稳垮塌，从而造成灾难性后果。因此，对服役期间的钢管混凝土结构进行缺陷识别并及时采取针对性的维修加固措施，将能极大程度地避免灾难性事故的发生，对经济发展和民生安全都具有深远的意义和影响[1~3]。

目前，常见的钢管混凝土脱空缺陷检测技术包括有损检测和无损检测技术。其中，最为常用的有损检测技术为钻芯取样法，即直接对预判有脱空的位置进行钻孔取样，然而这种方法对钢管混凝土结构造成的破坏是不可逆的。当前，广泛应用于实际钢管混凝土结构脱空缺陷检测的无损检测技术主要有超声波法和面波频谱分析法，但是这些方法对检测环境要求高，而且检测设备沉重并需要布置大量测点，因此难以对结构进行实时健康监测。截至目前，基于振动特性的缺陷检测方法越来越受到重视并被应用于传统的钢结构和混凝土结构缺陷检测，但是较少用于钢管混凝土脱空缺陷检测。该方法的基本原理为：受损结构的物理参数（质量、阻尼和刚度）的变化将引起结构模态参数（固有频率、模态阻尼和模态振型）的改变[4~5]。通过分析结构的模态参数即可判断缺陷位置和受损程度，在此基础上可进一步针对缺陷区域采取相应的维修加固措施[6]。本章将从结构的振动响应出发，构建若干个损伤指标并对钢管混凝土构件进行缺陷探测研究。

## 7.2 基于小波理论识别钢管混凝土脱空缺陷

### 7.2.1 相对小波熵

在构建相对小波熵时，首先采用小波包对结构响应信号进行分解，然后通过分解后的小波系数来构造相对小波熵指标并用以探测结构响应信号中微小而短促的异常信息[7]。小波变换及小波包变换相关理论已在第 2 章中进行了详细阐述，而小波阶次的选择标准参见 5.3.1 节。

设定某点的初始响应信号为 $x(t)$，其 $j$ 水平下的小波包分解如式(7-1) 所示，而信号各频段的小波包组分能量可由式(7-2) 获得。

$$x(t) = \sum_{i=1}^{2^j} x_j^i(t) \tag{7-1}$$

$$E_{x_j^i} = \int_{-\infty}^{+\infty} x_j^i(t)^2 \mathrm{d}t \tag{7-2}$$

信号的总能量为各小波包组分能量之和，其表达式为

$$E_x = \sum_{i=1}^{2^j} E_{x_j^i} \tag{7-3}$$

因此，相对小波能量的定义为

$$p_i = \frac{E_{x_j^i}}{\sum_{i=1}^{2^j} E_{x_j^i}} = \frac{E_{x_j^i}}{E_x} \tag{7-4}$$

然后，根据熵值的定义构造如式(7-5) 所示的小波熵。

$$S_{WT}(p) = -\sum_j p_j \log p_j \tag{7-5}$$

式中，$p$ 原本为信息论中信号的概率，而在这里则采用表征某一段信号的能量强度比例的相对小波能量来代替。

假设存在两组相对小波能量分布的数据 $p_j$ 和 $q_j$，则可定义相对小波熵（Relative Wavelet Entropy，RWE）为

$$RWE = -\sum_j \frac{p_j}{q_j} \ln\left(\frac{p_j}{q_j}\right) \tag{7-6}$$

式中，$p_j$ 和 $q_j$ 分别为结构损伤和未损状态的两组相对小波能量分布数据。

### 7.2.2　小波包能量变化

一般来说，通过小波包分解得到的小波包组分能量对损伤非常敏感[8]。基于此，可构建小波包能量变化指标，其详细建立过程如下所示。

首先，采用小波包变换对结构响应信号进行 $j$ 水平分解，则表征信号各频段能量分布的小波包组分能量 $E_{x_j^i}$ 如式(7-2) 所示，而总能量则可通过式(7-3) 获得。假设完好工况下结构振动响应的小波包组分能量为 $(E_{x_j^i})_u$，损伤工况下的小波包组分能量为 $(E_{x_j^i})_d$，则小波包能量变化（Change of Wavelet Packet Energy，CWPE）可表示为

$$CWPE = \sum_{i=1}^{2^j} \frac{|(E_{x_j^i})_d - (E_{x_j^i})_u|}{(E_{x_j^i})_u} \tag{7-7}$$

### 7.2.3　相对小波包能量曲率差

为建立相对小波包能量曲率差（Curvature Difference of Relative Wavelet Packet Energy，CDRWPE）指标，首先对结构响应信号进行 $j$ 水平的小波包分解并得到各频段的小波包组分能量，然后按式(7-4) 求解各测点的相对小波能量。根据文献［9］建议，前八阶分量的能量曲率差的数量级较大，适合构建损伤指标。因此，本节选取结构各测点处所

对应的前八阶相对小波能量来构建相对小波包能量曲率差指标，如式（7-8）所示。

$$P_i''(x) = \frac{p_i(x+1) - 2p_i(x) + p_i(x-1)}{l^2} \quad (i = 1, 2, \cdots, 8) \quad (7\text{-}8)$$

式中，$l$ 为两个相邻测点之间的间距；$p_i(x+1)$、$p_i(x)$ 和 $p_i(x-1)$ 分别为结构的第 $x+1$ 个、第 $x$ 个、第 $x-1$ 个测点处响应信号的相对小波包能量曲率，可根据式（7-4）求解。

在定义完好工况和损伤工况下结构的第 $x$ 个测点处响应信号的相对小波包能量曲率分别为 $P_i''(x)^u$ 和 $P_i''(x)^d$ 之后，通过前 $i$ 个相对小波能量（$i=1$，2，$\cdots$，8）构建的相对小波包能量曲率差可表示为

$$\text{CDRWPE} = \sum_{i=1}^{8} \left| P_i''(x)^d - P_i''(x)^u \right| \quad (7\text{-}9)$$

式中，上标 u 和 d 分别表示未损和损伤状态。

### 7.2.4　一阶本征函数相对小波能量变化

在构建一阶本征函数相对小波能量变化之前，首先将 AMD 提取的一阶本征函数按式（7-1）进行小波包分解，而信号各频段的小波包组分能量可由式（7-2）获得。在此基础上，根据式（7-4）求解一阶本征函数相对小波能量 $p_i$。

假定完好和损伤工况下结构响应信号的相对小波能量分别为 $(p_i)_u$ 和 $(p_i)_d$，则 $j$ 水平下结构响应信号的一阶本征函数相对小波能量变化（Relative Wavelet Energy Change of IMF1，RWECIMF）可表示为

$$\text{RWECIMF} = \sum_{i=1}^{2^j} \frac{\left| (p_i)_d - (p_i)_u \right|}{(p_i)_u} \quad (7\text{-}10)$$

### 7.2.5　带脱空缺陷的钢管混凝土构件有限元模型数值算例

采用有限元程序 ABAQUS 建立了 5 根带脱空缺陷的钢管混凝土圆形柱模型，如图 7-1 所示。其中，钢管混凝土的局部冠形脱空是通过布尔运算来完成的。每根柱长 $L=1200\text{mm}$，底部直径 $D=150\text{mm}$，端板边长 $B=240\text{mm}$，端板厚 $C=20\text{mm}$，钢管厚度 $T=3.75\text{mm}$，端板和钢管的弹性模量 $E_s=206\text{GPa}$，密度 $\rho_s=7.85\times10^3\text{kg/m}^3$，混凝土弹性模量 $E_c=33.5\text{GPa}$，密度 $\rho_c=2.41\times10^3\text{kg/m}^3$。将建立的钢管混凝土柱模型均匀地划分为 11 个部分，如图 7-2 所示。假定在钢管混凝土构件有限元模型上等间距布置 11 个加速度传感器，并在①和②之间施加集中荷载，增量步为 $5\times10^{-5}$，然后提取如表 7-1 所示各工况下每个测点的加速度时程数据。

(a)　　　　　　　　　　　　　　　(b)

图 7-1　钢管混凝土构件有限元模型

(a) 钢管混凝土圆形柱；(b) 核心混凝土缺陷

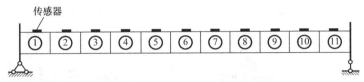

传感器

图 7-2  钢管混凝土构件划分示意图

钢管混凝土构件模型脱空工况                                      表 7-1

| 工况设置 | 编号 | 脱空单元 |
|---|---|---|
| 完好工况 | B0 | 所有单元均未脱空 |
| 单脱空工况 | B1 | 单元 9 |
| | B2 | 单元 6 |
| 多脱空工况 | B3 | 单元 6 和单元 9 |
| | B4 | 单元 3、单元 6 和单元 9 |

首先，采用相对小波熵指标识别钢管混凝土构件有限元模型的脱空缺陷。根据式(5-8)计算并比较不同阶次 Daubechies 小波包分解的范数熵值，然后选取合适的小波阶次 $N$。以完好工况下钢管混凝土模型算例中节点 9 的时程响应为例，设定小波阶次 $N$ 为 3～12，然后对时程响应进行 5 层小波包分解并计算范数熵，最终结果汇总如表 7-2 所示。

不同阶次下小波基函数的范数熵值                                  表 7-2

| 阶次 $N$ | 3 | 4 | 5 | 6 | 7 |
|---|---|---|---|---|---|
| 范数熵 $S_l$ | 128.98 | 119.55 | 112.01 | 98.63 | 105.48 |
| 阶次 $N$ | 8 | 9 | 10 | 11 | 12 |
| 范数熵 $S_l$ | 116.45 | 137.35 | 137.88 | 128.47 | 122.46 |

由表 7-2 可知：当小波阶次为 6 时，$l^p$ 范数熵值最小，因此本节采用 db6 小波基对响应信号进行分析。虽然小波包分解层次越高其精度会高，但是相应的计算时间变长，这将影响后续计算效率，因此本节的小波包分解层次设定为 5 层。

根据表 7-2 确定的小波基参数，采用 db6 小波将表 7-1 中五种工况下各测点加速度响应信号分解至第 5 层，然后按照式(7-4) 分别求解相对小波能量分布，最后根据式(7-5) 和式(7-6) 求得相对小波熵指标，最终结果如图 7-3～图 7-6 所示。由图 7-3 可知：节点 9 的相对小波熵值最大，因此判断这个位置附近出现脱空现象，这与 B1 工况十分吻合。从图 7-4 可以看出，节点 6 附近存在脱空缺陷。由图 7-5 可知：当钢管混凝土构件有限元模型存在两处脱空缺陷时，损伤指标在节点 6 和 9 处的值明显大于其他节点。上述现象表明节点 6 和 9 附近存在脱空缺陷，这与 B3 工况的描述一致。根据图 7-6 可知：节点 3、6、9 处的损伤指标值明显最大，据此可判定这三处位置附近存在脱空缺陷。由此可见，相对小波熵指标能够准确识别钢管混凝土构件有限元模型的脱空缺陷位置。

其次，采用小波包能量变化指标识别钢管混凝土构件有限元模型的脱空缺陷。采用 db6 小波对表 7-1 中五种工况下钢管混凝土构件有限元模型各测点加速度响应信号进行 5 层小波包分解，共得到 $2^5 = 32$ 个组分分量，最后根据式(7-7) 求解钢管混凝土构件有限元模型上每一节点的小波包能量变化并进行归一化处理，具体结果如图 7-7～图 7-10 所示。

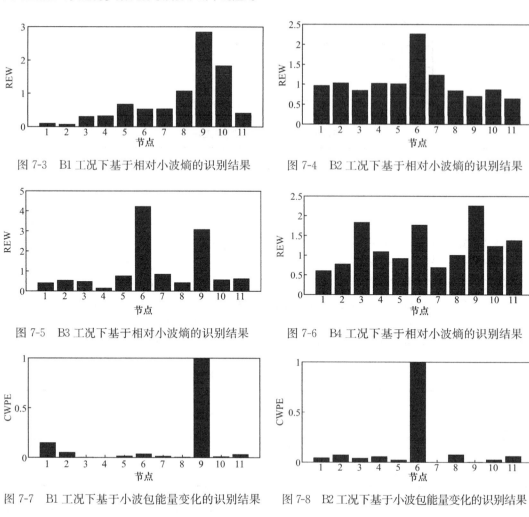

图 7-3　B1 工况下基于相对小波熵的识别结果　　图 7-4　B2 工况下基于相对小波熵的识别结果

图 7-5　B3 工况下基于相对小波熵的识别结果　　图 7-6　B4 工况下基于相对小波熵的识别结果

图 7-7　B1 工况下基于小波包能量变化的识别结果　　图 7-8　B2 工况下基于小波包能量变化的识别结果

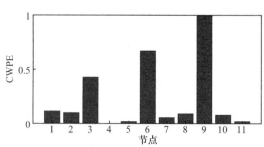

图 7-9　B3 工况下基于小波包能量变化的识别结果　　图 7-10　B4 工况下基于小波包能量变化的识别结果

在图 7-7 中，节点 9 的损伤指标值相对于其他测点比较突出，可表征结构的脱空位置，这与 B1 工况吻合。由图 7-8 可知：节点 6 附近存在脱空缺陷。图 7-9 中节点 6、9 和图 7-10 中节点 3、6、9 处的损伤指标值相较其他节点也明显偏大，可判定为脱空缺陷位置。由此可见，小波包能量变化率指标能够准确地识别脱空钢管混凝土构件有限元模型中预设的脱空节点位置。

再次，采用相对小波包能量曲率差指标识别钢管混凝土构件有限元模型的脱空缺陷。类似地，采用 db6 小波对表 7-1 所列五种工况下钢管混凝土构件有限元模型的各个节点响应信号进行 5 层小波包分解，然后取四个脱空工况和未脱空工况下响应信号的相对小波能量前 8 个分量来求解相对小波包能量曲率差值并进行归一化处理，最终结果如图 7-11～图 7-14 所示。由图 7-11 可知：节点 9 的相对小波包能量曲率差值明显比其他节点大，可判定这个位置附近出现脱空，这与 B1 工况十分吻合。从图 7-12 可以看出，节点 6 附近存在脱空缺陷。由图 7-13 可知：损伤指标在节点 6 和 9 处的值明显大于其他节点，这表明这两处附近存在脱空现象，与 B3 工况一致。同理，由图 7-14 可知：节点 6、9 处的损伤指标值最大，这说明这些位置附近存在脱空缺陷。虽然识别结果与 B4 工况基本吻合，但是却漏掉了节点 3 的脱空缺陷。此外，图 7-11 中节点 10 和图 7-12 中节点 7 处的数值都比较大，这影响了脱空缺陷的精确诊断。由此可见，虽然相对小波包能量曲率差值指标能够准确地识别钢管混凝土构件有限元模型中的脱空缺陷，但是针对多脱空工况该指标极有可能误判和漏判具体的脱空位置。

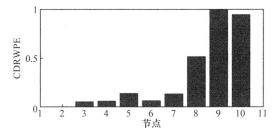

图 7-11　B1 工况下基于相对小波包能量
曲率差的识别结果

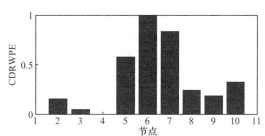

图 7-12　B2 工况下基于相对小波包能量
曲率差的识别结果

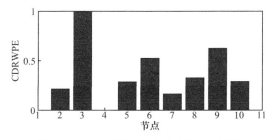

图 7-13　B3 工况下基于相对小波包能量
曲率差的识别结果

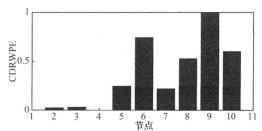

图 7-14　B4 工况下基于相对小波包能量
曲率差的识别结果

最后，采用一阶本征函数相对小波能量变化指标识别钢管混凝土构件有限元模型的脱空缺陷。通过 AMD 定理将表 7-1 中脱空和未脱空工况下钢管混凝土构件有限元模型的各个节点加速度响应信号分解为一系列本征函数，然后对一阶本征函数进行 5 层小波包分解，可得如式(7-4) 所示的相对小波能量。以 B0 和 B1 工况下节点 9 信号为例，相应的各组分信号的相对小波能量分布如图 7-15 和图 7-16 所示。可知：前 4 个组分分量或分量信号的相对小波能量占比最大，因此选择前 4 个组分分量进行能量求和并求解相对小波能量，然后将其代入式(7-10) 构建一阶本征函数相对小波能量变化指标，最终结果如图 7-17～图 7-20 所示。由图 7-17 可知：节点 9 的一阶本征函数相对小波能量变化率值最大，可判断此位置附近出现脱空，这与 B1 工况十分吻合。从图 7-18 可以看出，节点 6 附近存在脱空现象。由图 7-19 可知：损伤指标在节点 6、9 处的值明显大于其他节点，这表明上述两处位置附近存在脱空缺陷，与 B3 工况一致。根据图 7-20 可知：节点 3、6、9 处的损伤指标值最大，这表明此三处节点附近存在脱空现象，与 B4 工况十分吻合。由以上结果可知：一阶本征函数相对小波能量变化指标能够准确地识别脱空钢管混凝土构件有限元模型的预设脱空节点位置。

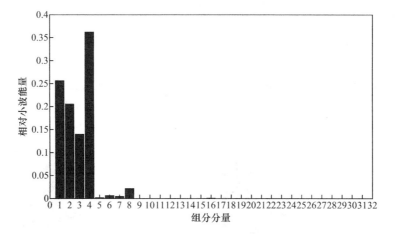

图 7-15　B0 工况下节点 9 相对小波能量分布图

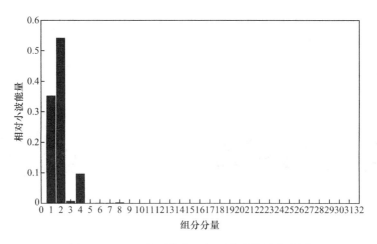

图 7-16　B1 工况下节点 9 相对小波能量分布图

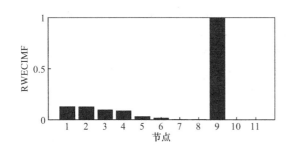

图 7-17　B1 工况下基于一阶本征函数相对小波
能量变化的识别结果

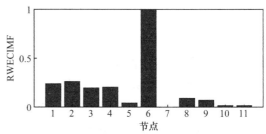

图 7-18　B2 工况下基于一阶本征函数相对小波
能量变化的识别结果

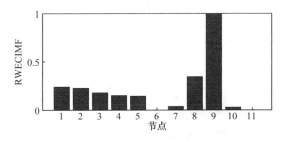

图 7-19　B3 工况下基于一阶本征函数相对小波
能量变化的识别结果

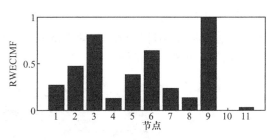

图 7-20　B4 工况下基于一阶本征函数相对小波
能量变化的识别结果

### 7.2.6　带脱空缺陷的钢管混凝土构件动力试验

为验证上述指标的脱空缺陷识别效果，本节以 5 根带脱空缺陷的现浇钢管混凝土构件为研究对象进行了动力测试并对所提出的 5 个损伤指标进行了验证。具体工况设置如表 7-3 所示。本次试验模型为现浇钢管混凝土圆形柱，柱长 $L = 1200\text{mm}$，底部直径 $D = 150\text{mm}$，以光敏树脂作为原材料，采用 3D 打印技术制作脱空模具。脱空模具及其布置如图 7-21 所示。

钢管混凝土构件脱空工况　　　　　　　　　　表 7-3

| 工况设置 | 编号 | 脱空单元 |
| --- | --- | --- |
| 完好工况 | C0 | 所有单元均未脱空 |
| 单脱空工况 | C1 | 单元 9 |
|  | C2 | 单元 6 |
| 多脱空工况 | C3 | 单元 6 和单元 9 |
|  | C4 | 单元 3、单元 6 和单元 9 |

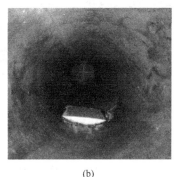

(a)　　　　　　　　　　　　　　(b)

图 7-21　试验钢管混凝土构件

(a) 脱空模具；(b) 构件内脱空模具布置

试验构件单元划分及测点布置如图 7-2 所示，将钢管混凝土构件沿长度方向 11 等分，并在各单元处设置测点，采用力锤在单元 1 和单元 2 之间施加激励。由于钢管混凝土构件刚度较大且力锤敲击时间非常短，为充分记录到信号特征，将采样频率设置为 20kHz，采样时间设为 2s。钢管混凝土构件及测点布置情况如图 7-22 所示。本次试验采用江苏东华测试技术股份有限公司研发的 DH5922N 型动态信号采集仪以及配套的 1A110E 型加速度传感器来采集加速度信号，主要的仪器设备如图 7-23 所示。根据上述试验方法对各工况下的钢管混凝土构件进行锤击动力试验，其中完好工况与各脱空工况下节点 9 的加速度时程响应信号如图 7-24 所示。

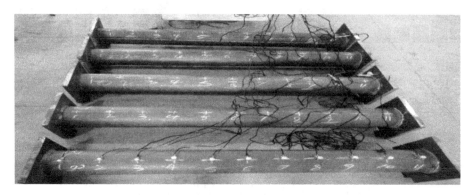

图 7-22  带脱空缺陷的钢管混凝土构件

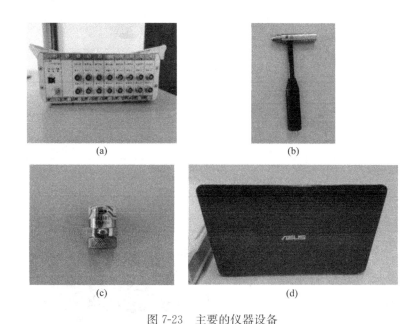

图 7-23  主要的仪器设备

（a）DH5922N 型动态信号采集仪；（b）3A102 型力锤；（c）1A110E 加速度传感器；（d）华硕笔记本

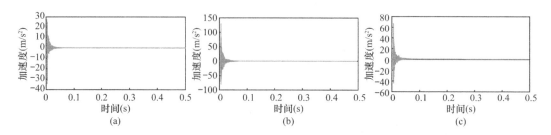

图 7-24  各工况下节点 9 加速度信号（一）

（a）C0 工况；（b）C1 工况；（c）C2 工况

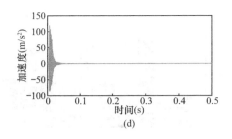
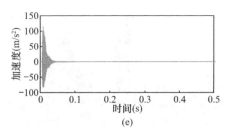

图 7-24　各工况下节点 9 加速度信号（二）
(d) C3 工况；(e) C4 工况

由图 7-24 可知：完好工况与各脱空工况下节点 9 的加速度时程信号在信号振幅上虽有所差别，但仅仅依据幅值根本无法判断钢管混凝土构件的脱空位置。因此，本节采用相对小波熵、小波包能量变化、相对小波包能量曲率差、一阶本征函数相对小波能量变化四个指标对钢管混凝土构件进行脱空缺陷识别。

首先，采用相对小波熵指标识别钢管混凝土构件的脱空缺陷。根据式(5-8) 计算并比较不同阶次 Daubechies 小波包分解的范数熵值，以此选取合适的小波阶次 $N$。同样地，以完好工况下实测钢管混凝土构件节点 9 的时程响应为例，小波阶次 $N$ 依次选取 3～12，采用小波包对时程响应进行 5 层分解并计算范数熵，最终结果如表 7-4 所示。可知：当小波阶次取 3 时，范数熵值为 198.85，相对其他阶次较小。因此，采用 db3 小波对表 7-3 中五种工况下各测点数据进行 5 层小波包分解，然后按照式(7-4) 分别求解相对小波能量，最后根据式(7-5) 和式(7-6) 求解相对小波熵指标，结果如图 7-25～图 7-28 所示。由图 7-25 可知：节点 9 的相对小波熵值最大，可判断该位置附近出现脱空缺陷，这与 C1 工况十分吻合。同理，由图 7-26 可知：节点 6 附近存在脱空缺陷。从图 7-27 和图 7-28 分别可以看出，节点 6、9 和节点 3、6、9 处的值明显大于其他节点，可判定这些位置附近出现了脱空缺陷，这与表 7-3 中预设的脱空位置十分吻合。因此，采用相对小波熵指标能够准确识别钢管混凝土构件预设的脱空缺陷位置。

不同阶次下小波基函数的范数熵值　　　　　　　　　　　　　　　表 7-4

| 阶次 $N$ | 3 | 4 | 5 | 6 | 7 |
|---|---|---|---|---|---|
| 范数熵 $S_l$ | 198.85 | 199.26 | 202.37 | 208.14 | 211.53 |
| 阶次 $N$ | 8 | 9 | 10 | 11 | 12 |
| 范数熵 $S_l$ | 219.42 | 222.13 | 233.40 | 236.63 | 240.58 |

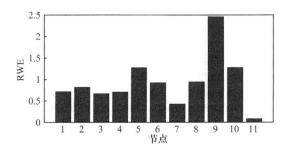

图 7-25　C1 工况下基于相对小波熵的识别结果

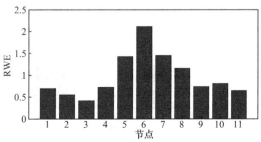

图 7-26　C2 工况下基于相对小波熵的识别结果

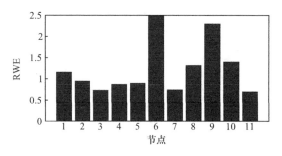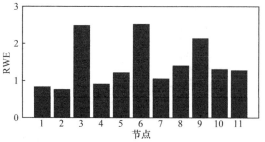

图 7-27　C3 工况下基于相对小波熵的识别结果　　图 7-28　C4 工况下基于相对小波熵的识别结果

其次，采用小波包能量变化指标识别钢管混凝土构件的脱空缺陷。同样地，采用 db3 小波对表 7-3 中各测点的加速度响应信号进行小波包变换，然后按照式（7-2）分别求解各频段的小波包组分能量，最后根据式（7-7）求解小波包能量变化指标并进行归一化处理，最终结果如图 7-29～图 7-32 所示。由图 7-29 可知：节点 9 的小波包能量变化值明显大于其他节点，可判断此节点附近出现了脱空现象，这与 C1 工况十分吻合。从图 7-30 可看出，节点 6 附近存在脱空缺陷，这与 C2 工况的描述相符。由图 7-31 可知：节点 9 处的指标值最大，可认为此处附近发生了脱空。然而，节点 6 处的指标值并不突出而节点 4 处的数值相对较大，这不但影响了脱空位置的判断，而且与 C3 工况不符。由图 7-32 可知：C4 工况下预设的脱空节点 3、6、9 处的值并不十分突出而且节点 2 处的值较大，这将引发脱空缺陷的误判而且与 C4 工况并不吻合。由此可知，小波包能量变化指标对于单脱空工况的识别效果较好，但是针对多脱空工况则出现了误判和漏判现象，这可能与该指标的抗噪性较差相关。因为噪声也是一种能量，信号的高频部分含有的噪声将使各频带能量分布发生了改变，从而导致脱空缺陷识别结果中出现了误差。

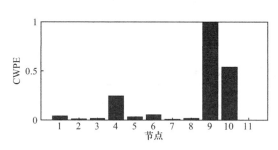

图 7-29　C1 工况下基于小波包能量变化的识别结果　　图 7-30　C2 工况下基于小波包能量变化的识别结果

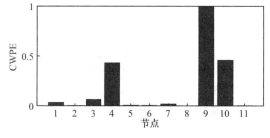

图 7-31　C3 工况下基于小波包能量变化的识别结果　　图 7-32　C4 工况下基于小波包能量变化的识别结果

再次，采用相对小波包能量曲率差指标识别钢管混凝土构件的脱空缺陷。同样地，采用 db3 小波对表 7-3 所列五种工况下钢管混凝土构件的各个节点响应信号进行 5 层小波包分解，可得 32 个小波包组分能量，然后取脱空和未脱空工况下响应信号相对小波能量的前 8 个分量求解小波包能量曲率，最后按式(7-9) 求得相对小波包能量曲率差值并进行归一化处理，最终结果如图 7-33～图 7-36 所示。由图 7-33 可知：节点 9 的相对小波包能量曲率差值明显比其他节点大，可判断此位置附近出现了脱空，这与 C1 工况吻合。根据图 7-34 可知：节点 6 处的值最大，可认为该位置附近存在脱空缺陷，这与 C2 工况相符。由图 7-35 可知：节点 9 处的值比相邻节点大，可判断该位置附近出现了脱空，然而节点 5 处的指标值较大则容易导致脱空位置的误判，这与 C3 工况并不吻合。由图 7-36 可知：节点 6、9 处的值比相邻节点处节点大，可判断这些位置附近出现脱空，但是节点 3 处的指标值并不十分突出，这说明该节点的脱空缺陷将出现漏判。总而言之，相对小波包能量曲率差指标能够较好地识别脱空钢管混凝土构件 C1 和 C2 工况预设的脱空节点的位置，但是对于 C3 和 C4 这两个多脱空节点工况则出现了一定程度的误判和漏判，其原因可能与环境噪声和测点布距相关。

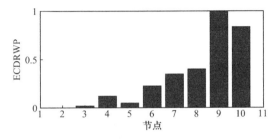

图 7-33　C1 工况下基于相对小波包能量
曲率的识别结果

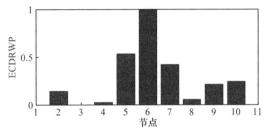

图 7-34　C2 工况下基于相对小波包能量
曲率差的识别结果

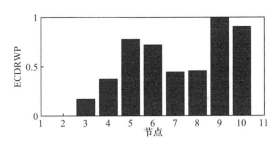

图 7-35　C3 工况下基于相对小波包能量
曲率的识别结果

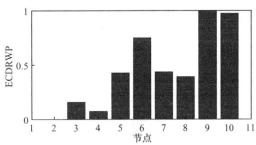

图 7-36　C4 工况下基于相对小波包能量
曲率差的识别结果

最后，采用一阶本征函数相对小波能量变化指标识别钢管混凝土构件的脱空缺陷。通过 AMD 定理将表 7-3 中五种工况下钢管混凝土构件各个节点加速度响应信号解析地分解为一系列本征函数，然后采用 db3 小波进行小波包分解，并选择能量比重较大的频带组分分量进行信号重构并求解各频带重构信号的相对小波能量。以 C0 和 C1 工况下节点 9 信号为例，相应的各组分信号的相对小波能量分布如图 7-37 和图 7-38 所示。可以看出，前 4 个组分中的相对小波能量分布占比最大，因此选择前 4 个组分能量进行能量求和并求解其相对小波能量，然后根据式(7-10) 可获得一阶本征函数相对小波能量变化指标并进行归一化处理，最终结果如图 7-39～图 7-42 所示。由图 7-39 可知：节点 9 处的一阶本征函数相对小波能量变化率值最大，可判断该位置附近存在脱空现象，这与 C1 工况十分吻合。根据图 7-40 可知：节点 6 处的值最大，可认定该位置附近存在脱空缺陷，这与 C2 工况相符。同样地，由图 7-41 可知：节点 6、9 的值都比相邻节点大，可判断这些位置附近存在脱空缺陷，这与 C3 工况吻合。由图 7-42 可知：节点 3、6、9 处的指标值均明显比相邻节点大，因此可判定这些位置附近存在脱空缺陷，这与 C4 工况十分吻合。

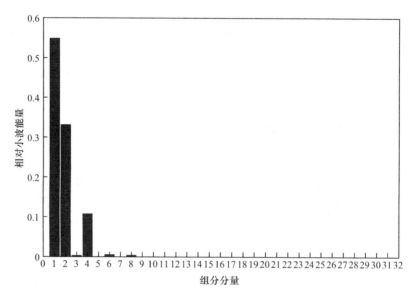

图 7-37　C0 工况下节点 9 相对小波能量分布图

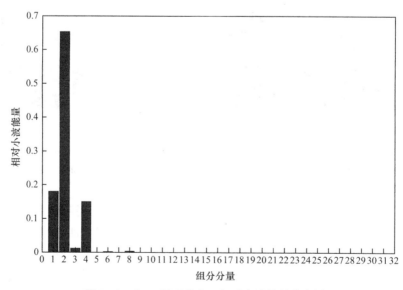

图 7-38　C1 工况下节点 9 相对小波能量分布图

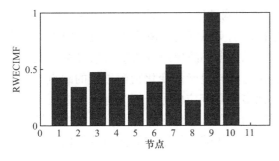

图 7-39　C1 工况下基于一阶本征函数相对
小波能量变化的识别结果

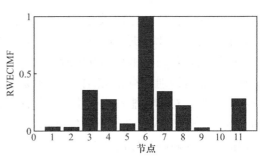

图 7-40　C2 工况下基于一阶本征函数相对
小波能量变化的识别结果

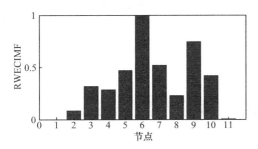

图 7-41　C3 工况下基于一阶本征函数相对
小波能量变化的识别结果

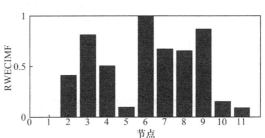

图 7-42　C4 工况下基于一阶本征函数相对
小波能量变化的识别结果

### 7.2.7　脱空缺陷识别结果分析

为更加直观地判断各个指标识别效果的好坏，将各个指标针对钢管混凝土构件有限元模型数值算例和钢管混凝土构件动力试验的脱空缺陷识别结果进行汇总，如表 7-5 所示。

**脱空缺陷识别结果汇总**　　　　　　　　　　　　　　　表 7-5

| 识别算法 | 钢管混凝土构件有限元模型 | | | | 钢管混凝土构件动力试验 | | | |
| --- | --- | --- | --- | --- | --- | --- | --- | --- |
| | B1 | B2 | B3 | B4 | C1 | C2 | C3 | C4 |
| RWE | √ | √ | √ | √ | √ | √ | √ | √ |
| CWPE | √ | √ | √ | √ | √ | √ | × | × |
| CDRWPE | √ | √ | √ | √ | √ | √ | × | × |
| RWECIMF | √ | √ | √ | √ | √ | √ | √ | √ |

根据表 7-5，可得如下结论：

（1）相对小波熵、小波包能量变化、相对小波包能量曲率差和一阶本征函数相对小波能量变化这四个指标均能较好地识别钢管混凝土构件有限元模型的脱空缺陷位置。针对钢管混凝土构件，相对小波熵和一阶本征函数相对小波能量变化能够识别所有脱空工况下的缺陷位置。相对应地，小波包能量变化和相对小波包能量曲率差指标虽然能够较为准确地识别 C1 和 C2 工况下的所有预设脱空节点位置，但是只能定位 C3 和 C4 工况下的部分脱空缺陷。

（2）上述四个缺陷识别指标中，小波熵依据小波包变换系数计算信号的信息熵，而熵值能发现信号中微小而短促的异常信息[10]。在小波熵基础上构建的相对小波熵指标对结构响应中的突变部分比较敏感，因此可用于识别结构缺陷[11]；小波包能量变化指标虽然计算步骤明确，计算机实现较为方便[8]，但是在识别实际钢管混凝土构件脱空缺陷时存在一定的误判和漏判；相对小波包能量曲率差值指标根据小波包组分能量对信号特征变化的敏感性较好地识别结构的缺陷位置，但是也存在与小波包能量变化指标类似的缺点[9]；一阶本征函数相对小波能量变化指标利用 AMD 把多分量相应信号分解为有限个本征函数之和，然后对低频 IMF 进行小波包分解并选择能量比重较大的频带信号进行重构，最后将重构信号作为新的目标信号来构建损伤指标。该指标能够凸显结构的损伤特征信息，因而能够有效地识别钢管混凝土结构的脱空缺陷。

（3）造成四个指标识别损伤效果好坏的主要原因有两个。其一为各个指标对噪声敏感度的不同。在对含噪信号进行小波或小波包变换后，某些频段的能量分布将发生改变，而且噪声越大，这个变化量也可能也越大，从而影响缺陷识别效果[12]；其二为试验钢管混凝土构件浇筑的不密实及钢管与混凝土两者材料之间的非均一性也将在一定程度上影响上述指标的识别效果。

## 7.3 基于模态信号分解和峭度识别钢管混凝土脱空缺陷

### 7.3.1 模态信号分解方法

本节所用到的信号分解方法主要有解析模态分解、变分模态分解、经验模态分解、集合经验模态分解和补充集合经验模态分解等方法。其中，解析模态分解和变分模态分解方法在前文已有介绍，因此本节主要阐述经验模态分解、集合经验模态分解、补充集合经验模态分解三种常见的信号分解方法。

经验模态分解方法（Empirical Mode Decomposition，EMD）是依据数据自身的时间尺度特征来进行信号分解，无须预先设定任何基函数。正是由于这样的特点，EMD 方法在理论上可以应用于任何类型的信号的分解，因而在处理非平稳及非线性数据上具有非常明显的优势。与短时傅里叶变换、小波变换等方法相比，这种方法是直观的、直接的、后验的和自适应的。经过 EMD 分解出的本征函数应满足以下条件：（1）在整个时域范围内 IMF 的零点与极值点的数量相等或最多相差一；（2）响应信号的上包络线和下包络线在时间轴上局部对称。

响应信号的 EMD 分解主要分为以下几个步骤：

（1）采用三次样条差值对时域信号 $x(t)$ 的极大值和极小值进行运算，然后求解信号的上、下包络线及其均值 $m_1(t)$，同时定义信号 $x(t)$ 与 $m_1(t)$ 的差值 $h_1(t)$ 为待定的第一个分量。

$$h_1(t) = x(t) - m_1(t) \qquad (7-11)$$

（2）若 $h_1(t)$ 满足 IMF 的条件，则 $h_1(t)$ 为信号 $x(t)$ 的第一个 IMF 分量。否则，将式(7-12)中的信号 $x(t)$ 替换为 $h_1(t)$ 并继续步骤（1），直至得到的分量 $c_1(t)$ 满足 IMF 的条件。

（3）将分量 $c_1(t)$ 从信号 $x(t)$ 中分离出去，就可得到一个不含最高频信息的新信号 $r_1(t)$。

$$r_1(t) = x(t) - c_1(t) \tag{7-12}$$

（4）继续步骤（1），直至最终的一个残余信号为单调函数而不能继续筛分为止。

$$r_n(t) = r_{n-1}(t) - c_n(t) \tag{7-13}$$

这时，原始信号 $x(t)$ 可以看作为有限个本征函数 IMF 与残余量之和的形式，其表达式为

$$x(t) = \sum_{j=1}^{n} c_j(t) + r_n(t) \tag{7-14}$$

集合经验模态分解（Ensemble Empirical Mode Decomposition，EEMD）通过添加高斯白噪声对数据的极值分布进行均匀化，从而在一定程度上缓解了模态密集和混叠现象。然而，正是由于高斯白噪声的添加，EEMD 算法将出现分解不完备和重构信号中含有白噪声等缺点。EEMD 分解过程如下：

（1）在信号中每次加入幅值相同的新噪声 $n_i(t)$，即

$$s_i(t) = x(t) + n_i(t) \tag{7-15}$$

（2）运用 EMD 对 $N$ 组 $s_i(t)$ 进行分解，可得到多组 IMF。

（3）对 IMF 分量进行集成平均，得到最终的 IMF 分量。在平均过程中，噪声对信号分解结果的影响也得到了抑制。

在 EEMD 的基础上，Yeh 等人[13]在信号分解过程中引入 $N$ 对符号相反的辅助白噪声并对 IMF 进行集成平均，从而提出了补充经验模态分解方法（Complementary Ensemble Empirical Mode Decomposition，CEEMD）。CEEMD 的具体分解过程如下：

（1）在信号每次分解过程中加入幅值相同但符号相反的新噪声，如式(7-16)和式（7-17）所示。

$$m_i^+(t) = x(t) + n_i^+(t) \tag{7-16}$$
$$m_i^-(t) = x(t) + n_i^-(t) \tag{7-17}$$

式中，$x(t)$ 为原始信号；$n_i^+(t)$ 和 $n_i^-(t)$ 分别代表正噪声和负噪声。

（2）运用 EMD 对 $m_i^+(t)$ 和 $m_i^-(t)$ 进行分解，可得到 IMF$_1$ 和 IMF$_2$ 两组集成分量。

（3）对 IMF$_1$ 和 IMF$_2$ 进行集成平均即可得最终结果。

## 7.3.2　损伤指标的建立

经模态信号分解方法处理之后，原始结构响应 $x(t)$ 可分解为多个模态分量，其峭度指标 $K$ 和相关系数 $C$ 分别如式(7-18)和式(7-19)所示。

$$K = \frac{\frac{1}{N}\sum_{t=0}^{N-1} x'^4(t)}{\left[\frac{1}{N}\sum_{t=1}^{N-1} x'^2(t)\right]^2} \tag{7-18}$$

$$C = \frac{\sum x'(t)x(t) - \dfrac{\sum x'(t)\sum x(t)}{N}}{\sqrt{\left[\sum x'^2(t) - \dfrac{(\sum x'(t))^2}{N}\right]\left[\sum x^2(t) - \dfrac{(\sum x(t))^2}{N}\right]}} \tag{7-19}$$

式中，$N$ 为采样点数；$x'(t)$ 为信号分解后的模态分量信号；$x(t)$ 代表原始信号。需要

注意的是，在式(7-19) 中 $x'(t)$ 和 $x(t)$ 不但可以采用时域形式，亦可采用频域形式。

为更好地提取有效模态分量信号，构造如式(7-20) 所示的加权峭度（Weighted Kurtosis，$WK$）指标。

$$WK = K \cdot C \tag{7-20}$$

式中，$K$ 为各模态分量信号的峭度指标；$C$ 为各模态分量与原信号之间的相关系数。

在本节中，取 $WK$ 指标大于其平均值的分量为有效模态分量并用于重构信号 $x'(t)$。为更好地突出重构故障信号的瞬态信息和提取微弱损伤成分，引入 Teager[14] 能量算子（Teager Energy Operator，TEO），记作 $\psi$。对于重构信号 $x'(t)$，其 Teager 能量算子定义为

$$\theta[x'(t)] = \left[\frac{\mathrm{d}x'(t)}{\mathrm{d}t}\right]^2 - x'(t)\frac{\mathrm{d}^2 x'(t)}{\mathrm{d}t^2} \tag{7-21}$$

而 Teager 能量算子的离散形式则定义为

$$\theta[x'(t)] = [x'(t)]^2 - x'(t-1)x'(t+1) \tag{7-22}$$

最后，采用快速傅里叶变换对信号的瞬时 TEO 值进行分析并计算信号的峭度。上述指标构建的具体步骤如下：

（1）原始离散信号 $x(t)$ 经模态信号分解方法处理之后分解为多个模态分量。

（2）计算各模态分量的 $WK$ 值。当某个模态分量的 $WK$ 值大于其平均值时，可视为有效模态分量并对其进行重构。

（3）对重构的离散信号进行 TEO 计算，然后采用快速傅里叶变换对信号的瞬时 TEO 值进行分析并计算峭度，最后对各测点的峭度进行归一化并以此构建损伤指标。

### 7.3.3 带脱空缺陷的钢管混凝土柱数值算例验证

本节以 7.2.5 节中的带脱空缺陷的钢管混凝土构件有限元模型为研究对象，相应的工况设置如表 7-1 所示。通过对带脱空缺陷的钢管混凝土构件有限元模型的响应信号进行模态信号分解，然后提取特征参数并构建损伤指标。

（1）基于 VMD 和峭度的钢管混凝土构件有限元模型脱空缺陷识别

以 B1 工况下钢管混凝土构件有限元模型节点 6 的响应信号为例，先对节点 6 的信号进行倒序排列，再将该节点的信号正序排列，从而组成一个新的信号序列。然后，对这个新的信号序列进行复 Morlet 连续小波变换，其小波量图如图 7-43 所示。可知：分量信号的瞬时频率主要集中在 [0Hz，100Hz]、[300Hz，450Hz]、[500Hz，600Hz]、[650Hz，850Hz]、[900Hz，1100Hz] 五个频率区间内，因此可判断分量信号个数为 5，其余参数按默认设置。

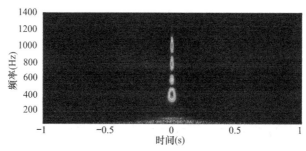

图 7-43　B1 工况下节点 6 响应信号对应的小波量图

根据 7.3.2 节的损伤指标构建过程，节点 6 的响应信号的各模态分量的加权峭度指标如图 7-44 所示。可知：4 阶和 5 阶模态分量的加权峭度值大于平均值，可视为有效模态分量并进行后续操作。同样地，对 B1 工况下钢管混凝土构件有限元模型其余节点的响应信号进行类似处理，选取各节点信号分量的加权峭度值大于平均值的模态分量进行统计。经统计后可知：大多数节点的分量信号中 3、4 和 5 阶模态分量占比最大，因此选择上述三阶分量进行信号重构。然后，对各节点重构的离散信号进行 TEO 计算并采用 FFT 对信号瞬时 TEO 值进行分析和峭度求解，最后进行归一化处理，结果如图 7-45 所示。同理，B2、B3 和 B4 工况下的峭度指标值如图 7-46～图 7-48 所示。

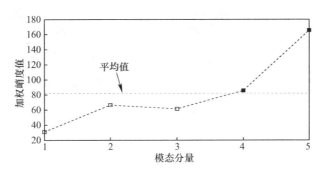

图 7-44　B1 工况下节点 6 响应信号对应的各模态分量加权峭度值

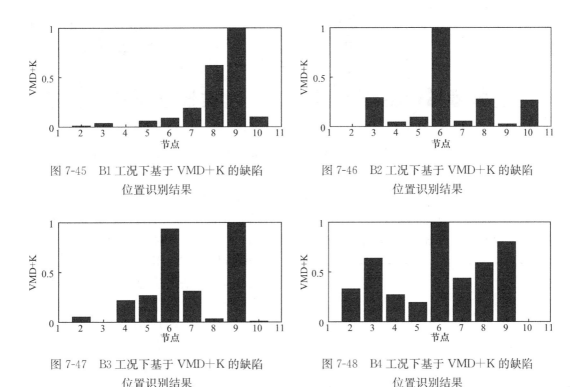

图 7-45　B1 工况下基于 VMD＋K 的缺陷
位置识别结果

图 7-46　B2 工况下基于 VMD＋K 的缺陷
位置识别结果

图 7-47　B3 工况下基于 VMD＋K 的缺陷
位置识别结果

图 7-48　B4 工况下基于 VMD＋K 的缺陷
位置识别结果

在图 7-45 中，节点 9 的指标值相对于其他测点十分突出，可判定为脱空位置，这与 B1 工况吻合。由图 7-46 可知：节点 6 处的数值明显高于其他测点，这表明该处附近存在脱空缺陷。在图 7-47 中，节点 6、9 处的指标值明显大于其他测点，这说明上述两节点附近发生了脱空，与 B3 工况下的预设脱空位置一致。同样地，图 7-48 中节点 3、6、9 处的指标值较其他测点明显偏大，亦可判定为脱空缺陷位置。

（2）基于 AMD 和峭度的钢管混凝土构件有限元模型脱空缺陷识别

对 B1 工况下钢管混凝土构件有限元模型各测点的响应信号进行 AMD 分解并提取低频一阶本征函数 $IMF_1$。然后，对于各节点的 $IMF_1$ 进行 TEO 计算并采用 FFT 对 TEO 值进行分析，最后对经 FFT 处理后的数据进行峭度求解和归一化处理，结果如图 7-49 所示。同理，B2、B3 和 B4 工况下的峭度指标值如图 7-50～图 7-52 所示。

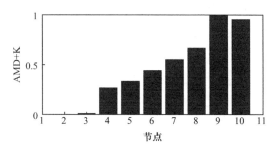

图 7-49　B1 工况下基于 AMD+K 的缺陷
位置识别结果

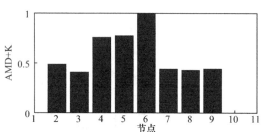

图 7-50　B2 工况下基于 AMD+K 的缺陷
位置识别结果

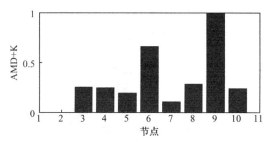

图 7-51　B3 工况下基于 AMD+K 的缺陷
位置识别结果

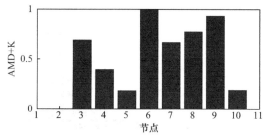

图 7-52　B4 工况下基于 AMD+K 的缺陷
位置识别结果

由图 7-49 可知：节点 9 处的指标值相对于其他节点明显偏大，可判定为脱空位置，这与 B1 工况吻合。从图 7-50 可看出，节点 6 处的指标值高于其他测点，亦可判断该位置附近出现脱空，这与 B2 工况吻合。类似地，图 7-51 中节点 6、9 和图 7-52 中节点 3、6、9 处的指标值相较其他测点也明显偏大，可认定为脱空缺陷位置，这与预设的脱空位置相吻合。

（3）基于 EMD 和峭度的钢管混凝土构件有限元模型脱空缺陷识别

以 B1 工况下钢管混凝土构件有限元模型节点 6 为例，对该点响应信号进行 EMD 分解，共得到 12 个模态分量，其加权峭度值如图 7-53 所示。

可知：一阶和二阶分量的加权峭度值

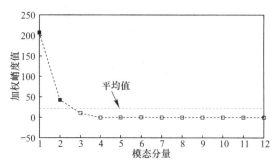

图 7-53　B1 工况下节点 6 响应信号对应的
各模态分量加权峭度值

大于平均值。同样地，对 B1 工况下其余节点信号进行类似处理并选取各节点信号分量的加权峭度值大于平均值的模态分量进行统计。经统计后可知，所有节点的分量信号中一阶和二阶分量占比最大，因此选择各节点的一阶和二阶分量进行信号重构。然后，对各节点的重构信号进行 TEO 计算并采用 FFT 对信号瞬时 TEO 值进行分析。最后，对经 FFT 处理的数据进行峭度求解并作归一化处理，最终结果如图 7-54 所示。同理，B2、B3 和 B4 工况下的峭度指标值如图 7-55～图 7-57 所示。

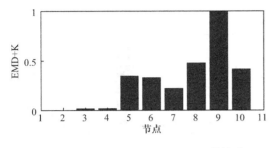

图 7-54　B1 工况下基于 EMD+K 的缺陷
位置识别结果

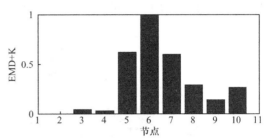

图 7-55　B2 工况下基于 EMD+K 的缺陷
位置识别结果

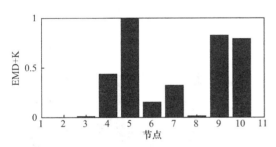

图 7-56　B3 工况下基于 EMD+K 的缺陷
位置识别结果

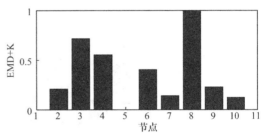

图 7-57　B4 工况下基于 EMD+K 的缺陷
位置识别结果

图 7-54 中的节点 9 和图 7-55 中的节点 6 处的指标值显著高于其他测点，可认定为脱空缺陷位置，这与预设工况相吻合。由图 7-56 可知：节点 9 附近出现了脱空，但是节点 5 会形成误判。通过分析图 7-57 可知：节点 3 附近出现了脱空，但是节点 6 的指标值并不突出，而节点 8 由于指标值最大将会被误判为脱空缺陷位置。因此，针对 B3 和 B4 多脱空节点工况，基于 EMD 和峭度的钢管混凝土脱空缺陷识别方法出现了一定程度的误判和漏判，这可能与 EMD 无法很好地分离模态叠混信号有关。

（4）基于 EEMD 和峭度的钢管混凝土构件有限元模型脱空缺陷识别

以 B1 工况下钢管混凝土构件有限元模型节点 6 为例，对节点响应信号进行 EEMD 分解，共得到 10 个模态分量，其加权峭度指标如图 7-58 所示。

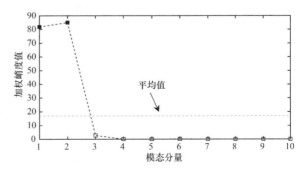

图 7-58　B1 工况下节点 6 响应信号对应的
各模态分量加权峭度值

由图 7-58 可知：一阶和二阶分量的加权峭度值大于平均值。同样地，对 B1 工况下的钢管混凝土构件有限元模型其余节点的响应信号进行类似处理，然后选取各节点信号分量的加权峭度值大于平均值的模态分量进行统计。经统计后发现：所有节点的分量信号中一阶和二阶分量占比最大，因此选择各节点的一阶和二阶分量信号进行信号重构。然后，对各节点的重构信号进行 TEO 计算并采用 FFT 对信号瞬时 TEO 值进行分析。最后，对经 FFT 处理的数据进行峭度求解和归一化处理，最终结果如图 7-59 所示。同理，B2、B3 和 B4 工况下的峭度指标值如图 7-60～图 7-62 所示。

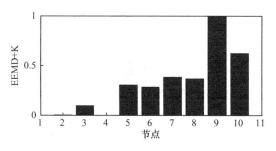

图 7-59　B1 工况下基于 EEMD+K 的缺陷位置识别结果

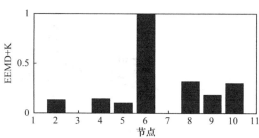

图 7-60　B2 工况下基于 EEMD+K 的缺陷位置识别结果

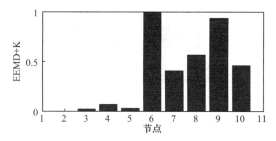

图 7-61　B3 工况下基于 EEMD+K 的缺陷位置识别结果

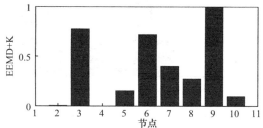

图 7-62　B4 工况下基于 EEMD+K 的缺陷位置识别结果

由图 7-59 可知：节点 9 处的指标值明显高于其他测点，可判定为脱空位置，这与 B1 工况吻合。从图 7-60 中可知，节点 6 附近存在脱空缺陷。图 7-61 中节点 6、9 和图 7-62 中节点 3、6、9 处的指标值相较其他节点也明显偏大，因此可认定为脱空位置。

（5）基于 CEEMD 和峭度的钢管混凝土构件有限元模型脱空缺陷识别

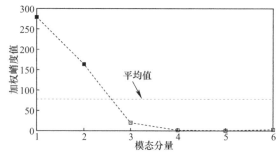

图 7-63　B1 工况下节点 6 响应信号对应的各模态分量加权峭度值

以 B1 工况下钢管混凝土构件有限元模型节点 6 为例，对该点响应信号进行 CEEMD 分解，各模态分量的加权峭度值标如图 7-63 所示。

由图 7-63 可知：一阶和二阶分量信号的加权峭度值明显大于其平均值。对 B1 工况下钢管混凝土构件有限元模型其余节点的响应信号进行类似处理，然后选取各节点信号分量的加权峭度值大于平均值的模态分量进行统计。经统计后可知：所有节点的分量信号中一阶和二阶分量占比最大，因此选择各节点一阶和二阶分量信号进行重构。最后，对各节点重构信号进行 TEO 计算，然后采用 FFT 对信号瞬时 TEO 值进行分析、峭度求解和归一化处理。最终结果如图 7-64 所示。同理，B2、B3 和 B4 工况下的峭度指标值如图 7-65～图 7-67 所示。

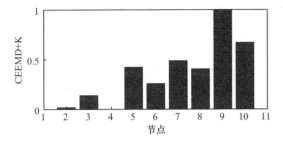

图 7-64　B1 工况下基于 CEEMD＋K 的缺陷
位置识别结果

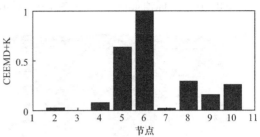

图 7-65　B2 工况下基于 CEEMD＋K 的缺陷
位置识别结果

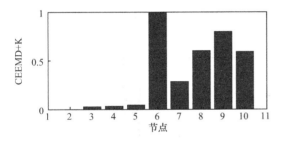

图 7-66　B3 工况下基于 CEEMD＋K 的缺陷
位置识别结果

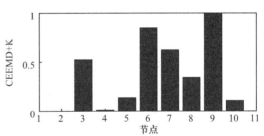

图 7-67　B4 工况下基于 CEEMD＋K 的缺陷
位置识别结果

由图 7-64 可知：节点 9 处的指标值相对较大，可判定为损伤位置，这与 B1 工况吻合。同理，图 7-65 中节点 6 处的指标值明显突出，可判断该位置附近发生脱空。当结构存在多处脱空时，图 7-66 中节点 6、9 和图 7-67 中节点 3、6、9 处的指标值较相邻测点也明显偏大，因此可判断这些位置附近发生脱空，这与预设的脱空位置相吻合。

### 7.3.4　带脱空缺陷的钢管混凝土构件试验验证

本节以 7.2.6 节中的 5 根现浇带脱空缺陷的钢管混凝土构件为研究对象，工况设置如表 7-3 所示。

（1）基于 VMD 和峭度的钢管混凝土构件脱空缺陷识别

首先，提取 C1 工况下钢管混凝土构件节点 6 的信号并进行连续复 Morlet 小波变换，可得如图 7-68 所示的小波量图。可知：分量信号的瞬时频率主要集中在 [0Hz，500Hz]、[3000Hz，4000Hz]、[4400Hz，4900Hz]、[5100Hz，6000Hz]、[7100Hz，8500Hz] 五个频率区间内，因此可判断分量信号个数为 5，而其余参数按默认设置。

C1 工况下节点 6 的响应信号的各模态分量的加权峭度如图 7-69 所示。可知：二、三、四和五阶分量的加权峭度值大于平均值，因此可选择上述四阶分量进行后续操作。同样地，对 C1 工况下钢管混凝土构件其余节点的响应信号进行类似处理，然后选取各节点信号分量中加权峭度值大于平均值的模态分量进行统计。经统计后可知，所有节点的分量信号中二、三和四阶分量占比最大，因此选择各节点的二、三和四阶分量进行重构。然后，对各节点重构的离散信号进行 TEO 计算并采用 FFT 对 TEO 值进行分析。最后，对经 FFT 处理的数据进行峭度求解和归一化处理，结果如图 7-70 所示。同理，C2、C3 和 C4 工况下的峭度指标值如图 7-71～图 7-73 所示。

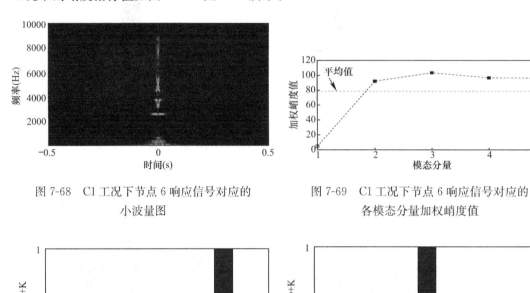

图 7-68　C1 工况下节点 6 响应信号对应的小波量图

图 7-69　C1 工况下节点 6 响应信号对应的各模态分量加权峭度值

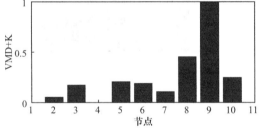

图 7-70　C1 工况下基于 VMD+K 的缺陷位置识别结果

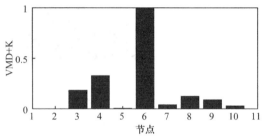

图 7-71　C2 工况下基于 VMD+K 的缺陷位置识别结果

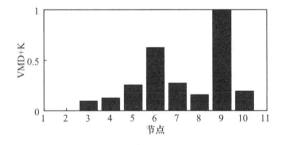

图 7-72　C3 工况下基于 VMD+K 的缺陷位置识别结果

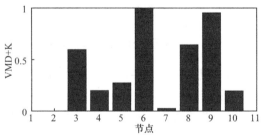

图 7-73　C4 工况下基于 VMD+K 的缺陷位置识别结果

图 7-70 中节点 9 处的指标值相对于其他测点显著突出，可判定为脱空缺陷位置，这与 C1 工况吻合。由图 7-71 可知：节点 6 附近也存在脱空缺陷。类似地，图 7-72 中节点 6 和 9 处的指标值也明显偏大，可判断这些位置附近发生了脱空现象。图 7-73 中节点 3、6 和 9 处的指标值比相邻节点大，因此可判断上述位置附近存在脱空缺陷。

（2）基于 AMD 和峭度的钢管混凝土构件脱空缺陷识别

首先，对钢管混凝土构件各测点响应信号进行 AMD 分解并提取一阶本征函数 $IMF_1$。然后，对于各节点 $IMF_1$ 进行 TEO 计算并采用 FFT 对 TEO 值进行分析。最后，对经 FFT 处理的数据进行峭度求解和归一化处理，最终结果如图 7-74 所示。同理，C2、C3 和 C4 工况下的峭度指标值如图 7-75～图 7-77 所示。

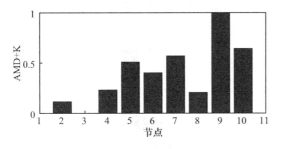

图 7-74　C1 工况下基于 AMD＋K 的缺陷位置
识别结果

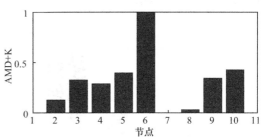

图 7-75　C2 工况下基于 AMD＋K 的缺陷位置
识别结果

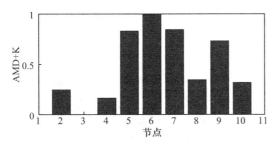

图 7-76　C3 工况下基于 AMD＋K 的缺陷位置
识别结果

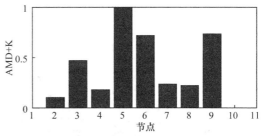

图 7-77　C4 工况下基于 AMD＋K 的缺陷位置
识别结果

由图 7-74 得：节点 9 处的指标值相对较大，应为脱空位置，这与 C1 工况吻合。类似地，图 7-75 点 6 处的指标值相对于其他测点较大，这表明该处附近存在脱空缺陷。从图 7-76 可看出，节点 6 与 9 处的指标值较相邻测点也明显偏大，应判定为脱空位置，这与 C3 工况所预设的脱空位置相吻合。由图 7-77 可知：节点 3 和 9 处的指标值比相邻测点值大，可认定为脱空位置，但是节点 5 处的值却比节点 6 处指标稍大，这影响了脱空位置的精准判断。

（3）基于 EMD 和峭度的钢管混凝土构件脱空缺陷识别

以 C1 工况下钢管混凝土构件的节点 6 为例，采用 EMD 对该节点的响应信号进行自适应分解，共得到 10 个模态分量，其加权峭度指标如图 7-78 所示。

由图 7-78 可知：一阶和二阶分量的加

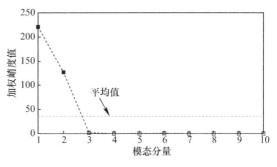

图 7-78　C1 工况下节点 6 响应信号对应的
各模态分量加权峭度值

权峭度值大于平均值。同样地，对 C1 工况下钢：一阶和二阶分量的加权峭度值大于平均值。同样地，对 C1 工况下钢管混凝土构件其余节点信号进行类似处理，然后选取各节点信号分量的加权峭度值大于平均值的模态分量进行统计。经统计后可知：所有节点的分量信号中一阶和二阶分量占比最大，可用于信号重构。此后，对各节点的重构信号进行 TEO 计算并采用 FFT 对其进行分析。最后，对经 FFT 处理后的数据进行峭度求解和归一化处理，最终结果如图 7-79 所示。同理，C2、C3 和 C4 工况下的峭度指标值如图 7-80～图 7-82 所示。

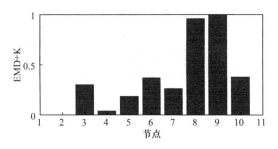

图 7-79　C1 工况下基于 EMD+K 的缺陷位置识别结果

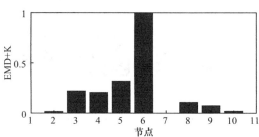

图 7-80　C2 工况下基于 EMD+K 的缺陷位置识别结果

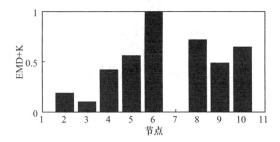

图 7-81　C3 工况下基于 EMD+K 的缺陷位置识别结果

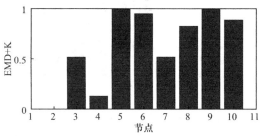

图 7-82　C4 工况下基于 EMD+K 的缺陷位置识别结果

图 7-79 节点 9 处和图 7-80 节点 6 处的指标值显著高于其他测点的相应值，因此可判定为脱空缺陷位置，这与预设工况相吻合。由图 7-81 可知：节点 6 附近发生了脱空现象，但是节点 9 处的指标值并不明显，容易产生漏判。通过分析图 7-82 可知：节点 6 和节点 9 处指标值明显较大，可判定为脱空位置，而节点 3 处的指标值则不显著，将导致漏判。

（4）基于 EEMD 和峭度的钢管混凝土构件脱空缺陷识别

以 C1 工况下钢管混凝土构件的节点 6 为例，对该点响应信号进行 EEMD 分解，然后计算各模态分量的加权峭度值，结果如图 7-83 所示。

从图 7-83 可看出，一阶和二阶分量的

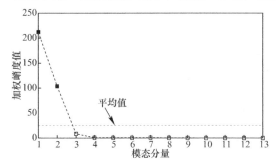

图 7-83　C1 工况下节点 6 响应信号对应的各模态分量加权峭度值

加权峭度值明显大于其平均值，对 C1 工况下钢管混凝土构件其余节点的响应信号进行类似处理并对各节点信号分量的加权峭度值大于其平均值的模态分量进行统计。经统计后可知：所有节点的分量信号中一阶和二阶分量占比最大，因此选择各节点的一阶和二阶分量进行信号重构。然后，对各节点重构信号进行 TEO 计算并对 TEO 值进行 FFT 分析。最后，对经 FFT 处理的数据进行峭度求解和归一化处理，最终结果如图 7-84 所示。同理，C2、C3 和 C4 工况下的峭度指标值如图 7-85～图 7-87 所示。

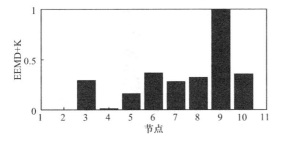

图 7-84　C1 工况下基于 EEMD+K 的缺陷位置
识别结果

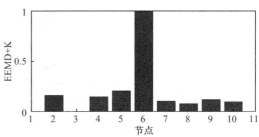

图 7-85　C2 工况下基于 EEMD+K 的缺陷位置
识别结果

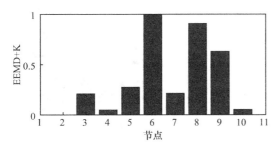

图 7-86　C3 工况下基于 EEMD+K 的缺陷位置
识别结果

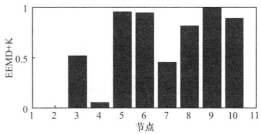

图 7-87　C4 工况下基于 EEMD+K 的缺陷位置
识别结果

由图 7-84 可知：节点 9 处的损伤指标值明显高于其他测点，可判定为脱空位置，这与 C1 工况吻合。从图 7-85 可知，节点 6 附近存在脱空现象。图 7-86 得节点 6 处的指标值较相邻测点明显偏大，应为脱空缺陷位置所在，但是节点 9 处指标值并不突出而且节点 8 的指标值相对较大，容易形成误判。由图 7-87 可知：节点 6 和 9 处的指标值相比其他节点数值较大而节点 3 处数值相对较小，因此节点 6 和 9 可判定为脱空缺陷位置，但是节点 3 处的脱空容易被漏判。

（5）基于 CEEMD 和峭度的钢管混凝土构件脱空缺陷识别

同样地，以 C1 工况下钢管混凝土构件节点 6 为例，对该点响应信号进行 CEEMD 分解，各模态分量的加权峭度值如图 7-88 所示。

由图 7-88 可知：一阶和二阶分量信号

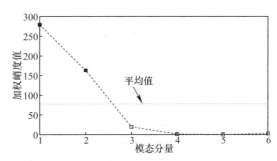

图 7-88　C1 工况下节点 6 响应信号对应的
各模态分量加权峭度值

的加权峭度值明显大于其平均值。对 C1 工况下钢管混凝土构件其余节点的响应信号进行类似处理，然后选取各节点信号分量的加权峭度值大于平均值的模态分量进行统计。经统计后可知：在所有节点的分量信号中一阶和二阶分量占比最大，因此选择一阶和二阶分量进行信号重构。然后，对各节点重构信号进行 TEO 计算并采用 FFT 对瞬时 TEO 值进行分析，最后对经 FFT 处理的数据进行峭度求解和归一化处理，结果如图 7-89 所示。同理，C2、C3 和 C4 工况下的峭度指标值如图 7-90～图 7-92 所示。

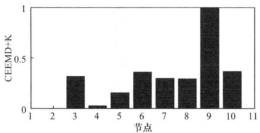

图 7-89　C1 工况下基于 CEEMD＋K 的缺陷位置
识别结果

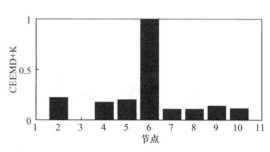

图 7-90　C2 工况下基于 CEEMD＋K 的缺陷位置
识别结果

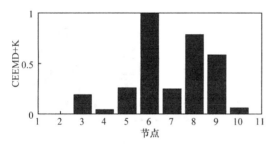

图 7-91　C3 工况下基于 CEEMD＋K 的缺陷位置
识别结果

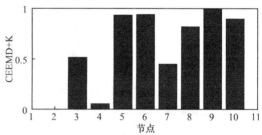

图 7-92　C4 工况下基于 CEEMD＋K 的缺陷位置
识别结果

图 7-89 中节点 9 和图 7-90 中节点 6 处的指标值明显高于其他测点相应值，这表明上述两个位置发生了脱空现象，这与预设工况相吻合。从图 7-91 中同样可知，节点 6 处指标值明显偏大，可判定为脱空缺陷位置。然而，节点 8 处的指标值相对较大，容易导致误判。由图 7-92 可知：节点 6、9 处的指标值相比其他节点数值较大而节点 3 处的指标值相对较小。因此，节点 6、9 将被判定为脱空缺陷位置，但是节点 3 处的脱空将会被漏判。

### 7.3.5　脱空缺陷识别结果讨论

为更好地观察各个指标的识别结果，将基于模态信号分解和峭度的方法识别钢管混凝土构件有限元模型和钢管混凝土构件脱空缺陷的结果进行汇总，如表 7-6 所示。

脱空缺陷识别结果汇总　　　　　　　　　　　　　　　表 7-6

| 识别算法 | 钢管混凝土构件有限元模型 | | | | 钢管混凝土构件动力试验 | | | |
|---|---|---|---|---|---|---|---|---|
| | B1 | B2 | B3 | B4 | C1 | C2 | C3 | C4 |
| VMD＋K | √ | √ | √ | √ | √ | √ | √ | √ |
| AMD＋K | √ | √ | √ | √ | √ | √ | √ | × |

续表

| 识别<br>算法 | 钢管混凝土构件有限元模型 | | | | 钢管混凝土构件动力试验 | | | |
|---|---|---|---|---|---|---|---|---|
| | B1 | B2 | B3 | B4 | C1 | C2 | C3 | C4 |
| EMD+K | √ | √ | × | × | √ | √ | × | × |
| EEMD+K | √ | √ | √ | √ | √ | √ | × | × |
| CEEMD+K | √ | √ | √ | √ | √ | √ | × | × |

根据表 7-6，可得如下结论：

（1）除基于 EMD 和峭度的缺陷识别方法在识别钢管混凝土构件有限元模型脱空缺陷时效果较差外，其余方法均能较好地识别钢管混凝土构件有限元模型所预设的脱空缺陷。针对带脱空缺陷的钢管混凝土试验构件，VMD 与峭度指标能够很好地识别试验中所有工况预设的脱空节点位置，而其余指标的识别结果都存在一定程度的误判和漏判。

（2）EMD 这一类信号分解算法虽然能对信号进行自适应性分析，但是 EMD 算法缺少数学理论支撑，而且模态混叠和端点效应现象也会影响分析结果的正确性和精确度。此外，分解后的分量信号中所残留的辅助白噪声容易引起重构误差，从而影响了基于模态信号分解和峭度的脱空缺陷识别方法的识别效果。

（3）相对而言，VMD 和峭度相结合的指标识别效果最佳，而 AMD 和峭度相结合的指标识别效果次之。VMD 算法通过构造和求解变分问题将信号自适应地分解为多个单分量信号，而且在迭代过程中能有效避免 EMD 等算法存在的端点效应、虚假分量以及模态混叠等问题。针对以往变分模态分解算法中模态分量个数难以确定的问题，本章根据信号的小波量图可既准确又直观地确定分量信号个数。AMD 算法的主要问题是寻找合适的截止频率。一般来说截止频率可以从相邻分量信号的瞬时频率的值中获取，但是针对模态叠混信号，若只选择固定的截止频率将不能很好地分离分量信号。

# 7.4　本章小结

本章从结构的振动响应信号出发，紧密结合钢管混凝土结构的工作特性和服役环境特点，分别采用小波理论与模态信号分解方法对非平稳响应信号进行处理并提取隐藏的特征信息来构建损伤指标。通过钢管混凝土构件有限元模型数值算例和钢管混凝土构件动力试验对上述多个指标进行了验证，最后将各个指标识别的结果进行汇总并分析了各种指标的优劣。然而需要指出的是，基于小波理论的脱空缺陷识别方法需要完好工况下的基准信息，而基于模态信号分解与峭度的脱空缺陷识别方法完全不需要原始的未损基准模型即可判别脱空缺陷，整个过程相对简单，所需信息也更少，因而具有更好的应用前景。

## 参　考　文　献

[1]　孙卫泉. 基于支持向量机的梁桥损伤识别 [D]. 成都：西南交通大学，2008.

[2]　Kopsaftopoulos F P，Fassois S D. A functional model based statistical time series method for vibration-based damage detection，localization，and magnitude estimation. Mechanical Systems and Signal Processing，2013，39（6）：143-161.

[3]　闫桂荣，段忠东，欧进萍. 基于结构振动信息的损伤识别研究综述 [J]. 地震工程与工程振动，

2007，27（3）：95-102.

［4］ 孙海飞. 基于振动特性的结构损伤识别研究［D］. 长春：吉林建筑大学，2018.

［5］ Han L H，Ye Y，Liao F Y. Effects of core concrete initial imperfection on performance of eccentrically loaded CFST columns［J］. Journal of Structural Engineering，2016，142（12）：04016132.

［6］ Liao F Y，Han L H，Tao Z. Behaviour of CFST stub columns with initial concrete imperfection：analysis and calculation［J］. Thin-Walled Structures，2013，70：57-69.

［7］ 王宇，罗倩，纪厚业. 机电设备振动信号故障诊断算法研究［J］. 计算机仿真，2017，34（5）：414-419.

［8］ 韩建刚，任伟新，孙增寿. 结构损伤识别的小波包分析试验研究［J］. 振动与冲击，2006，25（1）：47-50.

［9］ 余竹，夏禾. 基于小波包能量曲率差法的桥梁损伤识别实验研究［J］. 振动与冲击，2013，32（5）：20-25.

［10］ 印欣运，何永勇. 小波熵及其在状态趋势分析中的应用［J］. 振动工程学报，2004，17（2）：165-169.

［11］ 孙增寿，范科举. 结构损伤识别的小波熵指标研究［J］. 西安建筑科技大学学报，2009，41（1）：18-24.

［12］ 吴云峰. 温度敏感性结构基于小波包变换的损伤识别研究与应用［D］. 北京：北京交通大学，2017.

［13］ Yeh J R，Shieh J S，Huang N E. Complementary ensemble empirical mode decomposition：a novel noise enhanced data analysis method［J］. Advances in Adaptive Data Analysis，2010，2（2）：135-156.

［14］ 马增强，李亚超，刘政，谷朝健. 基于变分模态分解和 Teager 能量算子的滚动轴承故障特征提取［J］. 振动与冲击，2016，35（13）：134-139.

# 第 8 章
# 基桩桩长估计与损伤诊断

## 8.1　概述

桩和承台组成的深基础称为桩基础，简称桩基。桩基承载能力高、适用范围广、历史久远，在各种复杂的工程地质条件下通常表现出良好的承载能力和变形控制能力，因而广泛应用于高层建筑、港口、桥梁等工程结构中[1~5]。然而，桩土之间复杂的相互作用导致桩身损伤截面阻抗变化梯度不大，而且低应变反射波信号在锤击时易受外部环境的干扰，这使得本来就较小的损伤截面反射波峰值在时域中更加难以被观测到，因而无法精确地判断出桩身中微小损伤的位置[6]。此外，低应变测试法通常是通过桩顶振动的速度响应曲线来对桩身损伤位置进行判断，难以定量分析桩基的损伤程度。针对上述问题，本章首先结合解析模态分解、迭代希尔伯特变换、复连续小波变换理论提出一种新的信号分析处理方法并对桩身损伤位置进行识别。其次，针对小波量图中人为选取能量集中点及相位映射灰度图中干扰点的问题，本章提出了 $K$ 均值聚类算法、快速傅里叶变换与复连续小波变换相结合的基桩损伤位置识别方法。最后，通过数值算例和基桩低应变试验和工程实例验证了上述所提方法的有效性和准确性。

## 8.2　基于时频信号分解、解调及复连续小波变换的基桩完整性评估

### 8.2.1　低应变反射原理

假定桩体为均质材料，当桩的长细比大于 5 时，低应变反射波法的测试过程可以视为应力波在一维弹性杆[7]中的传播过程，其运动方程可表示为

$$\partial^2 u(x,t)/\partial x^2 - \partial^2 u(x,t)/c^2 \partial t^2 = 0 \qquad (8\text{-}1)$$

式中，$x$ 为应力波传播方向的坐标轴；$u(x,t)$ 表示 $t$ 时刻坐标 $x$ 处质点的位移；$c$ 表示应力波传播速度且 $c^2 = E/\rho$，其中，$E$ 和 $\rho$ 分别表示弹性模量和桩身质量密度。

通过分析桩身截面阻抗的变化可以判断桩身存在的损伤，而一维弹性杆中阻抗则表示为

$$Z = \rho c A \qquad (8\text{-}2)$$

式中，$Z$ 表示阻抗值；$\rho$ 表示桩身质量密度；$A$ 表示截面面积。

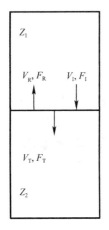

图 8-1 应力波在
损伤截面的
反射与透射

应力波的传播过程如图 8-1 所示。当应力波经过损伤截面时，将在该截面处发生反射和透射现象。假定损伤截面前后的阻抗分别为 $Z_1$ 和 $Z_2$，当应力波从阻抗 $Z_1$ 的介质段传播到阻抗 $Z_2$ 的介质段时应力波的传递公式可表示为

$$F_1 + F_R = F_T \tag{8-3}$$

$$V_1 + V_R = V_T \tag{8-4}$$

式中，$V$、$F$ 分别表示应力波传播速度和损伤截面作用力；下标 I、R、T 分别代表入射波、反射波以及透射波。根据波阵面动量守恒条件可知 $F_1 = -Z_1 V_1$，$F_R = Z_1 V_R$ 和 $F_T = -Z_2 V_T$，将其代入式(8-3) 和式(8-4) 可得到式(8-5) 和式(8-6)。

$$F_1/Z_1 - F_R/Z_1 = F_T/Z_2 \tag{8-5}$$

$$Z_1 V_1 - Z_1 V_R = Z_2 V_T \tag{8-6}$$

联立式(8-3)~式(8-6) 可得损伤处的反射波速度 $V_R$ 和反射波截面作用力 $F_R$，如式(8-7) 式(8-8) 所示。

$$F_R = F_1(Z_2 - Z_1)/(Z_1 + Z_2) \tag{8-7}$$

$$V_R = V_1(Z_1 - Z_2)/(Z_1 + Z_2) \tag{8-8}$$

### 8.2.2 复连续小波变换

与反射波的振幅变化相比，相位信息对损伤位置更为敏感。小波变换[8~10]继承了傅里叶变换和 Gabor 变换的局部化思想，而且克服了两者的部分缺陷，因此它为信号分析提供了一个可灵活变化的时频窗口，是信号时频分析和处理的理想工具，目前已广泛应用于损伤识别领域。在基桩损伤位置识别中，复高斯连续小波变换能够很好地提取相位信息，因此在时频分析中常采用复高斯连续小波变换来对信号进行相位分析。复高斯函数的数学表达式如式(8-9) 所示。

$$\psi(t) = C_p e^{t^2} e^{-jt} \tag{8-9}$$

式中，$C_p$ 为缩放参数。

如果 $\psi$ 是给定的平方可积的复小波函数，且满足容许条件，则纯调频信号 $s(t)$ 的复连续小波变换（Complex Continuous Wavelet Transform，CCWT）可定义为

$$W_s(a,b) = \int_{-\infty}^{+\infty} s(t) \frac{1}{\sqrt{a}} \overline{\psi\left(\frac{t-b}{a}\right)} dt \tag{8-10}$$

式中，$a$ 表示伸缩因子；$b$ 表示尺度因子；$\overline{\psi\left(\dfrac{t-b}{a}\right)}$ 为 $\psi\left(\dfrac{t-b}{a}\right)$ 的复数共轭。

根据式(8-10) 可得小波系数 $W_s(a,b)$，而其对应的瞬时相位角 $\phi(a,b)$ 则表示为

$$\phi(a,b) = \arctan\left(\frac{W_1(a,b)}{W_R(a,b)}\right) \tag{8-11}$$

式中，$W_R(a,b)$ 和 $W_1(a,b)$ 分别表示小波系数 $W_s(a,b)$ 的实部与虚部。

### 8.2.3 基桩的完整性分析

基桩的完整性分析主要包括两个方面，即桩长估计和缺陷位置判别。在进行桩长判别

时，可以利用小波量图发现时域信号中难以观察到的桩底反射波信号的变化，而桩身中的缺陷位置则可以通过判断相位角转折点的位置来确定。

首先，进行桩长估计。一般来说，在应力波传播过程中，反射波一般产生在桩身的两个横截面上，即损伤截面和桩底截面。然而，损伤截面反射波的能量很小，与桩底反射波的能量相比可以忽略不计[11]。因此，在对桩的反射波信号进行连续小波变换后，小波量图中的高亮部分代表此处有能量产生，而桩顶的入射波与桩底的反射波在小波量图上表现为两个能量集中（高亮显示）的峰值。根据应力波的传播速度 $c$ 和小波量图中两个峰之间的时间差 $\Delta t$，采用式(8-12)可计算得出实际桩长 $L$，其具体流程如图 8-2 所示。

$$L = \frac{1}{2}c \cdot \Delta t \tag{8-12}$$

式中，$c$ 为应力波的传播速度；而 $\Delta t$ 代表应力波往返于桩顶和桩底之间的传播时间。

其次，进行缺陷位置判别。桩基缺陷位置判别的具体流程如图 8-3 所示。一般来说，缺陷引起的反射波幅值变化较小且常被噪声淹没。相对于反射波幅值，相位角对损伤更为敏感，因此可利用小波系数的相位角特性来判别桩身的缺陷位置。然而，小波系数相位角在时频面上的映射图容易受到其他无关能量信号的干扰而发生扭曲变形，从而影响相位角变化点的判断。此外，锤击产生的入射波能量较大，也会掩盖桩头附近的相位角变化。由于能否准确判断小波系数相位角变化点是此类方法成功与否的关键因素，有必要采用 AMD 定理对反射波信号进行分量信号提取，以避免其他无关能量信号对相位角映射图的干扰。

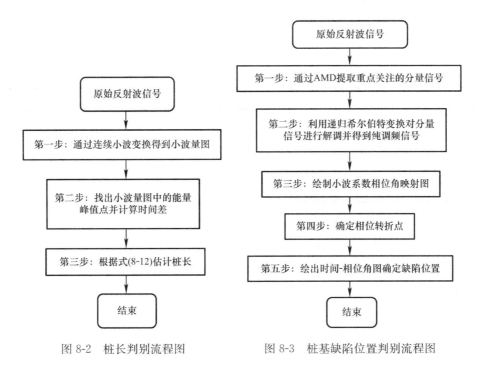

图 8-2　桩长判别流程图　　　　图 8-3　桩基缺陷位置判别流程图

在成功提取重点关注范围内的反射波分量信号的基础上，引入递归希尔伯特变换进行解调。解调过程不但实现了信号调频函数和幅值函数分离，而且避免了幅值对相位变化角的影响。最后，对解调后的调频信号进行连续小波变换，然后根据式(8-11) 求解小波系数相位角并将其映射到时频面上。当桩身材质均匀且没有缺陷时，相位角映射图在时频面上表现为间隔相等的直线。然而，当桩身存在缺陷时，相位角变化点在映射图上表现为"交叉点"的出现，而只有在"交叉点"对应的能量存在的情况下，此处的"交叉点"才可判定为真正的缺陷点[9]。在找出"交叉点"之后，绘出"交叉点"处频率所对应的时间-相位角曲线以验证该点的正确性。同时，根据时间-相位角曲线计算相位角变化点到桩头的时间差 $\Delta t_n$，最后采用 $\Delta t_n$ 替换式(8-12) 中的 $\Delta t$，可得桩缺陷位置处至桩顶的距离 $L_{\Delta_n}$，如式(8-13) 所示。

$$L_{\Delta_n} = \frac{1}{2} c \cdot \Delta t_n \qquad (8-13)$$

需要注意的是，在本节中需要用到的 AMD 定理和递归希尔伯特变换（Recursive Hilbert Transform，RHT）方法可参考 3.5 节相关内容。

### 8.2.4  混凝土桩数值算例

混凝土桩的三维有限元模型如图 8-4 所示。混凝土桩模型的桩径为 1m，长度为 20m，其中 18m 埋入土壤中。损伤截面为直径为 0.95m 的缩径圆形截面，即该截面的损伤程度为 10%。自定义的桩身损伤位于距桩顶 12~12.5m 处，沿截面法向的长度为 0.5m。周围土体为桩径的 5 倍，足以消除远场边界反射波的影响[12]。采用面-面接触算法对桩土相互作用进行数值模拟，即桩的外表面为主表面，而土体的内表面为从属表面[13]。桩土接触行为分为切向行为和法向行为，将切向行为的摩擦系数设为 0.4，法向行为设为硬接触。桩和土体的材料属性详见表 8-1。由于混凝土桩模型的长细比远大于 5，采用一维波传播理论[14]作为理论基础来进行桩长估计和损伤定位是比较合适的。

桩土的材料属性                                                表 8-1

| 属性 | 混凝土桩 | 土体 |
|---|---|---|
| 弹性模量 | $3.75×10^4$MPa | $1×10^5$kPa |
| 泊松比 | 0.167 | 0.495 |
| 密度 | 2400kg/m³ | 1750kg/m³ |
| 摩擦角 | — | 30° |
| 黏聚力屈服应力 | — | 100kPa |

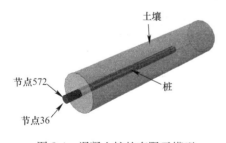

图 8-4  混凝土桩的有限元模型

首先，进行桩长估计。向桩顶中心点（图 8-4 中的节点 36）施加 5kN 的冲击荷载。然后，求解节点 572 处的速度响应，如图 8-5(a) 所示。为考虑随机噪声的影响，对速度响应添加 10% 水平的高斯白噪声并绘制如图 8-5(b) 所示的含噪速度响应。通过 CCWT 对噪声信号进行处理，其小波量图如图 8-6 所示。需要注意的是，CCWT 中尺度数的选择对信号分解和损伤定位的结果有影响。然而，尺度数仅决定时频面的分辨率，而对信号分解没有显著影响。在本次分析中，尺度数设为 512。从图 8-6 可以看出，时频面上存在两个能量集中点，其时间坐标为 0.8ms 和 11.3ms，分别代表入射波和反射波到达桩头的时间。在图 8-6 中，$200\sim1800\,\mathrm{Hz}$ 范围内的能量相比其他频带范围内对应的能量表现得更密集和明亮，因此建议将时频分析限制在 $200\sim1800\,\mathrm{Hz}$ 和 $0.8\sim11.3\,\mathrm{ms}$ 的范围内，并用区域 ABCD 来表示。通过两个能量集中点，可以获得应力波在桩顶与桩底间的往返时间为 $10.5\,\mathrm{ms}(\Delta t=11.3-0.8=10.5\,\mathrm{ms})$。由于应力波传播速度可通过公式 $c=\sqrt{E/\rho}=3953\,\mathrm{m/s}$ 求解，根据式（8-12）估算桩长 $L$ 为 20.75m。与桩长理论值（20m）相比，估算结果的误差仅为 3.8%，在可接受的工程误差范围之内[11]。

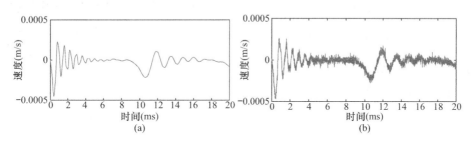

图 8-5　速度响应信号

（a）无噪声；（b）10%水平高斯白噪声

其次，进行桩基缺陷位置判别。在对原始速度信号进行 CCWT 变换后，根据小波量图确定感兴趣的频带，然后采用 AMD 方法提取感兴趣频带中的分量，结果如图 8-7 所示。对比图 8-7 和图 8-5(b) 可知：AMD 大大降低了噪声造成的影响。类似地，通过比较图 8-8 和图 8-6 可知：AMD 有效地消除了小于 $200\,\mathrm{Hz}$ 和大于 $1800\,\mathrm{Hz}$ 的区域中的

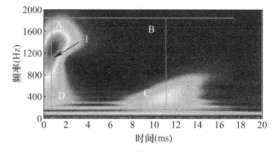

图 8-6　速度响应信号的小波能量图

能量。此外，图 8-8 中的小波能量图也比图 8-6 中的小波能量图更清晰，这从另外一方面验证了 AMD 能够有效地去除感兴趣频带之外的能量的事实。之后，采用递归希尔伯特变换解调所提取的分量信号以减少由锤击激励引起的干扰并放大相位特征，结果如图 8-9 所示。与图 8-7 相比，图 8-9 中的幅值经解调后变为 1，而且相位信息也被凸显出来。

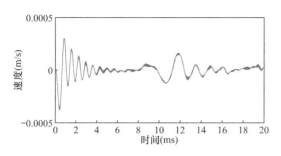

图 8-7　感兴趣频带中的分量信号

图 8-8　AMD 分解得到的分量速度信号的小波量图

以复高斯函数为母函数，对解调后的纯调频信号进行 CCWT，然后根据式（8-11）计算小波系数的瞬时相位角。然后，将得到的瞬时相位角映射到时频平面并以灰度的方式在图 8-10（a）中显示。在灰度图像中，白色表示相位角为 $180°(\pi)$，而黑色表示相位角为

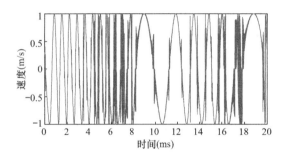

图 8-9  根据 RHT 解调得到的纯调频部分

$-180°(\pi)^{[15]}$。在图 8-10(a) 中出现了两个"交叉点"，只有当这两个交叉点落入限制区域（200~1800Hz 和 0.8~11.3ms）时才有意义，这时它们在时间-相位角曲线中对应的点并被命名为相位角转折点。根据前文结果，该区域由点 A、B、C 和 D 定义（图 8-6）。此时，基桩损伤定位问题已经转化为在特定区域 ABCD 中搜索"交叉点"的位置，如图 8-10(a) 所示。为将本章所提出的方法（AMD＋RHT＋CCWT）与其他方法进行比较，图 8-10(b)、(c) 和（d）还分别给出了根据 AMD 和 CCWT（AMD＋CCWT）、RHT 和 CCWT（RHT＋CCWT）、CCWT（不含 AMD 和 RHT）三种方法确定的交叉点结果。图 8-10 中的所有交叉点均用圆圈标记，并用 1~n 的数字命名。如图 8-10(a) 所示，两个"交叉点" 2 和 3 分别以 910Hz 和 605Hz 的频率出现在矩形区域 ABCD 中。然后，在图 8-11(a) 和（b）中分别给出了这两个特定频率下的相位角曲线。由图 8-11(a) 可知：6.5ms 处的交叉点 2 在时间-相位角曲线中对应的点 $2'$ 恰恰是一个相位角转折点，对应于 0.8ms 的点 1 则表示入射波到达桩头的时间（图 8-6）。因此，点 1 和点 $2'$ 之间的时间差 $\Delta t_1$ 为 5.7ms。然后，根据式（8-13）可计算缺陷位置到桩头的距离（$L_{\Delta_1}$）为 11.27m。同理，由图 8-11(b) 可知，点 $3'$ 为实际的相位角转折点，由此可求出点 1 和点 $3'$ 之间的时间差 $\Delta t_2$。$L_{\Delta_2}$ 亦可通过类似的方法求解，结果为 15.81m。与距离桩顶 12m 处的实际损伤位置相比较，基于 AMD＋RHT＋CCWT 的损伤定位结果的相对误差为 6.1%。

在图 8-10(b) 中，矩形区域（ABCD）内存在四个交叉点，分别表示为点 4、5、6 和 7。对比图 8-10(a) 和（b）可以看出，点 5 对应的时间接近于点 2 的时间，但是图 8-10(b) 中多出了三个虚假交叉点。与图 8-10(a) 和（b）不同的是，图 8-10(c) 和（d）中出现了许多模糊区域（例如点 9、10、11 和 14 的相邻区域），究其原因为噪声的影响没有被 AMD 消除或降低，这影响了桩基缺陷的精确定位。与其他三种方法相比，本节提出的 AMD＋RHT＋CCWT 方法减少了虚假交叉点的数量，同时也生成了更清晰的相位角灰度图像。产生这一现象基于如下两个原因：（1）AMD 具有从噪声响应信号中提取感兴趣频带内的单分量信号的潜力，从而减轻了随机噪声和感兴趣范围外分量的干扰。（2）由于响应信号的能量仅来自调幅部分且与调频部分没有直接关系，而桩顶锤击引起的入射波幅值往往较大，因此在桩的顶部会出现过大的能量，据此可以成功地估计桩长。然而，桩头附近的损伤却容易被过大的能量所掩盖。虽然希尔伯特变换具有信号解调和瞬时频率识别的能力，但是当振动信号不满足 Bedrosian 积定理的条件时，会产生较大的误差[8]。因此，采用递归希尔伯特变换对这类调幅调频信号进行处理，其目的是突出相位信息，同时降低幅度的影响。

最后，进行参数分析。由于此处只考虑了一种损伤工况，即横截面面积减少 10% 和添加 10% 水平高斯白噪声，本节对损伤程度和噪声水平进行了参数分析以检验所提出方法的鲁棒性。首先，模拟了三种不同程度的损伤截面，即在桩顶 12~12.5m 处截面面积分别减小 5%、10% 和 15%。针对上述三种不同的损伤程度，在响应信号中添加了 10%、20%

和 30％三种不同水平的高斯白噪声。因此，本节总共研究了 9 种损伤工况，即 DS1～DS9，如表 8-2 所示。

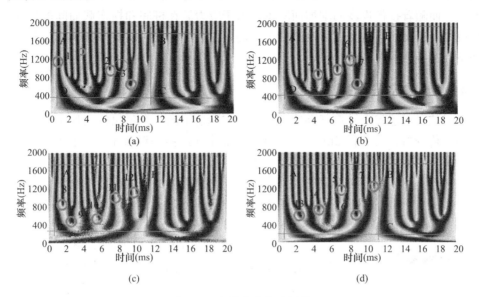

图 8-10　相位角的灰度图像

（a）AMD+RHT+CCWT；（b）AMD+CCWT；（c）RHT+CCWT；（d）CCWT

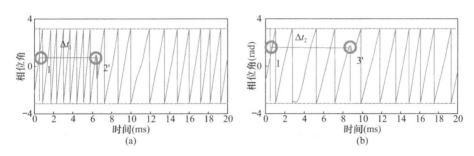

图 8-11　不同频率下的时间-相位角曲线

（a）910Hz；（b）605Hz

**不同损伤工况下的损伤识别结果**　　　　　　　　　　　　　　　　　　　　表 8-2

| 损伤工况 | 损伤程度 | 噪声等级 | 损伤定位的有效性 | 假交叉点数量 | 相对误差 |
| --- | --- | --- | --- | --- | --- |
| DS1 |  | 10％ | Yes | 3 | 4.5％ |
| DS2 | 5％ | 20％ | Yes | 3 | 4.5％ |
| DS3 |  | 30％ | Yes | 4 | 6.1％ |
| DS4 |  | 10％ | Yes | 1 | 6.1％ |
| DS5 | 10％ | 20％ | Yes | 2 | 6.1％ |
| DS6 |  | 30％ | Yes | 3 | 7.7％ |
| DS7 |  | 10％ | Yes | 1 | 4.5％ |
| DS8 | 15％ | 20％ | Yes | 2 | 7.7％ |
| DS9 |  | 30％ | Yes | 3 | 7.7％ |

如表 8-2 所示，在噪声水平为 30％的情况下，本章所提方法可以检测出桩身损伤程度为 5％的微小损伤的位置。对于所有损伤工况，虚假交叉点的数量均会随着噪声水平的增加而增加，而随着损伤程度的增加而减少。由于应力波在桩底和损伤截面间的往返时间是通过目视检查速度响应信号的小波能量图来确定的，因此相对误差与损伤程度及噪声水平之间并不存在类似的关联性。

### 8.2.5　桥梁桩基实例验证

本节以位于福建省南平市某高速公路上的实际桥梁的一个足尺桩为例来验证所提方法的有效性。待分析桩为直径 2m、长 19.8m 的钻孔圆形钢筋混凝土桩，长细比为 9.4。试

图 8-12　现场测试装置

验之前，通过超声波发射法识别了桩基的损伤位置，其位于距桩头 8m 处[16,17]。应力波的响应由冲击锤激发并通过安装在桩头上的加速度传感器进行量测。本次试验所用的加速度传感器灵敏度为 19.8mV/(m·s$^{-2}$)，现场基桩测试装置如图 8-12 所示。根据基桩的混凝土属性，将应力波传播速度 $c$ 设定为 3900m/s，现场测试使用的数据采集系统是美国 PDI 公司生产的基桩完整性测试仪（PIT）[18]。在本次试验中，设定时间间隔为 22.2μs，即采样频率为 45kHz 左右，然后测量了时程加速度响应。为简单计，仅使用所测响应信号的前 20ms 进行分析。

首先，开展实际桩的桩长估计。对采集到的加速度信号进行积分处理，得到如图 8-13 所示的速度曲线。然后，采用复高斯小波作为母函数，选取 1024 个尺度，对速度响应信号进行 CCWT 处理，所得小波能量图如图 8-14 所示。在图 8-14 所示的时频平面中，存在 2 个能量集中点，其时间坐标分别对应 2ms 和 12.3ms，而 2ms 和 12.3ms 分别代表入射波和反射波到达桩头的时刻。在图 8-14 中，200～1600Hz 范围内的能量分布相比其他频带更加密集，因此采用 ABCD 来表示 2～12.3ms 和 200～1600Hz 这一特定区域。由于应力波在桩顶和桩底间的往返行程时间为 10.3ms（$\Delta t=12.3-2=10.3$ms），根据式（8-12）可求得桩长为 20.1m。与实际桩长（19.8m）相比，桩长估算结果的相对误差仅为 1.5％，符合工程要求。

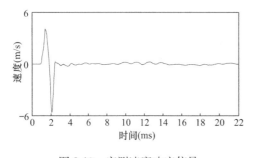

图 8-13　实测速度响应信号

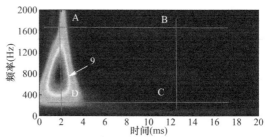

图 8-14　速度响应信号的小波量图

其次，开展实际桩的损伤定位工作。通过 AMD 提取感兴趣频带中的分量信号，如图 8-15 所示。为放大相位特征并减少锤击激励引起的干扰，采用递归希尔伯特变换解调提取后的分量，结果如图 8-16 所示。

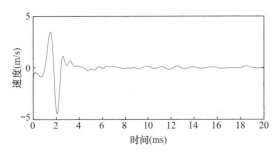

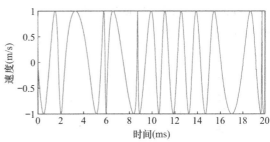

图 8-15　感兴趣频段的反射波信号　　　图 8-16　采用 RHT 解调得到的纯 FM 部分

　　对图 8-16 中的纯调频信号进行 CCWT，得到时频相位角图并以灰度形式表达，结果如图 8-17(a) 所示。可知：549Hz、505Hz 和 1099Hz 处出现了三个交叉点并命名为点 1、2 和 3。图 8-17(a)～(c) 分别给出了这些交叉点在特定频率下的时间-相位角曲线。正如图 8-17(a) 所示，2ms 处的点 9 表示入射波到达桩头的时间点，而交叉点 1、2 和 3 在图 8-18(a)、(b) 和 (c) 中对应的点 1′、2′ 和 3′ 则为相位角转折点。点 9 与点 1′、2′、3′ 之间的时间差分别为 1.8ms、4.0ms 和 7.5ms，而与桩顶的相应距离则分别为 3.5m、7.8m 和 14.6m。虽然在图 8-17(a) 中存在多个交叉点，但其中只有一个是由损伤引起的实际交叉点，其在时间-相位角曲线上对应的点将被定义为真正的相位角转折点。其余点则被判定为虚假交叉点，因为它们是由于桩土相互作用、环境噪声等因素造成的。为方便比较，采用超声波发射法[19]进行佐证，其测得的实际损伤位置在距桩头 8m 处，因此可以确认点 2′ 为真的相位角转折点。此时，所提方法识别的缺陷位置与桩顶的距离为 7.8m，其与超声发射法识别结果的相对误差仅为 2.5%。

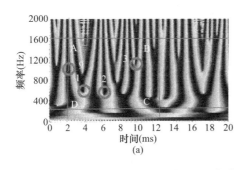

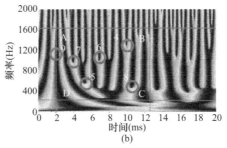

图 8-17　相位角的灰度图像
(a) AMD＋RHT＋CCWT；(b) CCWT

　　与图 8-17(a) 相比，图 8-17(b) 中存在 5 个交叉点，分别位于 462Hz、550Hz、946Hz、990Hz 和 1231Hz 处，命名为点 4～8。交叉点 4～8 在图 8-18(d)～(h) 中应的相位角转折点分别对应 4′～8′。点 9 与点 4′～8′ 之间的时间差分别为 8.0ms、3.3ms、4.7ms、2.0ms 和 8.8ms。因此，点 4′～8′ 与桩顶之间的距离分别为 15.6m、6.4m、9.1m、3.9m 和 17.2m。其中 9.1m（点 6′）与超声发射法估计的理论损伤位置最为接近，但相对误差仍达到 13.8%，远大于所提出的方法（2.5%）。因此，与 CCWT 方法相比，本章所提方法在混凝土桩损伤缺陷诊断方面具有更好的精度。此外，它大大减少了虚假交叉点的数量，同时也避免了桩基缺陷的误判。虽然本章所提方法不能完全消除所有的虚假交叉点，但是它可以与其他方法（如超声发射法）的检测结果相互验证，从而最终达到准确估计缺陷的目的。

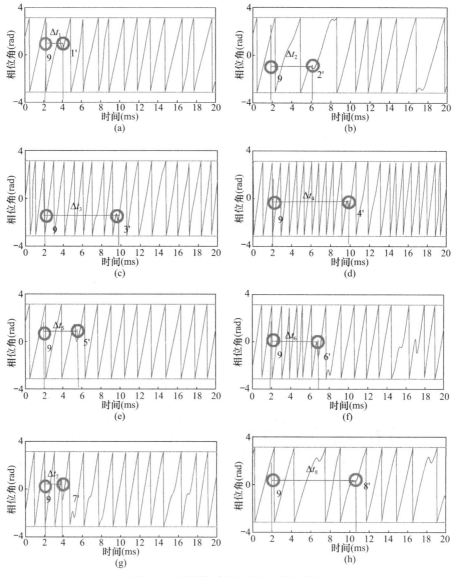

图 8-18　不同频率的时间-相位角曲线

(a) 549Hz；(b) 505Hz；(c) 1099Hz；(d) 1231Hz；(e) 550Hz；(f) 990Hz；(g) 946Hz；(h) 462Hz

为验证所提出方法的准确性，图 8-19（a）和（b）给出了采用 AMD＋CCWT、RHT＋CCWT 方法求解的相位角结果作为对比。图 8-19 中的交叉点 10 和 11 在图 8-20（a）和（b）中对应的相位角转折点分别是点 10′和点 11′。点 10′和 11′距离理论损伤位置较近，但是两点的相对误差（9.7％和 7.4％）仍大于点 2′（2.5％）。此外，图 8-19（a）、图 8-19（b）和图 8-17（b）中分别出现了四个、三个和四个虚假交叉点，而图 8-17（a）中只有两个虚假交叉点，这说明 AMD＋RHT＋CCWT 不但能够给出更准确的基桩损伤定位结果，而且减少了相位角灰度图像中虚假交叉点的数目。

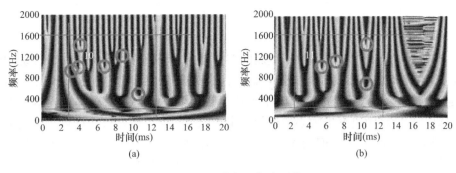

图 8-19　相位角的灰度图像

（a）AMD+CCWT；（b）RHT+CCWT

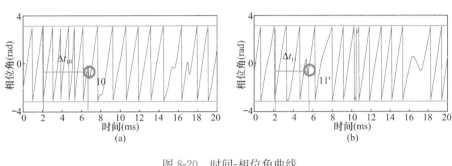

图 8-20　时间-相位角曲线

（a）点 $10'$；（b）点 $11'$

### 8.2.6　小结

本节提出了一种 AMD、RHT 和 CCWT 相结合的桩基损伤定位方法。首先，通过 AMD 对桩头测得的速度响应信号进行分解并提取出感兴趣频带内的单分量信号。其次，采用 RHT 方法将单分量信号解调为纯调频信号。最后，采用 CCWT 对调频信号进行相位角计算并将这些相位角映射到时频平面上，然后根据相应的相位转折点进行损伤定位。通过一个数值算例和一个桥梁桩基实例验证了该方法的有效性和准确性，结果表明：与 CC-WT 法、AMD+CCWT 法和 RHT+CCWT 法相比，该方法显著降低了低应变试验中环境噪声、桩土相互作用等因素的影响，从而更有效地估计了桩长和诊断了缺陷。

## 8.3　基于复连续小波变换改进算法定位基桩损伤

本节引入 $K$ 均值聚类算法和快速傅里叶变换并提出了基于复连续小波变换改进算法的基桩损伤定位方法。首先，通过 $K$ 均值聚类算法准确计算出入射波和反射波引起的能量集中点在时频面上对应的时间坐标，避免了人为选取能量集中点的主观性，从而对桩长进行更加精确的估计；其次，对响应信号进行快速傅里叶变换并根据傅里叶频谱图中首尾两个峰值点对应的频率坐标，这为相位角映射图中"交叉点"的寻找确定了更明确的频率范围。最后，在事先确定的时间和频率的区间范围内查找"交叉点"对应的相位转折点，并由此定位桩身损伤。

### 8.3.1　K 均值聚类

将一个数据集分成由类似的数据组成的多个类的过程被称为聚类。作为传统的聚类算法之一，K 均值聚类[20]因其计算步骤简捷、有效而被广泛运用。在进行 K 均值聚类前需事先确定类别数 K，然后随机选定 K 个点作为初始聚类中心并计算每个样本与聚类中心之间的距离，然后将距离聚类中心最近的样本点归为一类，最后重新计算每个类的均值点作为新的聚类中心。如果新旧聚类中心之间的距离大于预设的阈值（通常建议为 $1\times10^{-7}$），则新的聚类中心将被视为初始聚类中心从而再次聚类。如果新旧聚类中心之间的距离小于预设的阈值则聚类中心不再改变，同时也就确定了每个样本所属的聚类以及每个聚类的中心。K 均值聚类的具体步骤如下所示：

（1）从 N 个点的集合 $\{X_1,X_2,X_3,\cdots,X_N\}$ 中随机取 $K(K\leqslant N)$ 个点，作为 K 个初始聚类 $C=\{C_1,C_2,C_3,\cdots,C_K\}$ 中各自对应的初始聚类中心。

（2）计算每个样本与聚类中心的距离，然后根据最小距离重新对相应对象分类，即对式(8-14)求最小值

$$f(S)=\arg\Big[\min\sum_{j=1}^{k}\sum_{x_i\in C_j}\|x_i-u_j\|^2\Big] \tag{8-14}$$

式中，$u_j$ 表示聚类对象的中心坐标值；arg［·］表示使括号内取最小值时的变量值。

（3）根据聚类结果重新计算每个类的均值点并作为新的聚类中心，如果新旧聚类中心之间的距离大于预设的阈值（通常建议为 $1\times10^{-7}$），则新的聚类中心将被视为初始聚类中心用于重新聚类。

（4）将 N 个点按照新的中心重新聚类。

（5）循环（2）~（4）直到新旧聚类中心之间的距离小于预设的阈值，最终得到 K 个聚类及其聚类中心。

### 8.3.2　采用复连续小波变换改进算法定位桩基损伤

若对反射波信号直接采用 CCWT 进行分析，其相位角转折点与桩头之间的时间差 $\Delta t_n$ 的确定具有一定的主观性，这给桩身损伤位置的精确判断造成了一定的影响。从时间轴上看，由入射波和反射波引起的能量集中区并不是两个单一的点，而是色彩鲜艳的大面积区域，因此，仅根据目测值来确定能量集中点具有一定的随意性，而且影响了能量集中点对应时间坐标的估计；从频率轴上看，响应信号对应的频段跨度较大，而基于 CCWT 的桩身损伤定位方法并未对主频区间进行明确的划分，从而给相位交叉点的寻找与排除造成了一定的影响。为了避免上述两方面因素的不利影响，本章提出了基于小波量图聚类与主频划分的复连续小波变换改进算法来定位桩身损伤，相应的流程如图 8-21 所示。

首先，对桩基实测响应信号进行连续小波变换并得到小波系数矩阵，然后对小波系数取模值并将其映射到时频平面上得到小波量图，而小波量图中的颜色代表了模值和能量的大小，其中深颜色部分代表此处产生的能量较高，而桩顶的入射波与桩底的反射波在小波量图上表现为两个深颜色的能量集中区域。为确定能量集中区域的中心点，需要采取一些数学方法对该区域进行中心聚类，而 K 均值聚类算法属于典型的基于距离的聚类算法[20]。其中，K 代表需要划分的簇的个数。为求出两个深颜色能量集中区域的聚类中心，将 K

值设为 2。通过 $K$ 均值聚类算法可实现对深颜色能量集中区域中小波系数模值的聚类，其具体步骤是随机选取两个对象作为初始聚类中心，然后计算其余对象与两个聚类中心之间的距离并把将它们分配给距离最近的聚类中心。这样，所有的点被分为两部分，然后重新计算每个部分的均值点并定义为新的聚类中心。如果新的聚类中心与旧的聚类中心之间的距离大于预设的阈值（通常建议为 $1 \times 10^{-7}$），则新的聚类中心将被识别为初始聚类中心并用于再下一步的重复聚类过程。如果新的聚类中心与旧的聚类中心之间的距离小于预设的阈值，则聚类中心不再更新。每分配一次样本，聚类中心会根据聚类中现有的对象重新计算，这个过程将不断重复直到没有对象被重新分配。最终得出的两个聚类中心可以视作两个深颜色能量集中区域的能量集中点，然后根据这两个能量集中点可以确定它们在时频面上对应的时间坐标。

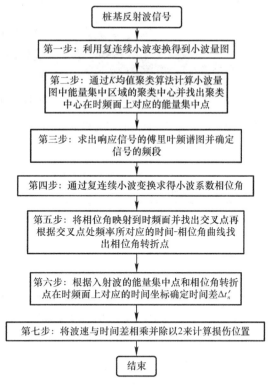

图 8-21　基于 CCWT 改进算法判别桩基损伤位置流程图

其次，对响应信号进行快速傅里叶变换并绘制傅里叶频谱图，而在傅里叶频谱图中可以看到许多峰值点。然而，与整个频率轴相比，我们所关心的频率范围相对较窄。因此，感兴趣的频带将由傅里叶频谱图中的第一个和最后一个峰值确定，而感兴趣频带范围之外的频率将被忽略。事实上，超出关注范围的频率通常是由隐藏在响应信号中的噪声和其他因素引起的，因此忽略噪声的影响和对频带进行限制被认为是合理的。正因为根据首尾两个峰值点对应的频率坐标，我们才可以客观地确定响应信号所处的频段。

通过引入 $K$ 均值聚类算法和快速傅里叶变换，从时间和频率两个方向确定了特定区域，从而可以采用类似 8.2.3 节的方式来进行桩基损伤定位。在找出时间-相位角曲线中的相位角转折点之后，根据相位角转折点和入射波能量集中点之间的时间差 $\Delta t'_n$，即可计算受损截面与桩头之间的距离 $L'_n$，如式（8-15）所示。

$$L'_n = \frac{1}{2} \times c \times \Delta t'_n \qquad (8\text{-}15)$$

### 8.3.3　混凝土桩数值算例验证

通过 ABAQUS 对图 8-22 所示的完整混凝土桩进行模拟。桩身和土体的材料分别为混凝土和黏土，其特性详见表 8-3。桩直径为 1m，桩长为 20m，其中 18m 埋于土中。为考虑桩土相互作用并获得更真实的响应信号，模型中桩与土之间采用了面对面接触，其接触行为分为切向行为和法向行为。将切向行为的摩擦系数设为 0.4，法向行为设为硬接触。由于混凝土桩模型的长细比大于 5，可采用基于一维波动理论的低应变反射波法来进

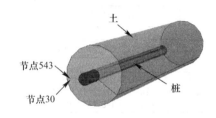

图 8-22 完整混凝土桩的有限元模型

行桩身的完整性分析。设定周围土体的直径是桩径的 5 倍，这样土体的范围可视为足够大从而避免应力波从远处边界传回预设的传感器[11]。在进行动力分析之前，首先限制土体外表面的水平位移并将土体的底面完全固结。其次，限制桩身外表面的水平位移并保留整个桩身的垂直位移。最后，将重力荷载作用于桩-土模型上并以升余弦脉冲函数作为初始激励。

**混凝土桩和土体的材料特性**　　　　　　　　　表 8-3

| 属性 | 混凝土桩 | 土体 |
|---|---|---|
| 弹性模量 | $4×10^4$ MPa | 18MPa |
| 泊松比 | 0.2 | 0.38 |
| 密度 | 2500kg/m³ | 1800kg/m³ |
| 摩擦角 | — | 24° |
| 黏聚力屈服应力 | — | 72kPa |

　　首先，建立如图 8-23 所示的含有单一损伤位置的混凝土桩有限元模型。属性、接触、约束和荷载的定义与完整混凝土桩模型相同，但桩身的损伤类型定义为缩颈，缩颈截面的直径设置为 0.95m，即该截面的损伤程度约为 10%。损伤深度为 0.5m，且位于桩顶 6～6.5m 处。冲击荷载作用于桩头中心（图 8-23 中节点 30），作用时间为 2ms，幅值为 5kN，脉冲宽度为 1.6ms。将时间间隔设为 0.2ms，总持续时间定义为 20ms，然后通过隐式动力学分析计算节点 543（中心点附近）的速度响应信号并绘制在图 8-24 中。

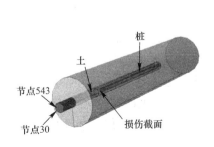

图 8-23 单损伤桩的有限元模型

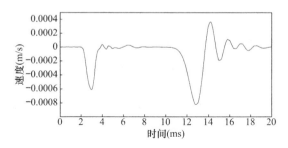

图 8-24 反射波速度响应图

　　其次，进行桩长估计。选择节点 543 的速度响应信号作为目标信号，然后以复高斯小波为母小波函数并对目标信号进行连续小波变换，生成的小波量图如图 8-25 所示。可以看出，在时频面上存在两个明显的深颜色能量集中区，而且颜色越深表明小波系数模值或者能量就越大。然而，通过肉眼直观的方法来选择两个深颜色能量集中区的时间坐标是不客观的。为此，引入 K 均值聚类算法来解决这一问题。首先，小波量图被一条平行于频率轴的直线垂直切割成两部分。该直线位于两个集中区域之间的任意位置，如 $t=6$ms（图 8-25 中的竖线），其左侧是入射波引起的第一个能量集中区域，而右侧则为反射波激起的第二能量集中区域。在图 8-25 中，颜色条中的不同颜色表征不同的值，而这些值可作为定义聚类范围的阈值。将左边区域小波系数模的临界阈值设为 0.0015，而右边区域小波系数模的临界阈值设为 0.003，然后提取这两个区域范围内大于阈值的小波系数模值并

通过 $K$ 均值算法进行聚类，其结果如图 8-26 所示。实际上，临界阈值的选择对聚类结果没有太大的影响，这一点将在后面作进一步研究。由图 8-26 可知：时频平面上两个聚类中心的时间坐标分别为 2.96ms 和 13.02ms，其中 2.96ms 处出现的能量集中由入射波引起，而桩底反射波引起的能量则集中在 13.02ms 附近[21]。因此，应力波在桩顶和桩底间的往返行程时间为 10.06ms（$\Delta t = 13.02 - 2.96 = 10.06$ms），而应力波传播速度可通过公式 $c = \sqrt{E/\rho}$ 求解，其值等于 4000m/s。最终，可根据式(8-12)估计桩长为 20.12m。与实际桩长（20m）相比，桩长估算结果的相对误差仅为 0.6%，在实际工程可接受范围之内。

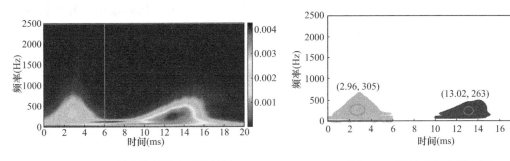

图 8-25　反射波信号的小波能量图　　　　图 8-26　聚类后的数据点图

在此基础上，采用快速傅里叶变换对目标信号进行处理，得到如图 8-27 所示的傅里叶频谱。然后，根据傅里叶频谱图中首尾两个峰值点对应的频率坐标可确定响应信号的频率集中区间为 100～750Hz。至此，交叉点的搜索范围限制在时频平面上的 2.96～13.02ms 和 100～750Hz 的范围内，然后将其命名为 ABCD，如图 8-28 所示。

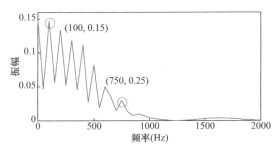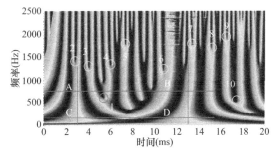

图 8-27　傅里叶频谱图　　　　　　　　图 8-28　相位角映射灰度图

再次，进行桩基损伤定位。在对图 8-24 中的反射波信号进行复高斯连续小波变换后，再根据式(8-11)计算得到相位角。然后，将相位角映射到时频面上并进行灰度处理，如图 8-28 所示。其中，白色代表的相位角是 180°（$\pi$），而黑色代表的相位角则为 $-180°$（$-\pi$）[11]。在 ABCD 四点围成的区间范围内进行交叉点的搜索，从而得到一个频率坐标在 550～600Hz 范围内的交叉点（点 1）。理论上，只有当与交叉点相关的能量存在时，交叉点才能被认为是相位角转折点[21]。否则，此交叉点将被视为虚假点。为进一步验证这些交叉点的有效性，计算了 550～600Hz 时的相位角曲线，结果如图 8-29 所示。可以看出，在 550Hz、560Hz、570Hz、580Hz、590Hz、600Hz 处，所有相位角转折点的时间坐标几乎相同，但是在 600Hz 处时相位角转折的程度最大。因此，采用 600Hz 处的时间相位角曲线以定位桩基损伤。由图 8-29(e) 可知：点 1 在时间-相位角图中对应的相位角转折点

为 $1'$，该变化点对应的时间坐标为 5.65ms，因此相位转折点 $1'$ 对应的时间差为 $\Delta t_1 = 5.65 - 2.96 = 2.69$ms，而应力波传播速度 $c$ 可根据 $c = \sqrt{E/\rho}$ 求解，即 $c = 4000$m/s。将 $\Delta t_1$ 和 $c$ 代入式(8-15)可计算缺陷位置到桩头的距离为 5.38m，这与损伤的预设位置（离桩头 6m 处）十分吻合且相对误差仅为 10.33%。

此外，在图 8-28 所示的 ABCD 四点围成的区间范围外还存在另外 9 个交叉点，分别用数字 2~10 来表示。这也就是说，如果仅采用复连续小波变换进行桩基损伤定位，区间范围之外的干扰点必定会影响"交叉点"的查找，从而导致研究人员对桩身损伤位置识别结果作出错误的判断。基于复连续小波变换的改进算法不但排除了区间范围外的干扰点对"交叉点"的影响，而且可以客观精确定位时间坐标，从而最终提高了桩身损伤位置识别的精度。

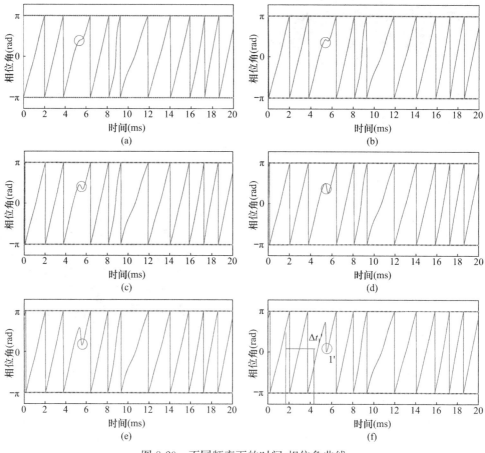

图 8-29　不同频率下的时间-相位角曲线

(a) 550Hz；(b) 560Hz；(c) 570Hz；(d) 580Hz；(e) 590Hz；(f) 600Hz

为验证新提出的桩身损伤识别方法中 $K$ 均值算法的鲁棒性，尝试选择了如表 8-4 所示的 12 种聚类范围，分别记为 C1~C12。由表 8-4 可知：无论初始选择的聚类范围如何，$K$ 均值算法求得的能量集中点的时间坐标都十分接近，这说明 $K$ 均值算法的鲁棒性较强。也就是说，无论初始选择的聚类范围如何，其对最终的桩身损伤位置识别结果影响较小。

不同聚类范围的结果　　　　　　　　　　　　　　　　　　表 8-4

| 聚类范围 | 第一部分临界阈值 | 第二部分临界阈值 | 两个能量集中点的时间(ms) |
|---|---|---|---|
| C1 | 0.0015 | 0.0020 | 2.96 和 13.49 |
| C2 | 0.0015 | 0.0025 | 2.96 和 13.17 |
| C3 | 0.0015 | 0.0030 | 2.96 和 12.99 |
| C4 | 0.0015 | 0.0035 | 2.96 和 13.02 |
| C5 | 0.0015 | 0.0040 | 2.96 和 12.86 |
| C6 | 0.0020 | 0.0020 | 3.25 和 13.49 |
| C7 | 0.0020 | 0.0025 | 3.25 和 13.17 |
| C8 | 0.0020 | 0.0030 | 3.25 和 12.99 |
| C9 | 0.0020 | 0.0035 | 3.25 和 13.02 |
| C10 | 0.0020 | 0.0040 | 3.25 和 12.86 |

除了单处损伤工况，本节还建立了含有两个损伤位置的混凝土桩有限元模型，如图 8-30 所示。有限元模型的特性、接触、约束、载荷和损伤类型的定义与单处损伤工况相同[11]。唯一不同的是，两个模拟损伤位置到桩头的距离分别为 8m 和 15m。通过隐式动力分析获得图 8-31 所示桩头中心（节点 543）附近反射波的速度响应信号。

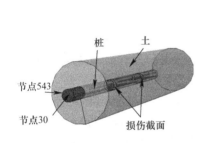

图 8-30　多损伤部位混凝土桩有限元模型　　　图 8-31　反射波速度响应图

首先，进行桩长估计。对图 8-31 中的速度响应信号进行复高斯连续小波变换，得到如图 8-32 所示的小波量图。可以看出，小波尺度图中含有两个明亮的能量集中区。采用 $t=6$ms 的直线将小波量图垂直分为两部分（图 8-32 中的竖线），其中左边部分的能量集中区域的小波系数模的临界阈值设为 0.0015，而右边部分的能量集中区域的小波系数模的临界阈值定义为 0.0025。然后，借助 $K$ 均值聚类算法提取大于预设阈值的小波系数模值并进行聚类，得到的数据点如图 8-33 所示。可知：两个聚类中心在时频平面上的时间坐标分别为 2.79ms 和 13.09ms。其中 2.79ms 处的聚类中心由入射波引起，而桩底反射波引起的聚类中心为 13.09ms，由此可得应力波在桩顶和桩底间的往返行程时间为 10.06ms（$\Delta t = 13.09 - 2.79 = 10.3$ms）。应力波传播速度可通过公式 $c = \sqrt{E/\rho}$ 求解，即 4000m/s。在此基础上，根据式(8-12) 可得桩长为 20.6m。与实际桩长（20m）相比，桩长估算结果的相对误差仅为 3%，可用于实际工程。

接下来对图 8-33 中的速度响应信号进行 FFT 处理，得到如图 8-34 所示的傅里叶频谱。根据傅里叶频谱的第一个和最后两个峰值点，可将感兴趣的频带确定为 100～750Hz。至此，交叉点在时频平面上的搜索范围为 2.79～13.09ms 和 100～750Hz，即在图 8-35 中定义的 ABCD。

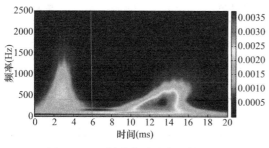

图 8-32　反射波信号的小波能量图

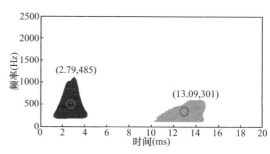

图 8-33　$K$ 均值聚类后的结果

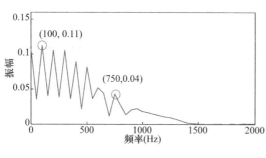

图 8-34　傅里叶频谱图

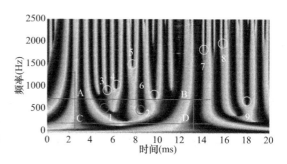

图 8-35　相位角映射灰度图

其次，开展桩基损伤定位研究。由于之前进行了复高斯连续小波变换，因此可根据式（8-11）计算相位角，然后将它们映射到时频平面并以灰度的方式显示在图8-35中。在限定的 ABCD 范围内搜索交叉点，得到点 1 和点 2，其频率坐标均为 420～440Hz。为进一步验证这两个交叉点，计算 440Hz 下的时间-相位角曲线，结果如图8-36所示。可知：与点 1 和 2 相对应的相位角转折点分别为点 $1'$ 和 $2'$，而这两个相位角转折点的时间坐标分别为 6.1ms 和 9ms。因此，点 $1'$ 与入射波引起的第一个聚类中心之间的时间差为 $\Delta t'_1 = 6.1 - 2.79 = 3.31$ms。类似地，点 $2'$ 与第一个聚类中心之间的时间差为 $\Delta t'_2 = 9 - 2.79 = 6.21$ms。由于应力波传播速度 $c$ 等于 4000m/s，将 $\Delta t'_1$、$\Delta t'_2$ 和 $c$ 代入式（8-15）中，经计算得到损伤位置到桩顶的距离 $L'_1$ 和 $L'_2$ 分别为 6.62m 和12.42m，这与预定损伤位置（距桩头 8m 和 15m）基本一致，而且相对误差分别仅为 17.25% 和 17.2%。与单损伤位置工况相比，本节所提方法虽能对含两个损伤位置的桩进行定位，但是精度有所下降。

在图 8-35 中，除点 1 和 2 外，还有 7 个额外的交叉点在 ABCD 范围之外，分别采用点 3～9 来表示，而传统的 CCWT 方法无法减少或消除这些交叉点。由于本节所提方法不再以经验判断而是客观地确定具体时间坐标，这不仅减少了交叉点，同时也大大提高了桩身损伤定位的精度。

在本节中，仅考虑了桩身损伤位置距离桩顶6m的单点损伤和损伤位置距离桩顶8m 和 15m 处的多点损伤两种工况。为比较不同损伤位置和不同损伤程度下该方法的识别效果，定义如表 8-5 所示的 18 种损伤工况，记为 DS1～DS18。

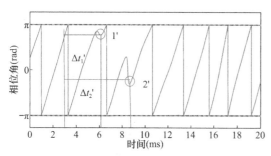

图 8-36　440Hz 频率下的时间-相位角曲线

不同损伤工况下的损伤识别结果

表 8-5

| 损伤工况 | 损伤类型 | 损伤位置 (m) | 损伤程度 (%) | 荷载幅值 (kN) | 脉冲宽度 (ms) | 有效性 | 相对误差 (%) |
|---|---|---|---|---|---|---|---|
| DS1 | 颈缩 | 2.0 | 10 | 5 | 0.3 | 是 | 24.00 |
| DS2 | | 2.5 | | | 0.4 | 是 | 19.20 |
| DS3 | | 3.0 | | | 0.4 | 是 | 18.00 |
| DS4 | | 3.5 | | | 0.8 | 是 | 15.43 |
| DS5 | | 4.0 | | | 0.8 | 是 | 15.00 |
| DS6 | | 4.5 | | | 1.2 | 是 | 14.67 |
| DS7 | | 5.0 | | | 1.2 | 是 | 14.00 |
| DS8 | | 5.5 | | | 1.6 | 是 | 13.45 |
| DS9 | | 6.0 | | | 1.6 | 是 | 10.33 |
| DS10 | 颈缩 | 2.0 | 5 | 5 | 0.3 | 否 | 74.00 |
| DS11 | | 2.5 | | | 0.4 | 是 | 36.80 |
| DS12 | | 3.0 | | | 0.4 | 是 | 33.30 |
| DS13 | | 3.5 | | | 0.8 | 是 | 21.10 |
| DS14 | | 4.0 | | | 0.8 | 是 | 20.00 |
| DS15 | | 4.5 | | | 1.2 | 是 | 15.56 |
| DS16 | | 5.0 | | | 1.2 | 是 | 15.20 |
| DS17 | | 5.5 | | | 1.6 | 是 | 14.55 |
| DS18 | | 6.0 | | | 1.6 | 是 | 13.33 |

注：本表的损伤位置是指离桩顶的距离。

采用本节所提方法对不同损伤工况下的响应信号进行分析，得到如表 8-5 所示的损伤识别结果。可知：（1）当损伤程度为 10% 时，本节所提方法均能成功识别桩身的损伤位置；当损伤程度为 5% 时，存在一个损伤工况 DC10 无法精确识别。因此，本节所提方法能够识别的桩身损伤程度最低为 5%。（2）当损伤程度为 5% 时，本节所提方法最多可识别到距离桩顶 2.5m（距离覆盖土层 0.5m）的桩身损伤。DC10 工况（损伤位置距离桩顶 2m）下缺陷识别结果的相对误差超过 50%，可判定上述方法失效。

### 8.3.4　钢筋混凝土桩实例验证

（1）钢筋混凝土方桩损伤定位

通过福建工程学院基桩检测实践教学基地中低应变试验区的 6 号桩基的测试数据来验证基于 CCWT 改进算法的桩身损伤识别方法的有效性。待分析桩为一横向放置的边长 200mm、长度 8m 的方形钢筋混凝土桩。基桩在埋入土前已对距离桩顶 4～4.2m 处的桩身做了颈缩处理，可作为理论结果进行比较。桩的长细比足够大，满足一维波动理论的应用前提[6]。在本次低应变试验中，采用冲击锤对桩顶施加瞬时冲击力，然后通过安装在桩顶的 ICP 加速度传感器和北京智博联公司生产的智博联 ZBL-P8100 基桩动测仪[18]来采集加速度数据，整个试验装置如图 8-37 所示。在本次测试中，采样间隔设为 8.5μs，即采样频率为 118kHz。采集的加速度数据经积分处理后得到如图 8-38 所示的速度曲线。

167

加速度传感器

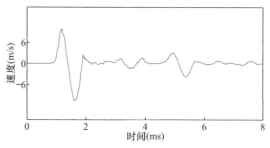

图 8-37　现场测试装置　　　　　　　　图 8-38　反射波速度响应图

首先，进行桩长估计。对图 8-38 中的速度信号进行复高斯连续小波变换，得到如图 8-39 所示的小波量图。可知：时频平面上存在两个明显的深颜色能量集中区域。首先，在时间轴 4ms 的位置沿频率轴方向设置一条直线将小波量图截成左右两部分，其中左半部分为入射波能量集中区域，而右半部分为反射波能量集中区域。将入射波能量集中区域的小波系数模值的临界阈值设为 15，而反射波能量集中区域的小波系数模值的临界阈值设为 7，然后对大于预设阈值的小波系数模值进行提取和 $K$ 均值聚类，得到的聚类数据点如图 8-40 所示。可知：两个聚类中心在时频面上对应的能量集中点的时间坐标分别为 1.45ms 和 5.20ms。其中，1.45ms 处出现的聚类中心是由入射波引起的，而 5.20ms 处出现的聚类中心则是由桩底反射波引起的。由于应力波在桩顶和桩底间的往返时间为 10.06ms（$\Delta t = 5.20 - 1.45 = 3.75ms$），而根据混凝土强度和弹性模量所求解的平均波速 $c$ 为 3800m/s，因此通过式(8-12)估计桩长为 7.13m。与实际桩长（8m）相比，桩长估算结果的相对误差为 10.88%，具有较高的精确性。

接下来对图 8-38 所示的反射波信号进行快速傅里叶变换，得到如图 8-41 所示的傅里叶频谱图。根据傅里叶频谱图中首尾两个峰值点对应的频率坐标可以确定响应信号的频率集中区间为 550~1600Hz。至此，相位角转折点在时频面上的搜索范围为 1.45~5.20ms 和 550~1600Hz，记为 ABCD。

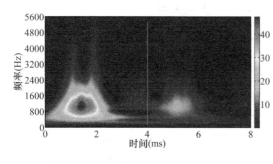

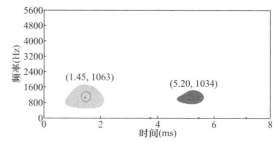

图 8-39　反射波信号的小波能量图　　　　图 8-40　$K$ 均值聚类的结果

其次，开展桩基损伤定位研究。对图 8-38 中的速度响应信号进行复高斯连续小波变换后，可根据式(8-11)计算相位角，然后将得到的瞬时相位角映射到时频平面中并以灰度的方式显示在图 8-42 中。其中，白色代表的相位角是 180°（π），而黑色表示相位角为 −180°（−π）[6]。在图 8-42 中限定的 ABCD 范围内搜索"交叉点"，最终找到一个交叉点并命名为点 1，其频率坐标对应 747~804Hz。之后，计算 804Hz 下的相位角曲线，结果如图 8-43 所示。可知：点 1 对应的相位角转折点为点 $1'$，其时间坐标为 3.1ms，因此，相位角转折点 $1'$ 与桩头之间的时间差为 $\Delta t_1'=3.1-1.45=1.65$ms，而根据混凝土强度和弹性模量求解的平均波速 $c$ 为 3800m/s。将 $\Delta t_1'$ 和 $c$ 代入式(8-15)可得 $L_1'$ 等于 3.14m。也就是说，损伤可能出现在距桩头 3.14m 处，这与预定损伤位置（距桩头 4m）基本一致且相对误差为 21.5%。

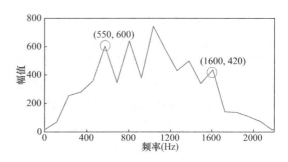

图 8-41　傅里叶频谱图

在图 8-42 这一灰度图中，除了点 1 外还有 13 个交叉点，分别命名为点 2～14。然而，它们都不落在 ABCD 的范围内，这进一步证明了本节所提出的方法能够减少由其他因素引起的额外交叉点。实际上，由于引入了 $K$ 均值聚类算法和快速傅里叶变换方法，使得特定区域（ABCD）的定义更加准确和客观，从而得到了比 CCWT 方法更好的桩基损伤定位结果。

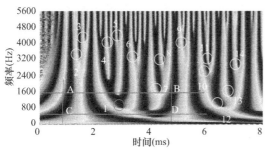

图 8-42　相位角映射灰度

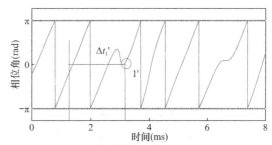

图 8-43　804Hz 频率下的时间-相位角曲线

（2）钢筋混凝土圆桩损伤定位

以福建省福州市地铁 6 号线某钢筋混凝土圆形桩为研究对象，其桩径 1m，桩长 22m，长细比为 22，满足一维波动理论的前提。在此之前，通过超声波透射法[19]测得损伤位置在离桩顶 7.7m 处并以此作为理论结果。本次低应变试验采用冲击锤对桩顶施加瞬时冲击力，然后通过安装在桩顶的 ICP 加速度传感器［灵敏度为 $19.1 \text{mV}/(\text{m} \cdot \text{s}^{-2})$］进行测量，整个试验装置如图 8-44 所示。根据钢筋混凝土桩的特性，求得波的平均传播速度 $c$ 为 4300m/s。本次试验采用的数据采集系统是中国上海锐欣公司生产的 LPT-EA 低应变基桩动测仪[18]。在本次测试中，采样间隔设为 $21 \mu \text{s}$，即采样频率为 48kHz。然后对收集到的加速度数据进行积分处理，获得的速度曲线如图 8-45 所示。

图 8-44　现场测试装置图

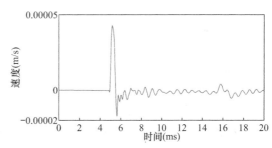

图 8-45　反射波速度响应图

　　首先，进行桩长估计。对图 8-45 中的速度响应信号进行复高斯连续小波变换，得到如图 8-46 所示的小波量图。可以看出，时频平面上存在两个明亮的能量集中区。然而，采用目视的方法很难从两个明亮的能量集中区中精确地选择时间坐标。为此，引入 $K$ 均值聚类算法和快速傅里叶变换方法来解决这个问题。首先，通过一条红色直线（$t=10\text{ms}$）将小波量图垂直分成两部分，其左右侧分别代表入射波和反射波引起的第一和第二能量集中区。然后，将第一能量集中区域的小波系数模的临界阈值设定为 0.00006，而第二能量集中区域的小波系数模的临界阈值被定义为 0.000015。在此基础上，针对大于预设阈值的小波系数模值采用 $K$ 均值聚类算法进行聚类，结果如图 8-47 所示。在图 8-47 中，两个聚类中心的时间坐标分别为 5.29ms 和 16.17ms。具体而言，对应 5.29ms 的聚类中心是由入射波引起的，而对应 16.17ms 的聚类中心是由桩底反射波引起的。由于应力波在桩顶和桩底间的往返时间为 10.06ms（$\Delta t=16.17-5.29=10.88\text{ms}$），而根据混凝土强度和弹性模量求解的平均波速 $c$ 为 4300m/s，通过公式（8-12）求得桩长为 23.39m。与实际桩长（22m）相比，桩长估算结果的相对误差仅为 6.32%，符合工程要求。

　　接下来对图 8-45 所示的速度响应信号进行快速傅里叶变换，从而得到如图 8-48 所示的傅里叶频谱。通过精确定位傅里叶频谱的第一个和最后一个峰值点，可以确定感兴趣的频段为 50～1600Hz。因此，交叉点的搜索范围被限定在时频平面上 5.29～16.17ms 和 50～1600Hz 这一特定区域内，如图 8-49 中的 ABCD 区域所示。

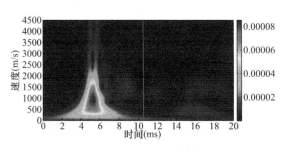

图 8-46　反射波信号的小波能量图

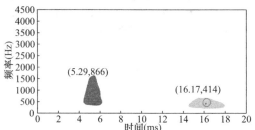

图 8-47　$K$ 均值聚类的结果

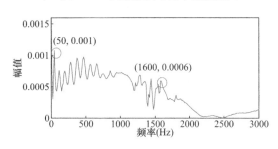

图 8-48　傅里叶频谱图

　　其次，进行桩基损伤定位。对图 8-45 中的反射波速度信号进行复高斯连续小波变换并根据式（8-11）计算相位角[6]。将得到的瞬时相位角映射到时频平面并以灰度的方式显示在图 8-49 中。然后，在 ABCD 区域内搜索交叉点，得到频率坐标在 828～865Hz 之间的两个交叉点，分别命名为点 1 和 2。为进一步验证上述两个交叉点，计算 865Hz 下的时间相位角曲线，如图 8-50 所示。可以看出，点 1 和 2 对应的相位角转折点为点 1′和 2′，其时间坐标分别为 9.5ms 和 11ms。因此，点 1′与入射波引起的第一个聚类中心之间的时间差可表示为 $\Delta t'_1=4.21\text{ms}$（$9.5-5.29=4.21\text{ms}$）。类似地，点 2′与第一个聚类中心之间的时间差可表示为 $\Delta t'_2=5.71\text{ms}$（$11-5.29=5.71\text{ms}$）。将 $\Delta t'_1$ 和 $c$ 代入式（8-15），可得 $L'_1$ 等于 9.05m。$L'_2$ 可以用相似的方法求解，即 12.27m。与超声波发射法的损伤定位结果相比，点 1′的损伤识别结果（9.05m）比 2′（12.28m）更接近理论损伤位置（7.7m），因此点 1′为真正的相位角转折点，其识别结果与基于超声波发射法的识别结果的相对误差为 17.53%。相比之下，相位转折点 2′可视为干扰点，而干扰点的排除需要结合其他桩身损伤检测方法以及工程经验综合确定。

除点 1 和 2 外，在图 8-49 中的 ABCD 四点围成的区间范围外还存在 4 个交叉点，记为点 3~6。幸运的是，它们都没有落在 ABCD 的范围内，不需要进一步排除。因此，本节所提方法不但具有客观性，而且能够减少交叉点的数量，同时也提高了基桩损伤定位的准确性。

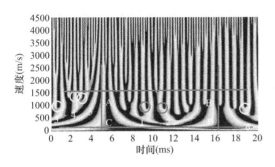

图 8-49　相位角映射灰度图

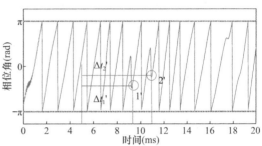

图 8-50　865Hz 频率下的时间-相位角曲线

### 8.3.5　小结

与单一的复连续小波变换相比，复连续小波变换改进算法引入了 $K$ 均值聚类算法和快速傅里叶变换。通过 $K$ 均值聚类算法能够准确计算出入射波和反射波引起的能量集中点在时频面上对应的时间坐标，避免了人为选取能量集中点的主观性，从而能够更精确地估计桩长，而快速傅里叶变换能够为相位转折点的寻找划定一个明确的主频范围。因此，在划定的时间和频率的区间范围内寻找相位转折点，可以排除大量干扰点的影响。

## 8.4　本章小结

作为一种重要的基桩动力检测方法，低应变动力测试广泛应用于桩基领域。为克服噪声对检测信号的影响，本章通过分解响应信号、解调纯调频信号和连续小波变换得到时频图并从中寻找相应的相位角转折点进而定位桩身损伤。同时，也引入 $K$ 均值聚类求出小波量图的聚类中心并采用快速傅里叶变换对响应信号进行主频划分，从而能够更为客观精确地估计桩长和定位损伤。最后，通过数值模拟算例、模型试验及工程现场实例对上述两种方法进行了验证，研究结果表明：本章所提方法能显著降低环境噪声、桩土相互作用等因素的影响，避免人为主观地选择选取能量集中点和主频范围，因而具有更好的精确性和客观性。然而需要注意的是，由于桩基属于隐蔽工程，其损伤定位十分困难，在实际工程中还要结合其他桩身损伤检测方法以及工程经验综合确定缺陷位置。

# 参 考 文 献

[1] 王忠福, 刘汉东, 贾金禄, 等. 大直径深长钻孔灌注桩竖向承载力特性试验研究 [J]. 岩土力学, 2012, 33 (9): 2663-2670.

[2] 赵春风, 李俊, 邱志雄, 等. 广东地区大直径超长钻孔灌注桩荷载传递特性试验研究 [J]. 岩石力学与工程学报, 2015, 34 (4): 849-855.

[3] 史佩栋, 梁晋渝. 大直径灌注桩的产生、发展与前景——纪念大直径灌注桩问世 100 周年 [J]. 工业建筑, 1993, (12): 3-11.

[4] Take W A, Valsangkar A J, Randolph M F. Analytical solution for pile hammer impact [J]. Computers and Geotechnics, 1999, 25 (2): 57-74.

[5] Shen S, Han J, Zhu H, et al. Evaluation of a dike damaged by pile driving in soft clay [J]. Journal of Performance of Constructed Facilities, 2005, 19 (4): 300-307.

[6] 刘景良, 郑锦仰, 林上顺, 等. 基于相位角变化的桩基缺陷位置识别方法 [J]. 振动、测试与诊断, 2019, 39 (3): 638-644.

[7] Xu J, Ren Q, Shen Z. Low strain pile testing based on synchrosqueezing wavelet transformation analysis [J]. Journal of Vibroengineering, 2016, 18 (2): 813-825.

[8] Daubechies I. The wavelet transform, time-frequency localization and signal analysis [J]. IEEE Transactions on Information Theory, 1990, 36 (5): 961-1005.

[9] Santos J V A D, Katunin A, Lopes H. Vibration-based damage identification using wavelet transform and a numerical model of shearography [J]. International Journal of Structural Stability and Dynamics, 2019, 19 (4): 718-723.

[10] 余竹, 夏禾, 殷永高, 等. 基于小波变换与 Lipschitz 指数的桥梁损伤识别研究 [J]. 振动与冲击, 2015, 34 (14): 65-69.

[11] Liu J L, Wang S F, Zheng J Y, et al. Time-frequency signal processing for integrity assessment and damage localization of concrete piles, International Journal of Structural Stability and Dynamics, 2020, 20 (2): 1-24.

[12] Ni S H, Lo K, Lehmann L, et al. Time-frequency analyses of pile-integrity testing using wavelet transform [J]. Computers and Geotechnics, 2008, 35 (4): 600-607.

[13] Khodair Y A, Hassiotis S. Analysis of soil-pile interaction in integral abutment [J]. Computers and Geotechnics, 2005, 32 (3): 201-209.

[14] Chang D W, Cheng S H, Wang Y L. One-dimensional wave equation analyses for pile responses subjected to seismic horizontal ground motions, Soils and Foundations, 2014, 54 (3): 313-328.

[15] Ni S H, Yang Y Z, Tsai P H, et al. Evaluation of pile defects using complex continuous wavelet transform analysis [J]. NDT and E International, 2017, 87: 50-59.

[16] Shah A A, Ribakov Y. Effectiveness of nonlinear ultrasonic and acoustic emission evaluation of concrete with distributed damages [J]. Materials and Design, 2010, 31 (8): 3777-3784.

[17] Mutilib N K, Baharom S B, El-Shafie A, et al. Ultrasonic health monitoring in structural engineering: buildings and bridges [J]. Structural Control and Health Monitoring, 2016, 23 (3): 409-422.

[18] 王海渊, 张雅涵, 张蚰, 等. 基桩动测仪中基于 AD977A 的数据采集模块设计与实现 [J]. 自动化与仪器仪表, 2019 (3): 124-131.

［19］李廷，徐振华，罗俊. 基桩声波透射法检测数据评判体系研究 ［J］. 岩土力学，2010，31 （10）：3165-3172.

［20］陶莹，杨锋，刘洋，等. $K$ 均值聚类算法的研究与优化 ［J］. 计算机技术与发展，2018，28 （6）：96-98.

［21］Wang Z C，Ren W X，Liu J L. A synchrosqueezed wavelet transform enhanced by extended analytical mode decomposition method for dynamic signal reconstruction ［J］. Journal of Sound and Vibration，2013，332 （22）：6016-6028.